食品添加剂安全应用技术

主 编 贾 娟 邢淑婕

U0234190

北京理工大学出版社
BEIJING INSTITUTE OF TECHNOLOGY PRESS

内 容 简 介

本书包括上篇（基础知识）和下篇（实验实训），上篇包括 7 章，分别为食品添加剂的安全使用、食品添加剂在调味面制品生产中的应用、食品添加剂在乳制品生产中的应用、食品添加剂在肉制品生产中的应用、食品添加剂在果蔬制品生产中的应用、食品添加剂在饮料生产中的应用、食品添加剂在焙烤制品生产中的应用、食品添加剂在其他制品生产中的应用。下篇设计 20 个实验实训，要求学生熟练掌握食品添加剂的作用及其在典型食品生产中的应用，把基础知识和实验实训合为一体。

本书依据最新国家标准、法规，吸纳企业新技术，适合作为职业教育食品类专业的教材，也可供食品生产企业、食品添加剂生产企业的技术人员阅读参考。

图书在版编目（CIP）数据

食品添加剂安全应用技术 / 贾娟，邢淑婕主编．－－
北京 ：北京理工大学出版社，2024.5
ISBN 978 - 7 - 5763 - 4039 - 6

Ⅰ．①食…　Ⅱ．①贾…②邢…　Ⅲ．①食品添加剂 －
食品安全　Ⅳ．①TS202.3

中国国家版本馆 CIP 数据核字（2024）第 102792 号

责任编辑：钟　博　　文案编辑：钟　博
责任校对：周瑞红　　责任印制：施胜娟

出版发行 / 北京理工大学出版社有限责任公司
社　　　址 / 北京市丰台区四合庄路 6 号
邮　　　编 / 100070
电　　　话 / （010）68914026（教材售后服务热线）
　　　　　　（010）68944437（课件资源服务热线）
网　　　址 / http://www.bitpress.com.cn

版 印 次 / 2024 年 5 月第 1 版第 1 次印刷
印　　　刷 / 涿州市新华印刷有限公司
开　　　本 / 787 mm × 1092 mm　1/16
印　　　张 / 15.25
字　　　数 / 350 千字
定　　　价 / 98.00 元

本书编写委员会

主　　编　贾　娟　邢淑婕

副 主 编　郭志芳　杨雯雯　王婷婷　韩文凤　周　环

主　　审　易军鹏

编写人员　徐　佳　胡　萍　王林山　邢晓轲　豆康宁
　　　　　余永婷　郝慧敏　曾　宣　董彩军　王毓宁
　　　　　张英超

前　言

食品添加剂是满足改善食品品质、色、香、味及防腐和加工工艺的需要而加入食品中的化学合成物质或者天然物质。食品添加剂的使用不仅可以增加食品的花色品种和提高食品品质，而且可以降低生产成本，产生明显的经济效益和社会效益。

党的二十大报告提出，要"强化食品药品安全监管，健全生物安全监管预警防控体系"。本书积极响应国家政策，将食品质量安全热点问题与高职院校实践育人理念有效结合，根据食品行业职业岗位能力的要求，积极与行业、企业合作，厘清相应职业岗位的工作任务与工作过程，按照工作岗位对知识、能力、素质的要求，"课证融通"，参照食品安全管理师、ISO 9001 及 HACCP 内审员等职业资格标准，以真实产品为载体、以工作过程为导向、以依法应用为前提，开发课程内容。同时，秉承"德技并修"的理念，遵循"必需、适度、够用"的原则，突出创新精神和实践能力的培养，强化对学生的职业技能的训练，使学生熟悉并掌握食品添加剂在各类食品生产中的应用技术，对接职业、贴近岗位，有机融入职业技能标准的内容和要求。

本书以 2024 年颁布的 GB 2760—2024《食品安全国家标准 食品添加剂使用标准》中16 类食品及 23 类食品添加剂的分类为依据，打破以传统的食品添加剂类别划分章节的知识体系，构建以真实产品为载体、以食品添加剂为主线的内容框架。本书突出"源于食品添加，终于添加食品"的设计理念，按照国家规划教材标准定位、职业技能和岗位技能的要求，从食品添加剂的理论学习展开，论述学生通过对各类食品添加剂原理、作用及应用的学习，最终落实到食品添加剂的安全使用，源于理论，终于实践，形成"以实践提升理论，以理论指导实践"的循序渐进的知识体系。本书内容设计符合学生的心理特点和认知习惯，利于教师在教学中引入"食品添加剂安全在线"相关内容，普及食品添加剂合规使用的安全知识。知识拓展和各种数字资源综合运用，突出"数纸一体化"设计，开阔视野，借助数字化资源，突破学习难点，吸引学生的关注，激发学生的学习兴趣，满足学生学习掌握不同类型食品生产中食品添加剂应用的需求。

全书包括上篇（基础知识）和下篇（实验实训）两大篇章。在上篇内容的设计上，按照岗位需求设置八章，分别为食品添加剂的安全使用、食品添加剂在调味面制品生产中的应用、食品添加剂在乳制品生产中的应用、食品添加剂在肉制品生产中的应用、食品添加剂在果蔬制品生产中的应用、食品添加剂在饮料生产中的应用、食品添加剂在焙烤制品生产中的应用、食品添加剂在其他制品生产中的应用。下篇设计 20 个实验实训，要求学生熟练掌握食品添加剂的作用及其在典型食品生产中的应用，与上篇内容呼应，把教学目标、基础知识和实验实训整合为一体，更加符合职业教育的特点。

为了顺利地完成本书的编写工作，本书编写委员会对内容做了明确的分工：信阳农林学院的易军鹏担任主审；第一章、实验实训的任务十一～十四、实验实训的任务二十由漯河职业技术学院王婷婷编写；第三章、第六章由漯河职业技术学院杨雯雯编写；第二章、第四章由漯河职业技术学院贾娟编写；第八章，实验实训的任务二、三，实验实训的任务十六～十九由浙江工业职业技术学院韩文凤编写；第五章、第七章由漯河职业技术学院郭志芳编写；实验实训的任务一由许昌职业技术学院胡萍编写；实验实训的任务四由河南双汇投资发展股份有限公司张英超编写；实验实训的任务五由许昌职业技术学院邢晓轲编写；实验实训的任务六由漯河食品职业技术学院徐佳编写；实验实训的任务七由马鞍山职业技术学院曾宣编写；实验实训的任务八由山东商务职业学院余永婷编写；实验实训的任务九由南通科技职业学院董彩军编写；实验实训的任务十由苏州市农业科学院王毓宁编写；实验实训的任务十五由鹤壁职业技术学院郝慧敏编写；附录一～三由漯河医学高等专科学校豆康宁收集和整理；附录四～七由温州科技职业学院周环收集和整理；漯河职业技术学院王林山负责设计整体框架并编写工作任务和测试题；全书的电子资源由本书编写委员会成员共同收集和整理；由漯河职业技术学院邢淑婕进行全书统稿。

本书可供职业院校食品类专业相关院校师生使用，也可供从事食品加工、食品卫生的科研人员、职工和管理人员阅读、参考。

本书在编写的过程中得到了国内外许多食品专家、同行的大力支持，特在此表示深深的感谢。由于编者水平有限，书中难免有不妥之处，敬请读者批评指正。

编　者
2024 年 3 月

目　录

上篇　基础知识

下篇　实验实训

上篇　基础知识

第一章　食品添加剂的安全使用

🎯 学习目标

了解食品添加剂的安全性评价程序及其在食品生产中的作用；掌握食品添加剂的定义、作用、分类；熟悉食品添加剂的安全管理；掌握食品添加剂和复配食品添加剂的选用原则；掌握食品添加剂的安全使用问题及有效措施，了解食品添加剂的发展趋势。

🎯 素质目标

通过本章内容学习，学生能正确认识食品添加剂的积极意义，培养学生的民族自信和文化自信，引导学生辩证地看待食品添加剂的"利与弊"，培养学生的科学思维习惯，引导学生树立社会主义核心价值观。

🎯 食品添加剂安全在线

民以食为天，食以安为先。舌尖上的安全，永远是民生的重点问题。在"食品安全国家战略"指引下，提高食品品质、保证食品安全是每个食品人义不容辞的社会责任。食品添加剂已成为食品工业技术进步和科技创新的重要推动力，但食品添加剂的安全问题也频繁发生，如海天酱油的防腐剂事件、"无糖"月饼腹泻事件、白酒中的塑化剂事件等，导致消费者对食品添加剂产生极大的误解，谈"添"色变。

案例：2023年3月25日，重庆市市场监督管理局发布通报，曝光了22批次不合格食品，抽检的食品包括饼干、豆制品、方便食品、速冻食品、糖果制品等24类，共1 879批次。其中，检出质量指标问题的食品有9批次，检出食品添加剂问题的食品有10批次，检出微生物污染问题的食品有3批次。在检出食品添加剂的10批次产品中，不符合食品安全国家规定的成分有乙基麦芽酚、二氧化硫、焦亚硫酸钾、亚硫酸钠、硫酸铝钾、胭脂红等。同月，江西省市场监督管理局也公布了6批次不合格食品，涉及餐饮食品、饮料、酒类等，其中，有2批次检出食品添加剂问题：一是铝残留超标；二是甜蜜素超标。一系列抽检结果表明，食品添加剂违规使用问题较为突出，成为食品安全的重灾区。

案例分析：事实上，现代人的食物中97%都含有添加剂，而我国允许使用的食品添加剂已经超过2 400种。安全正确地使用食品添加剂可提高食品品质，保障食品安全，满足消费者对食品感官品质和食用方便性的更高要求。当然，不合规食品添加剂的超范围使用、食品添加剂的超剂量使用、食品添加剂标识不明、生产工艺不规范等问题，造成食品安全问题频发，尤其是伴随着食品添加剂种类日益繁多，其安全使用问题正逐步成为食品安全的重大隐患。为此，应当积极探索有效的对策，从完善食品添加剂的管理制度、加强对食品添加剂的安全知识培训、引导消费者正确认知食品添加剂等多个方面入手，共同推进食品添加剂的安全建设，让人们能够真正放心地食用安全健康的食品。

随着我国改革开放的深入、科学技术的进步和国民经济的蓬勃发展，人民的物质、文化生活都有了显著提高，对食品的质量和安全性要求也越来越高。食品添加剂作为一种常见的食品处理剂，对人们的生活产生了重要影响。因此，了解食品添加剂的种类、用途和安全性显得尤为重要。通过本章的学习，我们应掌握食品添加剂的概念，在整体上了解食品添加剂的作用，建立学习各类食品添加剂的基础，具备在实际应用中把握食品添加剂的特点与正确发挥食品添加剂功效的基本能力。

第一节　食品添加剂概述

食品添加剂的
概述 PPT

食品是维持人体正常生命活动必不可少的物质。在超市中，琳琅满目、档次不一的各种食品摆满了货架，而通过这些食品的配料表，可以发现它们大都含有食品添加剂成分。在食品生产的各个领域，如调味面制品、乳制品、肉制品、果蔬制品、饮料、烘焙制品等，包括日常生活中的一日三餐，都离不开食品添加剂。

人类使用食品添加剂的历史已有 5 000 多年。早在远古时期就有在食品中使用天然色素的记载，例如：《神农本草》《本草图经》中有用栀子染色的记载；人们所熟悉的用盐卤、石膏凝固豆浆的方法，在北魏时期的《食经》《齐民要术》中亦有记载。从南宋开始，"一矾二碱三盐"的油条就成了老百姓早餐桌上物美价廉的食品。亚硝酸盐也大概在同期用于腊肉生产，而且这一技术于 13 世纪传入欧洲，在欧洲社会得到广泛的应用和欢迎。公元前 1500 年，埃及人就开始使用天然色素为糖果着色。公元前 4 世纪，人们开始为葡萄酒人工着色。在 2 000 多年前的古希腊，人们用卤水腌制橄榄和芝士，用乳香、肉桂作为酿酒的添加剂。这些都是天然物的应用。最早使用的化学合成食品添加剂是 1856 年英国人 W. H. Perkins 从煤焦油中制取的染料色素苯胺紫。

总的来说，食品添加剂的使用虽然历史悠久，但形成工业的时间并不长。尽管它在食品成分中只占 0.01% ~ 0.1%，但在改善食品的色、香、味、形，进行食品及原料的保鲜，提高食品的营养价值，开发食品加工新工艺等方面均起着十分重要的作用。

一、食品添加剂的定义

"食品添加剂"一词最早是以"化学添加剂"的形式出现的。"化学添加剂"的称谓源自 60 多年前美国食品营养部食品保护委员会发表的一份研究报告。1959 年，我国轻工业出版社翻译并出版了这份资料。自此，食品添加剂以"化学添加剂"的形式出现在中国学术界。1962 年，"食品添加剂"第一次出现在《中国化学》杂志上，直到 20 世纪 70 年代这个定义才获得了广泛应用，成为学术界通用的科学术语。2009 年，我国施行的《中华人民共和国食品安全法》对食品添加剂做出了明确的定义，其他国家和地区，以及联合国粮食及农业组织（FAO）对食品添加剂也有自己的定义，但其内涵基本相同。

（一）不同国家的定义

有关食品添加剂的定义，由于不同国家和地区的饮食习惯、加工方法、使用范畴等的差异，尚没有统一标准，而且有很多食品添加剂的作用是多方面的，如部分香精也有抗氧化作用，部分乳化剂也有保鲜作用等，因此，随着食品添加剂的品种和使用范围不断扩大，要将其严格地区分非常困难。

1. 中国

《中华人民共和国食品安全法》（2015版）对"食品"的定义如下：食品，指各种供人食用或者饮用的成品和原料以及按照传统既是食品又是中药材的物品，但是不包括以治疗为目的的物品。

GB 2760—2024《食品安全国家标准 食品添加剂使用标准》将食品添加剂定义为：为改善食品品质和色、香、味，以及为防腐、保鲜和加工工艺的需要而加入食品的人工合成或者天然物质。食品用香料、胶基糖果中基础剂物质、食品工业用加工助剂、营养强化剂也包括在内。

我国台湾地区《食品卫生管理法》规定：食品添加剂是指食品的制造、加工、调配、包装、运输、储存等过程中用以着色、调味、防腐、漂白、乳化、增香、稳定品质，促进发酵增加稠度、强化营养、防止氧化或其他用途而添加到食品中或与食品接触的物质。

2. 日本

日本在《食品安全法》中定义：食品添加剂是指在食品制造过程，即食品加工中为了保存的目的加入食品，使之混合、浸润及其他目的所使用的物质。日本将食品添加剂分为天然物和非天然物两大类，对天然物没有明确的限制和规定，但是对非天然物的质量要求和使用限量都有严格的要求。

3. 美国

美国食品与营养委员会定义：食品添加剂是由于生产、加工、储存或者包装直接或间接存在于食品中的物质或物质的混合物，不是食品的成分。美国将食品添加剂分为直接添加剂和间接添加剂。直接添加剂即有意向食品中添加，以达到某种作用的食品添加剂，又称为有意食品添加剂。间接食品添加剂指在食品生产、加工、储存或包装中少量存在于食品中的物质，又称为无意食品添加剂。

4. 英国

英国《食品标签法》中指出：食品添加剂本身不用作食物来消费，无论其是否具有营养价值，都不用作食品的某种特征性成分。它添加到食品中是用以满足食品在生产、加工、调制、处理、包装、运输和储存过程中的技术要求，或者可能达到某种合理的预期结果，其本身或副产物直接或间接地成为食品的组成成分。

上述国家的食品添加剂定义中均包括食品营养强化剂，不包括食品污染物。

5. 联合国

FAO和世界卫生组织（WHO）联合食品法规委员会对食品添加剂的定义为：食品添加剂是有意识地一般以少量添加于食品，以改善食品的外观、风味和组织结构或储存性质的非营养物质。按照这一定义，以增强食品营养成分为目的的食品强化剂不应该包括在食品添加剂范围内。

（二）与食品添加剂相关的定义

1. 污染物

GB 2762—2022《食品安全国家标准 食品中污染物限量》对污染物的定义为：食品在从生产（包括农作物种植、动物饲养和兽医用药）、加工、包装、储存、运输、销售，直至食用等过程中产生的或由环境污染带入的、非有意加入的化学性危害物质。本标准所规定的污染物是指除农药残留、兽药残留、生物毒素和放射性物质以外的污染物。

2. 营养强化剂

GB 14880—2012《食品安全国家标准 食品营养强化剂使用标准》将营养强化剂定义为：为了增加食品的营养成分（价值）而加入食品中的天然或人工合成的营养素和其他营养成分。

3. 食品工业用加工助剂

GB 2760—2024《食品安全国家标准 食品添加剂使用标准》对食品工业用加工助剂的定义为：保证食品加工能顺利进行的各种物质，与食品本身无关，如助滤、澄清、吸附、脱模、脱色、脱皮、提取溶剂，发酵用营养物质等。

二、食品添加剂的作用

随着食品工业的快速发展、人们工作和生活节奏的加快，食品添加剂的使用越来越普遍。科学合理地使用食品添加剂，除了有利于消除人们闻"添"色变的盲目恐慌心理外，在食品的色泽、口感、结构组织、营养均衡、质量稳定等诸多方面都发挥着极为重要的作用。

1. 能延长食品的保质期

绝大多数食品都来自动物、植物等生鲜食品，若不能及时得到加工，就会腐败变质，如蔬菜容易霉烂、含油脂高的食品易发生油脂的氧化变质等，这样就失去了其原有的食用价值，有的甚至还会产生有毒成分，因此要对食品采取防腐和保鲜措施。防腐剂不但可以防止由微生物引起的食品腐败变质，更重要的是还能防止由微生物引起的食物中毒。抗氧化剂则可以阻止或推迟食品的氧化变质，以提高食品的稳定性和耐储藏性。此外，抗氧化剂还可以用来防止食品，特别是水果蔬菜的酶促褐变与非酶褐变，有利于食物的保存。

2. 避免食物中毒

食品中的营养成分为微生物提供了生长繁殖的条件，其生长过程还可能产生有害的代谢毒物，引起食物中毒。据国内外统计，在各种食物中毒事件中，以细菌性食物中毒最多。如果在食品中添加防腐剂，就能大大地抑制微生物在食品中生长，减少致病性微生物的数量，从而减少致病性微生物产生的毒素。

3. 赋予食品诱人的色泽

人们看到食物漂亮的颜色时，会有更好的胃口，食品着色剂就能赋予和改善食品的色泽；护色剂的存在能使肉制品有鲜红而稳定的颜色；漂白剂会破坏食物中的呈色物质，让食物看起来更干净，有更好的卖相，或者让食物更容易着色。

4. 使食品更有风味

食品添加剂的应用能使食品的味道多样化。例如，食品中酸甜的味道其实是由甜味剂和酸度调节剂赋予的；糖果、冰淇淋和饮料等有不同的口味，这都是香精、香料等食品添加剂的作用。

5. 改善食品的质地和形态

食品品质的好坏不仅取决于食品的色、香、味，还取决于它的形态和质地。乳化剂、膨松剂、增稠剂、稳定剂和凝固剂、抗结剂等食品添加剂与食品的形态和质地直接相关。例如，在冰淇淋中加入乳化剂后，其口感更顺滑细腻；在饼干中加入膨松剂后，其口感更酥脆；制作面包时加入膨松剂会使面包更蓬松柔软；在饮料和酸奶中加入增稠剂后，其质地更浓稠和均匀；在豆浆或鲜鸭血中加入凝固剂可制作豆腐或鸭血块；在食盐中添加抗结剂，可防止其聚集结块。

6. 保持或提高食品的营养价值

新鲜的食品更鲜美，营养也更丰富，但是放置久了会失去水分，想要阻止这种情况发生，就需要添加水分保持剂。由于地域和饮食习惯的不同，有些营养不容易摄取，这就可能导致人体营养失衡。在食品加工过程中，适当地添加某些营养强化剂，不仅可以大大提高食品的营养价值，还对预防营养不良、提高人们的健康水平具有重要的意义。

7. 改善食品加工工艺

有些食品在加工过程中需要消泡、过滤、澄清、脱模、脱色等，如果不使用加工助剂，食品加工就无法顺利进行。例如，添加面粉处理剂能缩短面制品的加工时间，增白和提高产品的质量。酶制剂对果汁澄清、酒类发酵、焙烤食品的加工起着重要的作用。

8. 改善食品的口感

口香糖和泡泡糖里面的胶基就是一种食品添加剂。胶基又叫作胶姆糖，它对增加口感起到一种辅助作用。

9. 满足特殊的营养需求

一些无糖、低热量的甜味剂，如阿斯巴甜，被广泛用于制作糖尿病患者的食物，还能帮助人们预防肥胖。此外，在婴幼儿配方奶粉中可加入各种矿物质和维生素；在青少年强化食品中可加入有利于身体和智力发育的食品添加剂；在孕妇奶粉中可强化叶酸、铁、钙等；老年人骨质疏松是缺钙引起的，可在其食品中添加钙来强化。

10. 有利于加工方便食品、快餐食品和特色食品

现在人们的生活节奏比较快，市场上越来越多的预制菜食品受到消费者的喜爱。尽管这些食品的生产大多通过一定包装及不同加工方法处理，但在生产过程中，一些色、香、味俱全的产品大都不同程度地添加了具有着色、增香、调味及其他作用的食品添加剂。正是这些食品（尤其是方便食品）的供应，给人们的生活和工作带来极大的方便。

11. 促进现代食品产业的发展，提高了经济效益和社会效益

食品添加剂增加了食品的花色品种，也打破了地方风味食品只能地域性消费和享用的束缚，提高了食品的品质，如吃面包的时候不再掉渣；食品添加剂还能够降低原材料的消耗，提高产品的收益率，从而降低生产成本，如在果汁生产过程中产生的果渣可以通过使用某些食品添加剂成为果酱原料，还可以从中提取色素等物质再利用；橙皮渣加入果胶酶、纤维素酶，通过现代化工艺方法可以制成饮料浑浊剂；生产豆腐的副产品豆渣通过加入合适的食品添加剂可以制成可口的膨化食品。这些都极大地提升了食品的品质和档次，增加了食品的附加值，产生了明显的经济效益和社会效益。

三、食品添加剂的分类和法定编号

（一）食品添加剂的分类

全球批准的食品添加剂数量约 15 000 种，由于食品添加剂在现代食品工业中所起的重要作用，各国许可使用的食品添加剂品种都在千种以上。欧盟食品添加剂的最近更新是在 2017 年 2 月 2 日，食品添加剂数量为 1 520 种。截至 2018 年 6 月 26 日，美国 FDA 发布新的《食品添加剂物质》目录（EAFUS）里食品添加剂数量约 4 000 种。日本的食品添加剂主要包括指定添加剂、既存添加剂、天然香料、一般用作食用或饮用的食品及用作食品添加剂的物质四种，截至 2018 年 7 月 3 日，指定添加剂包含 455 种，既存食品添加剂共 365 种，天然香料 611 种，一般食品添加剂 104 种，共计 1 535 种。

我国 2024 年颁布的 GB 2760—2024《食品安全国家标准 食品添加剂使用标准》增加了营养强化剂，把食品添加剂分为 23 类。其中允许使用的食品用天然香料有 388 种，允许使用的食品用合成香料有 1 504 种，不限制用量的加工助剂 37 种，限定使用条件的助剂、酶制剂共计 146 种。

食品添加剂可按其来源、使用目的和用途、功能和安全评价分类。

1. 按来源分类

我国将食品添加剂分为天然食品添加剂和化学合成食品添加剂两种。天然食品添加剂又分为天然提取物和由生物合成法制取的物质两类。其中，天然提取物是以动物、植物或微生物的代谢产物为原料提取得到的，如茶多酚、食用明胶、卡拉胶、果胶和大豆磷脂等。生物合成法包括发酵法和酶法。由生物合成法制取的物质，如柠檬酸、乳酸、维生素 C、黄原胶等在食品添加剂总量中占很大的比例。这些生物合成产品的化学结构和天然提取物完全一样，在人体中能够被吸收和代谢，具有同样的营养和生理活性功能，国际上也称之为天然等同物或等同天然物。化学合成食品添加剂是指采用化学手段通过氧化、还原、缩合、聚合、成盐等合成反应而得到的物质。化学合成食品添加剂品种多，价格低，但毒性较大，成分不纯。化学合成食品添加剂又可分为一般化学合成物与人工合成天然等同物。一般化学合成物在自然界中本身是不存在的，如甜蜜素、柠檬黄等。人工合成天然等同物质，包括天然等同香料、天然等同色素等，如从桂皮、丁香、豆蔻这些自然界的原料中提取到的精油、浸膏等都属于这一类。

2. 按使用目的和用途分类

（1）为提高和增补食品营养价值的，如营养强化剂。

（2）为保持食品新鲜度的，如防腐剂、抗氧化剂、保鲜剂。

（3）为增进食品感官质量的，如着色剂、漂白剂、发色剂、增味剂、增稠剂、乳化剂、膨松剂、抗结剂和品质改良剂。

（4）为方便加工操作的，如消泡剂、凝固剂、润湿剂、助滤剂、吸附剂、脱模剂。

（5）食用酶制剂。

（6）其他。

3. 按功能分类

这种分类方法最实用，国内的食品添加剂大多按功能进行分类。按食品添加剂的功能分类可以说是最常用的分类方法,各国对食品添加剂的分类大同小异,差异主要是分类数量的不同。

不同国家和机构对食品添加剂的功能判定不同,因此分类的方法也各不相同。如欧盟将食品添加剂分为27类;美国在第三版《食品用化学品法典》中将食品添加剂分为45类,但在最新的《食品、药品和化妆品法》中又将食品添加剂分成32类;日本在《食品卫生法规》中将食品添加剂分为30类。我国GB 2760—2024《食品安全国家标准 食品添加剂使用标准》将食品添加剂分为23大类。中国、欧盟、美国和日本按照功能对食品添加剂进行分类,具体见表1-1-1。

表1-1-1 世界各国和地区食品添加剂功能分类

序号	中国	欧盟	美国	日本
1	酸度调节剂	甜味剂	抗结剂和自由流动剂	防腐剂
2	抗结剂	着色剂	抗微生物剂	杀菌剂
3	消泡剂	防腐剂	抗氧剂	防霉剂
4	抗氧化剂	抗氧化剂	着色剂和护色剂	抗氧化剂
5	漂白剂	载体	腌制和酸渍剂	漂白剂
6	膨松剂	酸	面团增强剂	面粉改良剂
7	胶基糖果中基础剂物质	酸度调节剂	干燥剂	增稠剂
8	着色剂	抗结剂	乳化剂和乳化盐	赋香剂
9	护色剂	消泡剂	酶类	防虫剂
10	乳化剂	疏松剂	固化剂	发色剂
11	酶制剂	乳化剂	风味增强剂	色调稳定剂
12	增味剂	乳化盐	香味料及其辅料	着色剂
13	面粉处理剂	凝固剂	小麦粉处理剂	调味剂
14	被膜剂	增味剂	成型助剂	酸味剂
15	水分保持剂	发泡剂	熏蒸剂	甜味剂
16	营养强化剂	胶凝剂	保湿剂	乳化剂及乳化稳定剂
17	防腐剂	上光剂	膨松剂	消泡剂
18	稳定剂和凝固剂	保湿剂	润滑和脱模剂	保水剂
19	甜味剂	变性淀粉	非营养甜味剂	溶剂级溶剂品质保持剂
20	增稠剂	包装气体	营养增补剂	疏松剂
21	食品用香料	推进剂	营养性甜味剂	口香糖基础剂
22	食品工业用加工助剂	膨松剂	氧化剂和还原剂	被膜剂
23	其他	螯合剂	pH调节剂	营养剂
24	—	稳定剂	加工助剂	抽提剂
25	—	增稠剂	气雾推进剂、充气剂和气体	制造食品用助剂
26	—	面粉处理剂	螯合剂	过滤助剂
27	—	对比增强剂	溶剂和助溶剂	酿造用剂

序号	中国	欧盟	美国	日本
28	—	—	稳定剂和增稠剂	品质改良剂
29	—	—	表面活性剂	豆腐凝固剂及合成酒用剂
30	—	—	表面光亮剂	防黏着剂
31	—	—	增效剂	—
32	—	—	组织改进剂	—

4. 按安全评价分类

联合国食品添加剂法规委员会（CCFA）曾在 FAO/WHO 联合食品添加剂专家委员会（JECFA）讨论的基础上，根据安全性评价资料，将食品添加剂先分成 A、B、C 类，然后按用途细分成两个小类，具体分类见表 1 - 1 - 2。

表 1 - 1 - 2　食品添加剂安全评价分类

分类		规定
A 类	JECFA 已制定人体每日允许摄入量（ADI）和暂定 ADI 者	
	A（1）类	经 JECFA 评定，认为毒理学资料清楚，已制定出 ADI 值，或者认为毒性有限，不需规定 ADI 值者
	A（2）类	JECFA 已制定暂定 ADI 值，但毒理学资料不够完善，暂时许可使用于食品者
B 类	JECFA 曾进行过安全性评价，但未建立 ADI 值，或者未进行过安全性评价者	
	B（1）类	JECFA 曾进行过评价，由于毒理学资料不足，未制定 ADI 者
	B（2）类	JECFA 未进行过评价者
C 类	JECFA 认为在食品中使用不安全或应该严格限制作为某些食品的特殊用途者	
	C（1）类	JECFA 根据毒理学资料认为在食品中使用不安全者
	C（2）类	JECFA 根据毒理学资料认为应严格控制在某些食品中作特殊应用者

A、B、C 三类食品添加剂的使用安全性依次降低。A 类产品的安全性最高，尤其是 A（1）类食品添加剂，均具有明确的 ADI 值，毒理学资料清楚，因此认为只要正确合理地使用此类食品添加剂（在 ADI 值限量范围内），其对人体就是无害的。但应再次强调的是，这里说的三类食品添加剂安全性依次降低，与食品添加剂是天然的还是化学合成的无关，使用者一定不要主观（或受误导）地将天然、合成与毒性等概念强行联系。事实上，C 类中同样包含许多天然食品添加剂。例如，姜黄素是以姜黄根茎为原料提取纯化的黄色主要成分，早在 1921 年国际上就批准姜黄用于食品着色，但后来关于姜黄油树脂毒性试验报告证明，它对肝、肾、脾均无安全性。

（二）食品添加剂的编码系统

食品添加剂的统一编号可以避免化学命名的复杂和商品名的混乱，便于生产、技术资料、质量标准，以及商品流通等领域中信息处理、情报交换和管理的需求，使之科学化、国际化、标准化和规范化。

1. 国际编码系统

欧盟编码体系（EC Number System，ENS）是最早采用的编码系统，历史较长。食品法典委员会（CAC）以 ENS 为基础，构建了国际编码系统（International Number System，INS），用于代替复杂的化学结构名称表述。INS 中食品添加剂的编码大部分与 ENS 相同，还对 ENS 中未细分的同类物做了补充和完善。但 INS 中并不包括食品用香料、胶基糖果中基础剂物质、食品营养强化剂。INS 的排列方式见表 1-1-3。

表 1-1-3 INS 系统的排列方式

编码大类	编码小类	编码大类	编码小类
100~199 色素	100~109 黄色	400~499 增稠剂，稳定剂和乳化剂	400~409 海藻酸盐
	110~119 橙色		410~419 天然胶类
	120~129 红色		420~429 糖醇及其他天然物质
	130~139 蓝色和紫色		430~439 聚氧乙烯类
	140~149 绿色		440~449 天然乳化剂
	150~159 褐色和黑色		450~459 多磷酸盐
	160~199 其他		460~469 环糊精及纤维素类
200~299 防腐剂	200~209 山梨酸盐		470~489 脂肪酸及其化合物
	210~219 苯甲酸盐		490~499 其他
	220~229 亚硫酸盐	500~599 酸度调节剂及抗结剂	500~505 碳酸盐
	230~239 联苯酚、生物防腐剂和甲酸盐		507~523 氯化物及硫酸盐
			524~528 碱
	240~259 硝酸盐		529~549 碱金属化合物
	260~269 乙酸盐		550~560 硅酸盐
	270~279 乳酸盐		570~580 硬脂酸盐及葡萄糖酸盐
	280~289 丙酸盐		585~599 其他
	290~299 其他	600~699 增味剂	620~629 谷氨酸盐
300~399 抗氧化剂和酸度调节剂	300~305 抗坏血酸盐		630~635 肌苷酸盐
	306~309 生育酚		640~649 其他
	310~319 没食子酸盐和异抗坏血酸盐	900~999 其他	900~909 蜡类及矿物油
	320~329 BHA、BHT 乳酸盐		910~915 合成上光剂
	330~339 柠檬酸盐和酒石酸盐		916~930 膨松剂
	340~349 磷酸及正磷酸盐		940~949 包装用气
	350~359 柠檬酸盐、苹果酸盐和己二酸盐		950~969 甜味剂
	360~369 丁二酸盐及富马酸盐	1000~1999 其他添加剂	1000~1399 其他添加剂
			1400~1499 淀粉衍生物
	370~399 其他		1500~1999 其他添加剂

备注：编号 700~899 属饲料添加剂

INS 的编码通常包括三位或四位数字，按编码顺序排列，依次是识别编号（编号从100 开始，非连续）、食品添加剂名称及技术用途。在识别编号一栏中，有些还在一些数字后加上了标注，将大类细分为小类，见表 1-1-4，如 150a 表示普通法生产的焦糖色。

表 1 - 1 - 4 INS 示例

国际编码	食品添加剂名称	技术用途
150a	焦糖色Ⅰ（普通法）	着色剂
150b	焦糖色Ⅱ（苛性硫酸盐法）	着色剂
150c	焦糖色Ⅲ（加氨生产）	着色剂
150d	焦糖色Ⅳ（亚硫酸铵法）	着色剂
160d	番茄红素类	着色剂
160d（i）	番茄红素（合成的）	着色剂
160d（ii）	番茄红素（番茄）	着色剂
160d（iii）	番茄红素（三孢布拉氏霉菌）	着色剂

在某些情况下，INS 数字和（或）字母后还加上（i）（ii）（iii），此类标示仅表示该类下属的不同规格的亚类（表 1 - 1 - 4），不用于对标签的表述。

2. 中国编码系统

与国际通行做法一致，我国也将所有食品添加剂的分类和编码分为两个系统，即 GB 12493—1990《食品添加剂分类和代码》和 GB/T 14156—2009《食品用香料分类与编码》，采用中国编码系统（Chinese Number System，CNS）。食品添加剂的 CNS 编码由食品添加剂的主要功能类别码和在本功能类别中的顺序号组成。用阿拉伯数字编号表示食品添加剂的功能类别和顺序号（表 1 - 1 - 5）。

表 1 - 1 - 5 食品添加剂 CNS 编码的顺序号与功能类别

顺序号	功能类别	顺序号	功能类别	顺序号	功能类别
01	酸度调节剂	08	着色剂	15	水分保持剂
02	抗结剂	09	护色剂	16	营养强化剂
03	消泡剂	10	乳化剂	17	防腐剂
04	抗氧化剂	11	酶制剂	18	稳定剂和凝固剂
05	漂白剂	12	增味剂	19	甜味剂
06	膨松剂	13	面粉处理剂	20	增稠剂
07	胶姆糖基础剂	14	被膜剂	00	其他

食品添加剂的 CNS 编码是在食品添加剂功能分类的基础上产生的。GB 12493—1990《食品添加剂分类和代码》规定了除食用香精和香料外的食品添加剂的分类和代码，以及相关食品添加剂分类编号原则和分类代码方法。

食品添加剂的分类代码方法：食品添加剂的分类代码以五位数表示，其中前两位为数字码，为类目标识，小数点以后三位数字表示在该类目中的编号代码。类目标识是食品添加剂的分类。例如，01 代表酸度调节剂；17 代表防腐剂；00 代表其他食品添加剂。编号代码是指具体食品添加剂品种的编码。例如，01.101 代表酸度调节剂中的柠檬酸；08.107 代表着色剂中的辣椒橙；00.009 代表其他类中的咖啡因。需要注意的是，有些食品添加剂具有多种用途，如果按此编号原则，则许多食品添加剂可能有多个编号。CNS 比 INS 有更大的容量，但是没有得到各国的认可。我国于2024年发布的GB 2760—2024《食品安全国家标准 食品添加剂使用标准》将食品添加剂编码定义为：用于代替复杂的化学结构名称表述的编码，包括食品添加剂的INS号和CNS号。其中INS号是CAC赋予食品添加剂的编号系统，当CAC的INS号发生变化时以CAC的INS号为准。

GB/T 14156—2009《食品用香料分类与编码》规定了食品用香料的分类及编码的一般原则和编码方法。食品用香料分为天然香料、天然等同香料和人造香料三类，分别以字母"N""I""A"表示，写在号码前面。天然香料编码表按产品的通用名称，根据中文笔画顺序编排三位数，编号由N001开始，如N001代表丁香叶油。天然等同香料编码表大体上按化合物所含的主要官能团编号（醇、醚、酚、醛、酮、酯、酸、含硫、氮化合物、烃类及其衍生物等及其他），再以通用名称顺序（如甲、乙、丙、丁……）排列三位数码，编号由I1001开始，如I1003表示异丙醇。人造香料编码表的排列基本与天然等同香料表一样，编号由A3001开始，如A3005代表乙基麦芽酚。在GB 2760—2024《食品安全国家标准 食品添加剂使用标准》附录B的表B.2允许使用的食品用天然香料名单中，香料编码表把编码、香料中文名称、香料英文名称和美国食品用香料制造者协会（FEMA）编码编排在一起，以便于查阅。

第二节　食品添加剂的安全管理

一、食品添加剂的管理概述

我国的食品添加剂生产在20世纪60年代才起步，相应的管理则相对滞后。自改革开放以来，食品工业作为国民经济的支柱产业，得到了迅猛发展。三聚氰胺毒奶粉事件发生之后，食品添加剂法律监管成为国内研究热点。我国在2009年颁布了《中华人民共和国食品安全法》（简称《食品安全法》），2015年，为适应新形势发展需要，我国又大规模修订了《食品安全法》，将食品添加剂纳入法律监管体系。具体来讲，修订

食品添加剂的安全管理PPT

的《食品安全法》进一步明确了各相关部门的职责分工，卫生部主要负责综合协调的工作，并负责许可、制定与公布食品添加剂新品种的标准；食品药品监管局负责食品添加剂在餐饮环节中使用情况的监管；国家质检总局主要负责对食品添加剂在食品生产中的使用和食品添加剂进出口方面的监管；工商部门负责加强在流通环节对食品添加剂的质量监管；工信部门则负责对食品添加剂生产企业进行行业管理、制定产业政策和指导生产企业诚信体系建设。

在以后陆续出台的众多食品核心法律法规中（表1-1-6），规制食品添加剂的基础法律是《食品安全法》。依据原卫生部门制定的《食品安全地方标准管理办法》（卫监督发〔2011〕17号）和《卫生部关于食品安全企业标准备案范围的批复》（卫监督函〔2010〕18号），食品添加剂的食品安全标准制定级别属于国家级，地方与企业标准范围不包含食品添加剂。我国食品标准体系在食品添加剂方面分为使用规范标准、产品标准、标识标准及

生产卫生标准。

表 1-1-6　我国食品核心法律法规

法律法规	实施时间	主要内容
《中华人民共和国工业产品生产许可证管理条例实施办法》	2014 年 8 月	规定国家对生产重要工业产品的企业实行生产许可证制度，并对生产许可证的管理和监督进行了规定
《食品安全抽样检查管理办法》（2022 修正）	2015 年 2 月	规定了抽样检查监管部门、抽检要求检验与结果报送、复检和异议、核查处置及信息发布及法律责任
《中华人民共和国食品安全法》	2015 年 10 月	为了保证食品安全，保障公众身体健康和生命安全，制定本法，明确了食品添加剂的生产必须由国家批准
《食品添加剂新品种管理办法》（2017 修正）	2017 年 12 月	对新食品添加剂的标签、备案等问题做出规定
《中华人民共和国产品质量法》（2018 年修订）	2018 年 12 月	对产品质量的职责和监督体系，以及生产者和销售者对产品质量的职责和义务作出规定
《中华人民共和国食品安全法实施条例》（2019 年修订）	2019 年 12 月	对食品安全标准生产和经营、检验、进出口、事故处理和监督管理等方面的具体操作进行了详细的规定
《食品生产许可管理办法》	2020 年 1 月	为了规范食品、食品添加剂生产许可活动，加强食品生产监督管理，保障食品安全，制定本法
《食品召回管理办法》（2020 年修订）	2020 年 12 月	对不符合标准的食品（食品添加剂）的召回划分不同等级，规定了召回主体、处置措施和罚则
《食品生产许可审查通则》	2022 年 11 月	对食品（含食品添加剂）生产企业的生产许可审核作出了具体规定，要求加强监管
《中华人民共和国工业产品生产许可证管理条例》（2023 年修订）	2023 年 7 月	为了保证直接关系公共安全、人体健康、生命财产安全的重要工业产品的质量安全，贯彻国家产业政策，促进社会主义市场经济健康、协调发展，制定本法

其中，现行使用规范标准主要有 3 个：GB 2760—2014《食品安全国家标准 食品添加剂使用标准》（GB 2760—2024 版将于 2025 年 2 月 28 日开始实施）、GB 1886.359—2022《食品安全国家标准 食品添加剂 胶基及其配料》、GB14880—2012《食品安全国家标准 食品营养强化剂使用标准》。其中 GB 2760—2014《食品安全国家标准 食品添加剂使用标准》规定了我国批准使用的食品添加剂的种类、名称，每种食品添加剂的使用范围和使用量等内容，同时明确规定了食品添加剂的使用原则，包括基本要求、使用条件、带入原则等内容。食品生产者应严格按照标准规定的品种、使用范围、使用量使用食品添加剂。

食品添加剂产品质量规格的标准按食品添加剂种类分为单一品种，如 GB 29207—2012《食品安全国家标准 食品添加剂硫酸镁》；多种食品添加剂通用安全标准，如 GB 26687—2011《食品安全国家标准 复配食品添加剂通则》、GB 1886.174—2016《食品安全国家标准 食品添加剂食品工业用酶制剂》、GB 29938—2020《食品安全国家标准 食品用香料通则》、GB 30616—2020《食品安全国家标准 食品用香精》。其中 GB 29207—2012《食品安全国家标准 食品添加剂硫酸镁》主要规定了我国允许使用的食品添加剂硫酸镁的技术要求，包括化学名称、分子式及分子量等基本信息，食品添加剂的感官指标、理化指标等技术要求以及相应的检验方法和鉴别试验等内容；GB 26687—2011《食品安全国家标准 复配食品添加剂通则》是除食品用香精和胶基糖果基础剂物质以外的复配食品添加剂的产品质量规格标准，主要规定了复配食品添加剂和辅料的定义、命名原则、要求和标识的内容。标识标准使用 GB 29924—2013《食品安全国家标准 食品添加剂标识通则》，该标准主要规定了食品添加剂标签、说明书、生产日期、保质期、规格的含义、标识的基本要求，还有提供给生产经营者的食品添加剂标识内容及要求和提供给消费者直接食用的食品添加剂的标识内容及要求等内容。该标准对于做好食品添加剂标识管理起到了非常重要的作用，既确保了食品添加剂使用者正确使用食品添加剂、保障行业健康发展，也实现了食品安全科学管理的需求。

生产卫生标准使用 GB 31647—2018《食品安全国家标准 食品添加剂生产通用卫生规范》，该标准主要规定了食品添加剂生产过程中原料采购、加工、包装、标识、储存和运输等环节，以及生产场所、设施、人员的基本要求和管理准则。该标准还适用于营养强化剂、食品用香精和复配食品添加剂等。

食品添加剂关系到消费者的身体健康，这就要求某一化学物质成为食品添加剂之前需进行一定的安全性评价，包括生产工艺、理化性质、质量标准、使用效果和范围、加入量、毒理学及检验方法等综合性的安全性评价。

在安全性评价和标准方面，制定了《食品添加剂新品种管理办法》（卫生部令〔2010〕73 号，2017 年修改）、《食品添加剂新品种申报与受理规定》（卫监督发〔2010〕49 号）、GB 2760—2024《食品安全国家标准 食品添加剂使用标准》、GB14880—2012《食品安全国家标准 食品营养强化剂使用标准》。

在生产环节，制定了《食品添加剂生产监督管理规定》（总局令〔2020〕127 号）、《食品添加剂生产许可审查通则（2022 版）》、《关于切实加强食品调味料和食品添加剂监督管理的紧急通知》（卫监督发〔2011〕5 号）。

在流通环节，制定了《关于进一步加强整顿流通环节违法添加非食用物质和滥用食品添加剂工作的通知》（卫监督发〔2010〕104 号）。

在餐饮服务环节，出台了《餐饮服务食品安全监督抽检规范》（国食药监食〔2010〕342 号）和《关于建立餐饮服务食品安全责任人约谈制度的通知》（国食药监食〔2010〕485 号）等，严格规范餐饮服务环节食品添加剂的使用行为。

二、食品添加剂的安全性评价

任何一种化学物质，当以足够大的剂量摄入时都可能对机体产生一定的损害，这是该化学物质的毒性所致。毒性大表示用较小的剂量即可造成损害，毒性小则必须有较大的剂量才能造成损害。食品添加剂的安全性评价的目的是确保食品安全和人体健康，应根据有关法规和卫生要求，以食品添加剂的理化性质、质量标准、使用效果、使用范围、使用量、毒理学评价结果等为依据，对其安全性或毒性做出的综合评价。其中，最重要的是毒理学评价，它可以为法律法规的制定提供直接依据。

（一）毒理学常用术语

1. 绝对致死剂量或浓度

绝对致死剂量或浓度（LD_{100} 或 LC_{100}）是指引起一组试验动物全部死亡的外源化学物质的最小剂量或最低浓度。由于一个群体中，不同个体之间对外源化学物的耐受性存在差异，个别个体耐受性过高，并因此造成100%死亡的剂量显著增加。因此，表示一种外源化学物质的毒性强弱或对不同外源化学物质的毒性进行比较时，一般不采用绝对致死剂量（LD_{100}），而采用半数致死剂量（LD_{50}）。

2. 半数致死剂量或浓度

半数致死剂量或浓度（LD_{50}或LC_{50}）是指引起一组试验动物半数死亡的剂量或浓度。它是一个经过统计处理计算得到的数值，常用以表示急性毒性的强弱，是对不同化合物进行急性毒性分级的基础标准。LD_{50}数值越小，表示引起一组试验动物半数死亡的剂量越小，外源化学物质的毒性越强；反之，LD_{50}数值越大，则化源化学物质的毒性越弱。

3. 最小（最低）致死剂量或浓度

最小（最低）致死剂量或浓度（MLD，LD_{01}或MLC，LC_{01}）是指外源化学物质引起一组试验动物中个别死亡所需的最小剂量或最低浓度。

4. 最大（最高）非致死剂量或浓度

最大（最高）非致死剂量或浓度（LD_0或LC_0）是指外源化学物质不引起试验动物出现死亡的最大剂量或最高浓度。

5. 观察到有害作用的最低水平

观察到有害作用的最低水平（LOAEL）是指在规定暴露条件下，通过试验和观察，一种物质引起机体（人或试验动物）形态、功能、生长、发育等某种改变的最小剂量或最低浓度。LOAEL是通过试验和观察得到的，具有统计学意义（和对照比）和生物学意义。

6. 未观察到有害作用水平

未观察到有害作用水平（NOAEL）是指在规定暴露条件下，通过试验和观察，不引起机体（人或试验动物）形态、功能、生长、发育、寿命等可检测到的有害改变的最大剂量或最高浓度。LOAEL和NOAEL是评价外源化学物质毒性作用与制定安全限值的重要依据，具有重要的理论和实践意义。

7. 观察到作用的最低水平

观察到作用的最低水平（LOEL）是指在规定暴露条件下，通过试验和观察，与适当的对照机体（人或试验动物）比较，引起机体某种非有害作用的最小剂量或最低浓度。

8. 未观察到作用水平

未观察到作用水平（NOEL）是指在规定暴露条件下，通过试验和观察，与适当的对照机体（人或试验动物）比较，不引起机体任何作用的最大剂量或最高浓度。

（二）常用动物毒理学试验

使用食品添加剂最重要的原则是安全性和有效性，其中安全性更为重要。理想的食品添加剂应该是：进入人体后参与正常代谢，在加工或烹调过程中分解或破坏而不摄入人体；进入人体后经体内正常解毒过程后排出体外，不在体内蓄积或与食品成分发生作用产生有害物质。事实上，食品添加剂并非完全无毒，随着摄入食品添加剂种类的增加，长期少量摄入或一次大量摄入都可能造成慢性或急性中毒。因此。对食品添加剂要进行毒理学评价，确定其对人体的安全性。毒理学评价需要进行一定的毒理学试验。在我国，毒理学评价通常分为四个阶段的试验，其程序如下。

1. 第一阶段：急性毒性试验

将受试物在不同剂量水平一次或24h多次给予试验动物后，对在短期内试验动物产生的毒性效应进行判断。

目的：通过试验测定试验动物的 LD_{50}，了解受试物的急性毒性强度、性质和可能的靶器官，为进一步进行毒性试验的剂量和毒性观察指标的选择提供依据，并根据 LD_{50} 进行急性毒性剂量分级。

食品添加剂主要使用经口 LD_{50}，反映了急性毒性的强弱。同一种物质对不同试验动物的 LD_{50} 不同，甚至相差较大。对受试物的试验动物一般采用大白鼠或小白鼠，经口服测定 LD_{50}，常根据大白鼠的 LD_{50} 将受试物的毒性分为以下 6 级［mg/kg（体重）］，见表 1-1-7。

表 1-1-7　物质毒性级别的划分

毒性级别	大鼠口服 LD_{50}	相当于人的致死剂量	
	mg/kg（体重）	mg/kg（体重）	g/人
极毒	<1	稍尝	0.05
剧毒	1～50	500～4 000	0.5
中等毒	51～500	4 000～30 000	5
低毒	501～5 000	30 000～250 000	50
实际无毒	5 001～15 000	250 000～500 000	500
无毒	>15 000	>500 000	2 500

结果判定：一般而言，对动物毒性很弱的物质，对人的毒性往往也弱。对于食品添加剂，其 LD_{50} 大多应属实际无毒或无毒级，结果判定：如 LD_{50} 小于人的推荐（可能）摄入量的 100 倍，则一般应放弃该受试物用于食品，不再继续进行其他毒理学试验。

2. 第二阶段：遗传毒性试验、28d 经口毒性试验、传统致畸试验

（1）遗传毒性试验。遗传毒性试验是对受试物是否具有特殊毒性作用而进行的试验筛选，包括是否有突变作用或潜在的致癌作用。受试物的遗传毒性试验包括细菌回复突变试验、哺乳动物红细胞微核试验、哺乳动物骨髓细胞染色体畸变试验、小鼠精原细胞或精母细胞染色体畸变试验、体外哺乳类细胞 HGPRT 基因突变试验、体外哺乳类细胞 TK 基因突变试验、体外哺乳类细胞染色体畸变试验、啮齿类动物显性致死试验、体外哺乳类细胞 DNA 损伤修复（非程序性 DNA 合成）试验、果蝇伴性隐性致死试验。目前没有一种试验能涵盖所有的遗传学终点，因此需要多个试验组合，综合评价遗传毒性作用。一般根据受试物的特点和试验目的，遵循原核细胞与真核细胞、体内试验与体外试验相结合的原则选取试验。

目的：了解受试物的遗传毒性以及筛查受试物的潜在致癌作用和细胞致突变性。

结果判定：如遗传毒性试验组合中两项或以上试验结果呈阳性，则表示该受试物很可能具有遗传毒性和致癌作用，一般应放弃该受试物应用于食品。如遗传毒性试验组合中一项试验结果呈阳性，则再选两项备选试验（至少一项为体内试验）。如再选的试验结果均呈阴性，则可继续进行下一步的毒性试验；如其中有一项试验结果呈阳性，则应放弃该受试物应用于食品；如三项试验结果均呈阴性，则可继续进行下一步的毒性试验。

（2）28d 经口毒性试验。

目的：在急性毒性试验的基础上，进一步了解受试物毒作用性质、剂量-反应关系和

可能的靶器官，得到28d经口未观察到有害作用水平和观察到有害作用的最低水平，初步评价受试物的安全性，并为下一步较长期毒性和慢性毒性试验剂量、观察指标、毒性终点的选择提供依据。

结果判定：对只需要进行急性毒性、遗传毒性和28d经口毒性试验的受试物，若试验未发现有明显毒性作用，综合其他各项试验结果可做出初步评价；若试验中发现有明显毒性作用，尤其是有剂量－反应关系时，则考虑进行进一步的毒性试验。

（3）传统致畸试验。传统致畸试验是检查受试物能否使动物子代发生畸形的试验，除了可以观察到出生幼崽畸形外，可同时观察到生长发育迟缓和胚胎致死。

目的：了解受试物是否具有致畸作用和发育毒性，并可得到致畸作用和发育毒性的未观察到有害作用水平。

结果判定：根据试验结果评价受试物是不是试验动物的致畸物。若致畸试验结果呈阳性，则不再继续进行生殖毒性试验和生殖发育毒性试验。

3. 第三阶段：亚慢性毒性试验和毒物动力学试验

（1）亚慢性毒性试验。观察将受试物以不同剂量水平喂养试验动物90d后，受试物对试验动物的毒性作用（性质和靶器官），确定最大无作用剂量，了解受试物对动物繁殖及子代致畸的作用，为下一阶段试验提供理论依据。亚慢毒性试验包括90d经口毒性试验、生殖毒性试验。

①90d经口毒性试验。

目的：观察将受试物以不同剂量水平较长期喂养试验动物后，受试物对试验动物的毒作用性质、剂量－反应关系和靶器官，得到90d经口未观察到有害作用水平，为选择慢性毒性试验剂量和初步制定人群安全接触限量标准提供科学依据。

②生殖毒性试验。

目的：了解受试物对试验动物繁殖及子代发育的毒性，如性腺功能、发情周期、交配行为、妊娠、分娩、哺乳和断乳及子代的生长发育等。得到受试物的未观察到有害作用水平，为初步制定人群安全接触限量标准提供科学依据。

③亚慢性毒性试验结果判定。根据试验所得的未观察到有害作用水平进行评价，原则是：a. 未观察到有害作用水平低于或等于人的推荐（可能）摄入量的100倍表示毒性较强，应放弃该受试物用于食品；b. 未观察到有害作用水平高于人的推荐（可能）摄入量100倍而低于300倍者，应进行慢性毒性试验；c. 未观察到有害作用水平高于或等于人的推荐（可能）摄入量300倍者不必进行慢性毒性试验，可进行安全性评价。

（2）毒物动力学试验。给予试验动物受试物后测定其体液、脏器、组织、排泄物中受试物和（或）其代谢产物的量或浓度的动态变化，了解毒物的组织蓄积性、可能的靶器官、代谢产物的形成情况，测定主要代谢产物的化学结构及其毒性，推测受试物在试验动物体内的代谢途径。

目的：了解受试物在试验动物体内的吸收、分布和排泄速度等相关信息，为选择慢性毒性试验的合适试验动物种、系提供依据，了解受试物代谢产物的形成情况。

4. 第四阶段：慢性毒性试验（包括致癌试验）

确定在试验动物的大部分生命期间，经口重复给予受试物引起的慢性毒性和致癌效应，了解受试物慢性毒性剂量－反应关系、肿瘤发生率、靶器官、肿瘤性质、肿瘤发生时间和每只试验动物肿瘤发生数，确定慢性毒性的未观察到有害作用水平和观察到有害作用的最低水平，为预测人群接触该受试物的慢性毒性和致癌作用以及最终评定该受试物能否应用于食品提供依据。

结果判定：根据慢性毒性试验所得的未观察到有害作用水平进行评价，原则是：a. 未观察到有害作用水平低于或等于人的推荐（可能）摄入量的 50 倍者，表示毒性较强，应放弃该受试物用于食品；b. 未观察到有害作用水平高于人的推荐（可能）摄入量 50 倍而低于 100 倍者，经安全性评价后决定该受试物可否用于食品；c. 未观察到有害作用水平高于或等于人的推荐（可能）摄入量 100 倍者，则可考虑允许使用于食品。

根据致癌试验所得的肿瘤发生率、潜伏期和多发性等进行致癌试验结果判定的原则是（凡符合下列情况之一，可认为致癌试验结果呈阳性。若存在剂量 - 反应关系，则判断阳性更可靠）：a. 肿瘤只发生于试验动物，对照动物无肿瘤发生；b. 试验动物与对照动物均发生肿瘤，但试验动物肿瘤发生率高；c. 试验动物中多发性肿瘤明显，对照动物无多发性肿瘤，或少数对照动物有多发性肿瘤；d. 试验动物与对照动物的肿瘤发生率虽无明显差异，但试验动物肿瘤发生时间较早。

三、食品添加剂的安全使用

（一）食品添加剂的使用原则

理想中的食品添加剂应该是对人体无害的，为了保证食品添加剂的安全、合理使用，世界各国都有严格的规定。GB 2760—2024《食品安全国家标准 食品添加剂使用标准》中明确规定了食品添加剂的使用原则。

1. 食品添加剂使用时应符合以下基本要求

不应对人体产生任何健康危害；不应掩盖食品的腐败变质；不应掩盖食品本身或加工过程中的质量缺陷或以掺杂、掺假、伪造为目的使用；不应降低食品本身的营养价值；在达到预期效果的前提下尽可能降低在食品中的使用量。

2. 在下列情况下可使用食品添加剂

保持或提高食品本身的营养价值；作为某些特殊膳食用食品的必要配料或成分；提高食品的质量和稳定性，改进其感官特性；便于食品的生产、加工、包装、运输或者储藏。

3. 食品添加剂质量标准

按照 GB 2760—2024《食品安全国家标准 食品添加剂使用标准》使用的食品添加剂应当符合相应的质量规格要求。

4. 带入原则

在下列情况下食品添加剂可以通过食品配料（含食品添加剂）带入食品。

（1）根据本标准，食品配料中允许使用该食品添加剂。

（2）食品配料中该食品添加剂的用量不应超过允许的最大使用量。

（3）应在正常生产工艺条件下使用这些食品配料，并且食品中该食品添加剂的含量不应超过由食品配料带入的水平。

（4）由食品配料带入食品的该食品添加剂的含量应明显低于直接将其添加到该食品中通常所需要的水平。

（5）当某食品配料作为特定终端产品的原料时，批准用于上述特定终端产品的食品添加剂允许添加到这些食品配料中，同时该食品添加剂在终端产品中的用量应符合本标准的要求。在所述特定食品配料的标签上应明确标示该食品配料用于上述特定食品的生产。

（二）食品添加剂的使用标准

GB 2760—2024 中明确指出了允许使用的食品添加剂品种、使用的目的（用途）、使用的食品范围及在食品中的最大使用量（或残留量），该标准是以食品添加剂使用情况的实际调查和毒理学评价为依据而制定的。对某种食品添加剂来说，其使用标准的一般制定程序如下。

（1）根据动物急性毒性试验，确定 LD_{50}，判断毒性。

（2）由慢性毒性试验确定最大无作用剂量（MNL）或无作用剂量。

MNL 指在既定的动物毒性试验期间和条件下，对动物某项毒理学指标不显示毒性的最大剂量。①MNL≤100 倍（人摄入量）表示毒性较强；②100 部＜MNL＜300 倍，表示可进行慢性毒性试验；③MNL≥300 倍，表示不必进行毒性试验。

（3）将动物试验所得的数据用于人体时，由于存在个体和种系差异，故应确定一个合理的安全系数。一般的安全系数可根据动物毒性试验的剂量缩小为原来的若干分之一来确定，通常缩小为原来的 1/100。

（4）根据动物毒理学试验的结果确定受试物在人体每日允许摄入量（ADI），即 $ADI = MNL \times 1/100$。

（5）将 ADI 乘以平均体重就得到一个人的每日允许摄入总量。

（6）有了该受试物的每日允许摄入总量之后，还要根据人群膳食调查，搞清楚膳食中含有该受试物的各种食品的每日摄食量，然后即可分别算出每种食品含有的该受试物的最高允许量。

（7）根据该受试物在食品中的最高允许量，确定该受试物在每种食物中的最大使用量。在某些情况下，二者可以相同，但为了人体安全起见，原则上希望食品中该受试物的最大使用量标准低于最高允许量，具体要按照其毒性及实际使用情况等确定。食品添加剂使用标准的一般制定程序如图1-1-1所示。

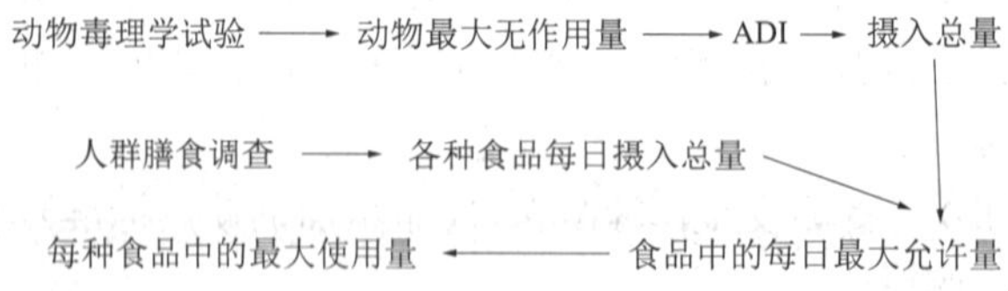

动物毒理学试验 → 动物最大无作用量 → ADI → 摄入总量

人群膳食调查 → 各种食品每日摄入总量

每种食品中的最大使用量 ← 食品中的每日最大允许量

图1-1-1 食品添加剂使用标准的一般制定程序

四、复配食品添加剂使用标准及要求

近年来，快速发展的食品工业对食品添加剂提出了更高、更专业的要求，导致复配食品添加剂应运而生。复配食品添加剂凭借自身优势，已成为食品添加剂工业发展的潮流和方向。

（一）复配食品添加剂的概念

在食品安全国家标准发布之前，复配食品添加剂基本执行企业标准，但认识上的不同导致企业标准良莠不齐，生产的产品也千差万别。直到 2011 年，卫生部发布 GB 26687—2011《食品安全国家标准 复配食品添加剂通则》，将复配食品添加剂定义为：为了改善食品品质、便于食品加工，将两种或两种以上单一品种的食品添加剂，添加或不添加辅料，经物理方法混匀而成的食品添加剂。至此，我国复配食品添加剂行业在该标准的指导下开始步入正轨。据有关数据统计，目前取得许可的食品添加剂生产经营企业有 3 000 多家，其中复配食品添加剂企业 957 家。经过短短几年的发展，复配食品添加剂已经成为食品添加剂家族中的重要一员。

（二）复配食品添加剂的主要类型

复配食品添加剂是指两种或两种以上的食品添加剂按照一定的比例复合后的产品。食品添加剂的复配形式大致可以分为：同种类型食品添加剂的复配、不同种类型食品添加剂的复配、同种或不同种食品添加剂与食品原辅料的复配。按照功能，复配食品添加剂有以下几种形式。

（1）将不同功能的食品添加剂复配在一起，起到多功能的作用，如一些面制品复合改良剂。

（2）同一功能型的食品添加剂，单一使用效果有差异，但是复配后，效果增大，如茶多酚和维生素 E 都具有抗氧化功能，将它们复配后抗氧化效果大增。

（3）只有一种功能，但是由于加工工艺的特殊性，需要添加一种或多种辅助剂复配，如添加分散剂到主成分中。

按照类型，复配食品添加剂又可以分为复配防腐剂、复配抗氧化剂、复配营养强化剂、复配增稠剂、复配甜味剂、复配乳化剂、复配酸度调节剂、复配膨松剂、复配稳定剂、复配凝固剂、复配护色剂及复配消泡剂等。

（三）复配食品添加剂的优点

不同的物质，由于其化学组成和结构不同而具有不同的性质，而当不同物质同时存在时，它们相互之间的作用和影响往往使其性质发生不同程度的改变。食品添加剂的复配，正是利用物质的这一性质，改良食品添加剂的性质和功能，使之可以更经济、更有效地应用于更广泛的范围。

1. 使各种单一食品添加剂的作用得以互补，从而使复合产品更经济、更有效

通过复合，可以发挥各种单一食品添加剂的互补作用，从而扩大食品添加剂的使用范围或提高其使用功能。例如，营养强化剂维生素 A、维生素 D，以及钙和磷各自都有着不同的营养和功能，但是将它们单一添加或同时添加，其被人体吸收的效果则大不一样。若将它们按一定的比例复合后添加到食品中，不仅可以发挥它们各自的营养功效，同时能大大促进这些营养成分在人体中的吸收并使其发挥较为全面的营养保健效果。

2. 使各种食品添加剂得以协同增效，从而减少其用量和降低其成本

通过复合，使各种食品添加剂协同增效，从而减少每一种食品添加剂的用量和降低其成本。例如，某些防腐剂在酸性物质存在的条件下，其防腐效果明显增强，将这些防腐剂与酸味剂复合，就能大大地增强防腐效果；某些抗氧化剂与维生素类营养强化剂复合，可大大增强其抗氧化性能。因此，可以充分利用食品添加剂之间复合产生的"相加"或"相乘"效应，从而减少每一种食品添加剂的用量，达到降低成本、提高效益的目的。

3. 由于单一的食品添加剂用量减少，所以减小了它的副作用，使产品的安全性得以提高

某些种类的食品添加剂或多或少会对人体有一定的副作用，尤其在过多地摄入时。有些食品添加剂，特别是某些防腐剂和抗氧化剂，按标准添加往往达不到十分满意的效果。通过复合，利用食品添加剂的"相加"或"相乘"效应，能使食品添加剂的副作用尽可能地减小，保障了食品消费者的身体健康。

4. 使食品添加剂的风味得以互相掩蔽，改善食品的味感

通过复合，可以改善所添加的食品添加剂的风味和口感。添加某种单一的食品添加剂，往往带有人们不愿意接受的风味和口感，而通过复合，可以使不同的风味和口感互相掩蔽或改变人们所不习惯的风味和口感，使添加它们的食品更易被人们所接受。例如，某些甜味剂具有人们难以接受的后苦味或橡胶味，而与其他甜味剂或糖类配合使用，则其不良风味就可以大大改善。

5. 对某种食品添加剂的改性，使其最大限度地满足人们对其工艺性能的要求

一些单一的食品添加剂往往在其物理化学性能方面有这样或那样的缺陷，例如有的食品添加剂不能满足严格的食品加工工艺操作（如酸、碱、高温加热）等方面的要求，而采取复合的方法，则可以改善其特性，达到令人们满意的效果。例如，某些水溶食品胶，或水溶食品胶与某些盐类，可以通过一定比例复合来大大改善其耐酸性、凝冻性、韧性和其他加工性能等。

6. 方便使用，降低企业生产风险

为了让食品达到理想的加工品质，食品配料越来越多地使用复合食品添加剂，甚至普通饮料配料表上都有不下 10 种的食品添加剂。这给食品配料带来很大的不便，也增加了企业使用劣质原料产生的食品安全风险。如果把一些相关的原料进行合理复配，按说明添加使用，减少配料的品种，降低配料难度，则既能降低操作者的劳动强度，又能保障产品品质稳定。

除了以上优点，使用复合食品添加剂还可以为企业节省许多不必要的支出和成本，如采购成本、储藏成本、运输成本、试验成本、研发成本等；还可减少食品添加剂用量的偏差和失误，避免产生事故和过高的风险。

（四）复配食品添加剂的使用原则

1. 复配食品添加剂的使用要求

为了保证复配食品添加剂的安全、合理使用，世界各国都有严格的规定。GB 26687—2011《食品安全国家标准 复配食品添加剂通则》中明确规定了复配食品添加剂的使用要求。

（1）复配食品添加剂不应对人体产生任何健康危害。

（2）复配食品添加剂在达到预期的效果前提下，应尽可能减小在食品中的用量。

（3）用于生产复配食品添加剂的各种食品添加剂，应符合 GB 2760—2024《食品安全国家标准 食品添加剂使用标准》和卫生部公告的规定，具有共同的使用范围。

（4）用于生产复配食品添加剂的各种食品添加剂和辅料，其质量规格应符合相应的食品安全国家标准或相关标准。

（5）复配食品添加剂在生产过程中不应发生化学反应，不应产生新的化合物。

（6）复配食品添加剂的生产企业应按照国家标准和相关标准组织生产，制定复配食品

添加剂的生产管理制度，明确规定各种食品添加剂的含量和检验方法。

另外，为了保证复配食品添加剂的安全性，对其中的有害物质有明确的限量要求，如砷和铅的含量均不得高于 2.0mg/kg（体重）。

2. 复配食品添加剂的复配原则

复配添加剂的复配一般要求遵循稳定性、协同增效性、适应性、安全性等原则。

（1）复配成分的稳定性。复配食品添加剂的每一种组成成分都要具备相对稳定的条件或在复配产品中保持相对稳定的状态，使复配产品性能更加稳定。

（2）复配组成成分的协同作用。食品添加剂复配后各组成成分的特性起互补、协调作用，产生效果相加的效应。例如，不同的甜味剂复配后能减少单甜味剂的不良味道，使甜味更加协调醇厚，在实际使用中应考虑到其增效的结果，通过试验确定合适的添加剂量以达到安全使用的目的。

（3）复配食品添加剂的适应性。加工食品大多是由多种配料组成的混合体，复配后的食品添加剂要适应食品形态上、组成上、色泽上、口味上的差异。

（4）复配食品添加剂的安全性。构成复配食品添加剂的各个组成成分及其应用时的添加剂量都要符合 GB 2760—2024 标准。

（五）使用复配食品添加剂的注意事项

（1）选用的复配食品添加剂中各种食品添加剂成分应具有共同的使用范围，如某复配甜味剂的主要成分有安赛蜜、甜蜜素、糖精钠等。在该复配甜味剂用于某一种食品中时，每一种成分都必须是允许用于该食品的。如果含有禁止在该食品中添加使用的成分，就不得将该复配甜味剂用于该食品。

（2）在实际添加使用复配食品添加剂的过程中，应保证各食品添加剂的最大使用量都符合 GB 2760—2024《食品安全国家标准 食品添加剂使用标准》的规定。

（3）同一功能的食品添加剂（相同色泽着色剂、防腐剂、抗氧化剂）在混合使用时，各自用量占其最大使用量的比例之和不应超过 1。如柠檬黄、日落黄在果冻中的最大使用量分别为 0.05g/kg 和 0.025g/kg，这两种物质在果冻中同时使用时，应该满足：柠檬黄/0.05 + 日落黄/0.025 小于或等于 1。

（4）由单一功能且功能相同的食品添加剂品种复配而成的复配食品添加剂，应按照其在终端食品中发挥的功能命名，即"复配" + "GB 2760—2024 中食品添加剂功能类别名称"，如复配着色剂、复配防腐剂等。

（5）由功能相同的多种功能食品添加剂，或者不同功能的食品添加剂复配而成的复配食品添加剂，可以其在终端食品中发挥的全部功能或者主要功能命名，即"复配" + "GB 2760—2024 中食品添加剂功能类别名称"，也可以在命名中增加终端食品类别名称，即"复配" + "食品类别" + "GB 2760—2024 中食品添加剂功能类别名称"。

（六）常用复配食品添加剂的应用

我国复配食品添加剂行业还处于起步阶段。一些发达国家食品工业化历史较悠久，最终投放到市场上的食品添加剂多以复配形式为主，高品质的复配产品得益于高水平的复合化技术。不同的国家对于复配食品添加剂的管理规定不尽相同，我国复配食品添加剂的开发、生产与应用都要严格遵守 GB 2760—2024《食品安全国家标准 食品添加剂使用标准》的相关规定。

复配添加剂的
应用

随着我国食品添加剂工业的快速发展，复配食品添加剂因其自身的显著优势已成为食品添加剂的一个发展方向。在食品添加剂工业朝着"天然、营养、多功能"的方向发展的同时，"复配"尤其是"天然复配"，也将成为一个重要的发展趋势。但目前，复配食品添加剂的开发明显滞后于食品工业的发展。例如，我国乳化剂主要依靠经验进行复配，缺乏必要的理论指导和先进测试的辅助。防腐剂的复配没有经过基础理论性研究，只是多种防腐剂的叠加组合，因此其使用效果没有更准确的论证，达不到理想的防腐保鲜目的等。目前虽然有一批企业研究和开发复配食品添加剂已经初具规模，但总体来说这些企业大多规模小，产品少，产量小。随着高品质的复配食品添加剂成为市场发展的动力，要求企业在创新方面多下功夫，多开发一些新产品来满足消费者不断变化的需求，在食品添加剂的应用过程中，显著提高食品的质量并赋予食品应有的特色，进而实现最大的效益。

第三节　食品添加剂与食品安全

食品添加剂与
食品安全 PPT

食品安全问题是指食品本身对消费者的安全性问题。在"三聚氰胺""地沟油""染色馒头""瘦肉精""毒豆芽"等食品安全事件的影响下，人们不由自主地将食品添加剂与食品安全问题联系起来，将食品添加剂看作引发食品安全的幕后黑手。把食品添加剂与天然安全食品对立起来，似乎加了食品添加剂的食品就是不安全的，这种观点是非常片面的。对食品工业来说，食品添加剂绝不是可有可无的。事实上，食品添加剂对于食品工业功不可没，没有现代化的食品添加剂工业，也就没有现代化的食品工业。对于各种经过严格审批的食品添加剂，可以放心地按国家标准使用，消费者也可放心食用。

一、食品添加剂使用中存在的问题

不容忽视的是，食品行业中确实存在比较严重的滥用食品添加剂现象，主要表现在以下几个方面。

（一）食品添加剂的超剂量使用

GB 2760—2024《食品安全国家标准 食品添加剂使用标准》规定了食品添加剂的使用范围和使用量。食品添加剂并不是都存在问题，其中大多数在正常使用、达到工艺要求的条件下是没有问题的，并且按照规定，扩大使用范围需要向卫生部申报批准，但有些食品生产企业一味地追求食品的色泽、香味、保质期。不经全国食品添加剂标准技术委员会审查、国家卫生健康委员会批准而扩大食品添加剂的使用范围，从而可能忽视某些卫生安全问题，对消费者的健康构成潜在威胁。其中，防腐剂、抗氧化剂、面粉处理剂、甜味剂、着色剂、亚硝酸钠的超剂量使用问题比较严重，如超剂量使用防腐剂，容易增加致癌物亚硝胺的占比，增加人体患食管癌的风险。甜味剂包括安赛蜜、阿斯巴甜、蔗糖素等，其中大多数对人体健康没有影响，但是超剂量使用某些甜味剂可能增加人体患癌的风险。这些甜味剂中的致癌物主要存在于面包、饼干、糕点等食品中，如果人们长期食用含有过量甜味剂的食品可能增加患结肠癌的风险。着色剂经常被用来制作染色食品，如蜜饯、水果罐头、水果干、果脯等。超剂量用着色剂会增加食用此类食品人群患乳腺癌的风险。食品增稠剂可以使食品色泽光亮、味道香甜，如在面包、饼干中添加明胶、果胶、琼脂等，能够使食物在保质期内保持润滑适口的口感。但是，过量使用食品增稠剂会对人体的神经系统、消化系统等造成不同程度的伤害。

浙江省药品监督管理局对粉丝、粉条的专项抽检中检出的 8 批次不合格产品，均为超范围、超限量使用食品添加剂，其中铝的残留量超标 6 批次。粉丝、粉条中添加含铝食品添加剂可使产品的韧性较好，在开水中不容易被煮烂。根据国家的有关规定，粉丝、粉条中铝的残留量不得高于 200mg/kg。铝元素不是人体必需矿物质，并且具有潜在毒性，人摄入过多就会在体内累积，对脑神经有毒害作用，儿童如果过量食用铝超标的食品，会影响智力发育和骨骼生长。造成食品添加剂超剂量使用的原因主要：一是企业为了使产品有更好的卖相或口感，或延长保质期，故意超范围、超剂量使用食品添加剂；二是企业对标准和相关规定的理解不到位，没有正确掌握食品添加剂的使用量；三是企业在产品加工过程中没有进行严格的质量控制。

（二）食品添加剂超范围使用

GB 2760—2024《食品安全国家标准 食品添加剂使用标准》明确规定了食品添加剂的使用范围，也就是允许使用的食品种类。这是根据被加工食品的感官要求、理化性质、营养学特征，以及食品添加剂与其他食品成分可能发生的反应得出的。但是，某些企业不按规定使用食品添加剂。例如：我国规定柠檬黄、胭脂红等合成的色素不准加入香肠、冰棒、馒头，含铝的泡打粉不得添加到凉粉中，但是一些小型企业或商家却违规使用。另外，我国规定婴儿食品中不准添加人工合成着色剂、糖精和香精，但还是有个别企业违反此规定。

湖南省食药监局通报的新一期食品抽检信息显示，一家企业销售的粗粮包和原味馒头均检出甜蜜素（以环己基氨基磺酸计）项目不符合食品安全标准要求。甜蜜素是一种常用甜味剂，其甜度是蔗糖的 30～50 倍。根据 GB 2760—2024《食品安全国家标准 食品添加剂使用标准》的规定，甜蜜素在馒头、粗粮包中不能使用，经常食用甜蜜素超标的食品，会危害人体的肝脏及神经系统，对代谢排毒能力较弱的老人、孕妇、小孩的危害更为明显。还有的企业或商家由于技术力量薄弱，专业知识缺乏，对食品添加剂的法规和标准不了解，误认为食品添加剂可以在任何食品中使用。例如亚硫酸盐是食品加工中常用的漂白剂和防腐剂，但是 GB 2760—2024 规定在粉丝、粉条中不得添加亚硫酸盐。

（三）使用伪劣食品添加剂

食品添加剂作为一种产品，其自身必须符合国家或行业的质量标准，每一种食品添加剂都有产品质量规格标准。合格优质的食品添加剂在保质期内具有一定的功效，按照标准要求添加到食品中才能提高食品的某一功能而又不危害消费者的身体健康。但是，使用伪劣甚至过期的食品添加剂将影响食品的质量，甚至食品的安全性。从食品添加剂生产端来看，我国生产食品添加剂的企业众多，且主要以小微型企业为主，这些企业的生产环境、设备相对较差，且管理人员普遍存在责任意识不强的问题，导致生产出的食品添加剂容易出现质量问题，造成某些食品添加剂产品纯度和重金属含量不达标，有些劣质的食品添加剂含有少量的汞、铅、砷等有毒有害物质，这都将严重影响产品质量，危害消费者的身体健康。从食品添加剂销售端来看，部分商家为追求利润最大化，在进货来源上不加辨别，仍继续使用变质和超过保质期的食品添加剂。监管部门宣传和监管力度不够，使很多人钻了空子，"黑工厂""黑作坊""地下商城"仍存在，并形成了一条完整的销售链，使未经检验的"三无"食品添加剂销售到全国各地。过期的食品添加剂不但不能真正起到食品添加剂的作用，还因长期保存导致可能发生化学反应而产生有毒有害物质，从而影响食品的质量及安全性。某些食品添加剂生产商采用氨法生产焦糖色，并对甘薯渣进行加压酸解生产焦糖色，结果氯丙醇含量超标，对人体器官和神经系统造成损害。

（四）使用非法添加物

食品中可能违法添加的非食用物质和易滥用的食品添加剂名单

非法添加物是已经被证实对人体具有一定或很大的危害，但是又能提高食品某一功能的物质。这些物质大部分属于某一工业所用添加剂，是未经国家食品卫生部门批准或者已经明令禁用的添加剂品种，一旦被添加到食品中进入市场销售，将不可避免地造成中毒甚至死亡的食品安全事故。

为了进一步打击在食品生产、流通、餐饮服务中违法添加非食用物质和滥用食品添加剂的行为，保障消费者的健康，2014年9月18日，为了配合有关部门打击食品中违法添加行为，根据《最高人民法院、最高人民检察院关于办理危害食品安全刑事案件适用法律若干问题的解释》，国家卫生健康委员会会同有关单位对原卫生部公告的6批《食品中可能违法添加的非食用物质和易滥用的食品添加剂名单》进行了修订。经过多次专家研讨，我国提出了《食品中可能违法添加的非食用物质名单》（征求意见稿），使食品生产经营中违法添加非食用物质和滥用食品添加剂的问题得到有效遏制，切实保护了人民群众身体健康，促进了食品和食品添加剂行业健康发展。

（五）滥用工业级添加剂代替食品添加剂

食品安全相关法律明确表明，食品生产加工使用的添加剂必须是食品级的，不可采用成本较低的工业级添加剂代替。食品添加剂在经营、销售、使用上的管理不够严格，市场相对混乱，导致一些不法分子将工业级添加剂换上食品级产品包装进行销售。这些假冒伪劣食品添加剂严重威胁着食品安全。工业级和食品级产品虽然基本上是同一种物质，但仍有很大差别：一是执行标准不同。二是卫生指标不同。工业级产品往往含有较多的杂质，也含有更多的有毒有害物质，如重金属等，会危害人体的健康。三是生产工艺不同。食品级产品的生产过程更严格，而工业级产品可能会减少某些步骤，但是，有些经营单位弄虚作假、追求经济利益，将工业级化工产品假冒为食品添加剂销售和使用。例如：采用分析纯（AR）级食品添加剂，分析纯级食品添加剂仍然含有少量的杂质如重金属等，从而影响到食品安全；将工业级碳酸氢钠代替食品级碳酸氢钠加工烧饼，结果造成多人食用后发生铅中毒；将工业用纯碱作为食用纯碱出售，食用纯碱应该是按照食品添加剂产品标准生产的，其产品质量更高。

（六）盲目使用食品营养强化剂

随着生活水平的提高，人们不仅要吃饱、吃好，还对营养均衡提出了更高的要求。很多企业为了迎合消费者的心理，在产品中加入食品营养强化剂，并在外包装上强调此项"功能"，诱导消费者，如高钙奶、强化铁酱油、强化维生素 A 大豆油、强化维生素 B$_1$、维生素 B$_2$面粉、配方奶粉、营养强化米粉等。有些消费者在选用加有食品营养强化剂的食品时，只单纯关注有无食品营养强化剂，并未了解盲目添加食品营养强化剂会对人体造成负担或者危害。

（七）食品添加剂标识不清

食品包装上的成分和配料表是消费者作出选择的重要参考，法律法规要求其必须详细标明成分和配料的相关信息。然而，一些食品生产企业在成分和配料表上未如实反映、清楚标明成分和配料的相关信息，主要体现在以下几个方面：①故意隐瞒所使用的食品添加剂，尤其是非法添加或超范围、超剂量使用的食品添加剂；②用拗口的科学名称替代日常称呼，将成分和配料信息模糊处理，如用"香辛料"笼统概括产品成分等。这些现象造成了食品安全隐患，也侵害了消费者的知情权。食品添加剂标识是消费者了解该产品的重要途径，根据我国 GB 29924—2013《食品安全国家标准 食品添加剂标识通则》的标准，生产厂家必须对食品添加剂的名称、成分、适用范围、用量和方法、生产日期、储存条件、规格、生产厂家和地址、生产许可证、说明书等信息进行真实明确的说明，不虚假夸大，误导消费者。

2022 年 9 月，上海某食品厂生产的原味沙琪玛的产品标签配料表中未对食品添加剂泡打粉的原始配料进行标识，构成生产经营的产品标签、说明书不符合法律规定的行为，被上海市黄浦区市场监督管理局罚款 5 000 元。

在我国，还有对食品中的食品添加剂残余量没有严格控制所引起的食品添加剂相关问题。如在某种食品生产过程中，需要几种生产材料，企业在最终食品的生产过程中并没有添加超范围的食品添加剂，但是在食品的质量抽查中却发现有该类超范围的食品添加剂存在。其原因就是该食品的生产材料含有该类超范围的食品添加剂并被带入最终食品，从而引发食品质量问题。

二、安全使用食品添加剂的有效措施

食品安全关系着人们的身心健康，随着食品添加剂使用种类的不断增加和使用范围的不断扩大，在食品添加剂给消费者带来各种新追求的同时，食品安全隐患也随之增多。因此，必须严格规范食品添加剂的使用，正确看待食品添加剂，从而保障人们的健康。

（一）健全食品添加剂的安全管理体系

目前，我国已制定食品添加剂相关国家标准近 700 项，包括食品添加剂的使用、质量规格、标签标识、生产过程控制及检验方法等标准，具有科学性、实用性。GB 2760—2024《食品安全国家标准 食品添加剂使用标准》是我国最新修订的标准，该标准进一步严格规定了各类食品添加剂的使用，并对一些不合理之处进行了修改和删减，在保证食品添加剂安全方面发挥了重要作用。但是，我国食品生产者组织化、规模化程度低，从业者安全意识薄弱，食品添加剂新品种的不断开发增加了政府食品安全的管理成本。面对巨大的挑战，需要进一步完善法律法规，强调食品添加剂监管的重要性，建立更加严格的食品添加剂审批标准及监管制度，确保每一种新的食品添加剂在投入市场之前都经过充分的安全评估和临床试验。要健全食品添加剂的追溯体系，对食品添加剂的整个流程进行监管，贯穿生产、流通、餐饮和消费等各个环节，一旦出现食品安全问题，能够快速追踪和定位问题的来源。要坚持从食品添加剂的发展实际出发，积极完善法律法规建设，确保食品添加剂的管理和监管做到有法可依、有法必依、执法必严和违法必究，为市场提供优质、安全的食品添加剂，保障食品安全。

（二）增强从业者对食品添加剂安全性的认识

我国食品生产企业规模很大，但其生产从业人员素质参差不齐，诚信意识淡薄，再加上企业过分追求生产效率，导致食品添加剂的滥用现象比较普遍。要加强食品生产企业的道德教育，增强其诚信意识，使其树立正确的价值观，强化其职业道德观念。在此基础上，对食品生产企业进行科学的引导；要加强对食品添加剂相关知识的宣传与普及，针对不同岗位员工设置不同的培训内容，对于一线生产人员注重安全与标准化生产方面的培训，对于管理人员注重提高责任意识的培训，让食品从业人员正确认识食品添加剂的作用和意义，理解食品添加剂使用的重要性，提高食品从业者的主体责任意识。

（三）提高检测技术和手段

食品添加剂种类繁多，不同种类的食品添加剂具有不同的特性和功能，常用的食品添加剂检测技术包括分子光谱技术检测、色谱技术检测、色质联用技术检测等，在检测过程中选择适合检测样品和检测方式才能最大限度地保障评估结果准确可信。但是，当前我国食品添加剂的发展速度与检测方法的更新速度并未有效衔接，由于快速检测技术尚未完善，许多食品添加剂仍然采用传统的标准、方法及落后的检测手段进行检测，这种检测方式的落后性影响了新型食品添加剂安全性评估的准确度。为了不断提升食品添加剂的检测技术水平，食品检验机构要积极探索食品添加剂检测方法，积极借鉴国外同行的先进成熟经验，提高相关技术人员的技能水平，同时要不断更新升级检测软件和硬件设备，推动提升食品添加剂检测技术水平。另外，要靶向制定食品添加剂快速检测技术，加大流通环节食品添加剂检测力度。食品添加剂快速检测技术是基层监管手段多样化的补充，是食品监管专业化、数据化的体现，是食品安全工作提质增效的关键。应结合国家食品安全监督抽检系统数据制定重点品类快检方案，根据各个省市食品安全监督抽检不合格数据，结合辖区食品产业结构特点，把抽检不合格的高风险品种纳入快速检测样品选择范围，科学制定行之有效的快速检测方案，切实提高食品安全检测效率，保障人民群众"舌尖上的安全"。

（四）提高消费者的认知和辨别水平

现代消费者对食品添加剂和饮食安全的焦虑在很大程度上是因为看不见"真相"，具体来说就是存在着消费者、企业之间的食品安全信息不对称。一方面，很多消费者对于食品添加剂的安全性、使用限量，以及如何辨别食品添加剂是否过量等知识了解不足，另一方面，企业可能通过虚假宣传或避免在包装上明确标明食品添加剂的使用量，迷惑消费者，使很多消费者很难获取真实的食品添加剂使用情况和食品安全信息。相关部门可通过多种方式向消费者宣传和科普食品添加剂的作用，在消除消费者心理恐慌的同时，使消费者在日常消费过程中可对购买的产品进行简单的辨别。要养成查看食品成分表、有效期等信息的习惯，确认产品标识清晰、详细、完整，且包装完好、洁净，储存环境良好，尽可能选择质量优良的食品。对于包装粗劣、字迹模糊、标识不全产品，应当谨慎购买。

健康、美味、方便、实惠是我国乃至世界食品发展的大趋势，让人民吃好、吃出享受、吃出健康，是食品行业的使命，食品添加剂则是推动这一发展趋势、完成使命的关键因素。因此，无论是生产商还是消费者，在食品添加剂的使用与认知上，都要以发展的观点来看待食品添加剂，充分认识和重视食品安全问题。

第四节　食品添加剂的发展现状与趋势

食品添加剂行业涉及多学科、多领域，技术密集，科研成果频出。食品添加剂行业生产能力和产量逐年提高，整体呈现快速增长的态势。到目前为止，全世界食品添加剂品种为 25 000 余种，其中 80% 为香料，直接食用的有 3 000 ~ 4 000 种，最常见的有 600 ~ 1 000 种。美国、欧盟和日本是全球食品添加剂消费的主要市场，也是我国食品添加剂的主要出口市场。美国是世界上食品添加剂产值最高的国家，其销售额可占全球食品添加剂市场的 30% 以上。食品添加剂市场调研报告显示，2021年，全球食品添加剂市场规模达到 7 719.24 亿元。报告预测，至 2027 年，全球食品添加剂市场规模将达到 10 511.7 亿元，预测期间内将达到 5.28% 的年均复合增长率。随着全球人口增长、食品工业的快速发展及消费者对食品品质和口感要求的提高，食品添加剂的需求将会不断增加。

食品添加剂的
发展现状与
趋势 PPT

一、我国食品添加剂行业的发展现状

（一）食品添加剂品种不断增多、产量持续上升

近年来，我国食品工业和餐饮行业连续高速增长。2022 年，食品工业产值已超过 2 亿元，餐饮行业的营业额也接近 1 万亿元。随着人们生活水平的不断提高，消费者在追求食品健康、营养、卫生的同时，逐渐对口味提出更高的需求。与此相关的食品添加剂和食品配料工业也以较高的速度增长。中国食品添加剂和配料协会数据显示，2016—2022 年，我国食品添加剂主要品种总产量从 1 056 万 t 增长到 1 530 万 t。调味品产量由 2016 年的 926.2 万 t 增至 2022 年的 1 749.4 万 t，甜味剂产量由 2016 年的 15.9 万 t 增至 2021 年的 25.3 万 t，年均复合增长率为 9.5%。其中，2020 年我国食品添加剂主要品种产量达 1 337 万 t，同比增长 5.4%，销售额为 1 279 亿元，同比增长 4.9%。从细分领域分析，2020 年我国着色剂产量达 42.4 万 t，同比持平，但产值达 47.9 亿元，同比增长 10.2%；2022 年我国甜味剂产量约为 27 万 t，在甜味剂细分产品中，产量占比最大的为阿斯巴甜，其次为安赛蜜。随着食品添加剂行业的健康发展，相关企业数量也持续增长。数据显示，2020 年我国食品添加剂相关企业注册量为 6.12 万家，较上年同比增长 64.08%；2021 年我国食品添加剂相关企业注册量为 11.01 万家，较上年同比增长 79.90%。

我国一些食品添加剂产品的产量位居世界前茅。柠檬酸是我国传统出口产品之一，出口量居世界第一。我国柠檬酸生产主要采用薯干料发酵，成本低，在国际市场竞争中具有

明显优势。我国还是木糖及木糖醇的生产与出口大国，出口量占世界贸易量的80%以上。乙基麦芽酚是食品香料中用量最大的品种之一，我国生产的乙基麦芽酚已占据了大部分国际市场。我国谷氨酸钠、赖氨酸、山梨醇、维生素C、维生素E和黄原胶等产品的产量在国际市场上也占有绝对优势。未来，在我国经济持续增长、内部需求不断扩大的环境下，食品添加剂行业仍将保持稳定的发展态势。

如今，我国食品添加剂行业已进入稳步发展期。随着食品生产进入工业化，以及食品应用领域品类的不断丰富，食品添加剂行业整体呈现稳步增长的态势。我国目前允许使用的食品添加剂超过2 400种，各种食品添加剂在原料、技术、工艺等方面千差万别，企业一般选择几种原材料或工艺类似的产品进行生产，因此食品添加剂行业呈现总体上比较分散，中小企业众多，但是部分细分品种、细分行业集中度较高的市场格局。

（二）优化产业结构，促进食品添加剂绿色升级

虽然近几年我国新增食品添加剂批准数量有较大增长，但食品品种仍不够齐全，使用范围有限，整体发展水平与我国食品工业发展不匹配，在很大程度上制约了食品工业的发展。这主要表现在以下三个方面：①食品添加剂行业大而不强，我国食品添加剂行业产能虽增长迅速，位居世界前列，但行业整体呈现大而不强态势；②部分产品产能严重过剩，如柠檬酸、维生素C、山梨糖醇等产品销售主要依赖国际市场，国内产能过剩导致恶性竞争，价格持续走低，经济效益差，另外新开发小品种也呈现盲目建设、产能扩增过快现象；③随着消费升级，一些产品进行结构调整，产业模式向精细化加工转变。

另外，中国企业在食品添加剂产业的创新研发方面与国际先进水平存在较大差距，低水平重复生产和仿制现象依然明显。食品添加剂行业资源分散，缺乏有效合力，多数企业规模较小，系统整合能力不足，龙头企业数量及其影响力有限。现阶段，政府持续优化产业环境，提供更多产业政策，食品行业紧跟消费升级对食品添加剂的产业结构调整，推动食品添加剂产业快速、可持续发展，促进食品添加剂产业的绿色升级；积极支持和培育有潜力的龙头企业。到目前为止，我国已有部分领先企业具备高端的食品添加剂生产能力，如天然食品添加剂、营养保健型食品添加剂、复配食品添加剂。

（三）企业的研发水平和技术还在进一步完善和改进

食品添加剂在当前食品工业中起着关键的支撑作用，其研发与应用水平已成为一个国家食品工业发展水平的衡量标准。随着国内外对食品营养和安全重视度的提升，食品添加剂的合理化使用要求也逐渐提高。很多传统的食品添加剂本身有很好的使用效果，但由于在制造过程中，采用传统的脱色、过滤、交换、蒸发、蒸馏、结晶等净化精制技术，已经不能满足现代食品工业级安全要求，造成产品成本高、价格高，使其应用受到了限制。食品添加剂研发和生产技术是实现食品添加剂多样化的硬件支撑，有助于生产高质量的食品添加剂产品，进一步推动我国现代化食品添加剂的发展。因此，为了保证食品添加剂行业的良性发展，必须加大研发力度，研发我国自有的生产技术，更好地推动食品添加剂行业的发展，进一步使用现代科学技术，提升传统食品添加剂的生产技术和产品质量。目前，超临界萃取、膜分离、微胶囊、分子蒸馏、吸附分离、生物发酵工程、酶工程、微乳化、微胶囊缓释包埋等高新技术在食品添加剂工业中得到越来越广泛的应用，通过生物工程方法制造的产品既满足消费者的需求，又符合可持续发展战略。如用生物发酵的方法提取番茄红素，其生产效率会大大提高。

（四）食品添加剂相关制度不断完善

截至目前，我国食品添加剂行业已经建立起一系列法律法规体系，这些法律法规的制定和实施，旨在加强对食品添加剂行业的监管，保障人民群众的饮食安全。

为了促进食品添加剂行业的健康发展，政府相继出台了一系列扶持政策。其中包括给予生产企业税收优惠、提供贷款，支持推动科技创新，加大研发投入等。具体表现如下。一是鼓励食品添加剂向天然化、健康化发展，《健康中国行动2019—2030》以及2013年修订的《产业结构调整指导目录》都提出了鼓励天然食品添加剂，如天然香料等的技术开发及生产，并且鼓励经营者使用天然甜味剂取代甜味配料等。二是标准更加规范，加大了对企业的监督力度，使行业运行更安全。我国不断完善食品添加剂安全标准体系，已制定食品添加剂相关国家标准近700项，保证标准的科学性、实用性。如2021年修订的《中华人民共和国食品安全法》规定，对食品添加剂行业实行生产许可证制度，一旦生产许可证被吊销，经营者五年内不得从事食品生产经营活动；对于食品添加剂的安全性，国家建立了比较完善的食品安全风险评估制度，运用科学方法，根据食品安全监测信息，对食品添加剂及相关产品中的生物性、化学性以及物理性危害因素进行评估。三是支持食品添加剂行业的技术研发。如国家发展改革委、工业和信息化部《促进食品工业健康发展的指导意见》（发改产业〔2017〕19号）中也提出：提升产品品质，推动食品添加剂等标准与国际接轨，支持企业引进国外先进的技术和设备，鼓励外资进入营养健康食品制造、天然食品添加剂开发生产等领域。

二、食品添加剂的发展趋势

近些年，世界各国对食品添加剂的研究主要集中在新型安全的天然食品添加剂研究、食品添加剂制备中的新技术研究及食品添加剂的检测分析技术研究三个方面。未来的食品添加剂不再将其功能局限在改善食品的感官功能（色、香、味）方面，还可能对营养、特殊功能有所关注。

（一）食品添加剂逐步迈向"健康化、安全化"发展

随着生活节奏的加快，人们对于"快速""便捷"及"健康化"更加重视，市场爆火的"预制菜"以及"无糖饮料"也带动了食品添加剂的发展。截至2021年，中国的无糖饮料市场规模已经接近138亿元，同时预制菜的市场规模也突破了3 000亿元，"健康化"强调更多地使用天然、安全的食品添加剂，同时强调产品成分和功效性的工艺技术创新，如营养强化剂可以增加部分食品的营养价值，甜味剂大部分都可以达到"零热量"的效果。研究发现，我国人口超重率及肥胖率逐年递增，截至2020年年底，超重率达到近1/3，肥胖率也达到了16.4%。在健康意识的驱动下，无糖类食品种类增加，使赤藓糖醇等代糖添加剂产量持续增长。社会群体对于"健康、养生"的注重，推动了天然食品添加剂的快速增长，也推动了整个行业向"健康化、安全化"的方向发展。

（二）天然食品添加剂将成为主流

天然食品添加剂主要从动植物中提取，具有安全、无毒、无害的特点，对人类肿瘤、糖尿病、心血管疾病的治疗和预防有重要作用。近年来，我国在食品添加剂生产方面积极倡导"天然、营养、多功能"方针，与国际社会所倡导的"回归大自然、天然、营养、

低热能、低脂肪"方针一致。

与其他国家相比，我国在天然食品添加剂生产方面的优势更加突出。现阶段，天然食品添加剂主要以天然原生材料为主，主要取材于动植物。在植物源方面，具有天然抗菌作用的食用香料种类非常多，其既可以增香调味，又可以防腐。例如，紫苏叶既能防腐，也能增加酱油的醇香味；丁香、白胡椒、豆蔻有不同程度的抑菌作用；在肉类食品添加剂中加入桂皮、籽仁等香料有助于提高其抗氧化性等；茶多酚是一种从茶叶中提取的天然抗氧化剂，在焙烤食品中加入茶多酚不仅可保持其原有的风味，延长保鲜期，防止食品褪色，还能够抑制细菌，提高食品的卫生标准。天然乳化剂大多为植物来源，主要包括蛋白质类、多糖类、磷脂类及皂苷类等。近年来，以蛋黄、大豆、葵花籽、小麦、谷物、甜菜等为原料的磷脂类和蛋白质类乳化剂、淀粉基乳化剂等引起了食品工业及科学家的极大关注。在动物源方面，鱼精蛋白是一种碱性蛋白质，具有广谱的抑菌活性，多存在于鱼类、鸟类和哺乳动物的精子细胞中，目前主要应用于牛奶和面包等食品中，对细菌和霉菌具有抗菌活性，尤其对革兰氏阳性菌作用更强，在抑制食品腐败方面效果明显。

天然食品添加剂对环境污染小，在未来的加工中，要从技术和工艺上不断进行创新，如降低加工成本，尽量使用简单的工艺进行加工，实现规模化生产。在原料选取上，多尝试能够提升免疫力、具有抗菌性和营养丰富的原料，如在大蒜中提取功能性食品添加剂。在工艺上，发展干燥技术、超临界和超声波萃取技术，推进无废加工和微反应加工等工艺的开发。

天然食品添加剂在食品工业中地位较高，并且广受食品企业的欢迎，但是在天然食品添加剂的未来发展过程中，仍然存在着诸多问题，必须根据天然食品添加剂的实际情况制定相应的完善措施，才能够顺应时代的发展需求，进而在一定程度上促进食品行业的发展。

（三）功能性食品添加剂将成为开发热点

功能性食品添加剂分类不同，种类繁多，其主要功能和特点也有所不同。随着我国人民健康观念的不断加强，相较于普通食品添加剂，功能性食品添加剂在未来发展中拥有广阔的市场前景，功能食品成为近年来世界食品工业新的增长点。例如，大豆异黄酮能预防骨质疏松、抗癌、缓解妇女更年期综合征、预防心血管疾病等；竹叶抗氧化物不仅具有很强的抗氧化作用，能降低胆醇浓度和低密度脂蛋白含量，还能有效抑制沙门氏菌、金黄色葡萄球菌和肉毒梭状芽孢杆菌；低聚糖是能调整肠道功能的双歧因子，并具有一定的甜度、黏度等糖类属性，被广泛用于酒类、饮料、糕点等食品的生产。在调味品市场中，铁强化酱油，加碘、加钙、低钠的复合营养盐，具有调理功能的药膳复合调味品，肉菜结合天然调味技术，含维生素、矿物质等特殊成分的营养强化型复合调味品均已上市。

近年来，具有潜在功能成分及低价格的农副产品成了食品添加剂的研究对象。有研究表明，农副产品和它们的提取物可以作为食品添加剂成功地溶入食物，并且可被用作多功能食品添加剂，具有防腐剂、抗氧化剂、着色剂、起泡剂和乳化剂的特性。如茄子中的酚类化合物具有着色、抗氧化、抗菌效果，酒渣提取物具有抗氧化和着色的功效。因此，从农副产品中直接或间接获得的化合物有可能作为功能性食品添加剂应用于食品工业。

（四）生物高新技术将得到广泛应用

与传统的化学方法相比，生物高新技术具有操作简便、安全性高、成本低、耗能低、污染小等特点，被广泛应用到食品添加剂产业的生产、应用和检测中。

如在调味品的生产中，从发酵菌种的诱变选育、多菌种发酵到风味物质的分离提取，通过应用生物高新技术，如生物酶解技术、固定化酵母技术、膜技术、萃取技术、微胶囊技术等，可大大提升调味品品质和各种理化技术指标；很多食品添加剂对光热有很强敏感性，它们在加工和储存期间中极易受到外界因素的影响，无法维持原有的生物特性，利用纳米技术设计营养素纳米传输体系可以较好地改进活性物质的水溶性，维持生物原有活性，提升缓解效果。

在食品添加剂的检测方面，通过应用生物高新技术，使检验检测方法不断丰富，如新型的食品防腐剂检测技术。利用光纤传感技术、纳米技术、人工智能技术等都实现了对食品防腐剂含量的快速检测和识别。除了上述技术外，基于质谱技术的食品防腐剂检测技术、基于电化学传感器的食品防腐剂检测技术等都在研究中，它们的出现无疑为食品防腐剂检测提供了更多的选择。

此外，环保和可持续发展也成为食品添加剂企业的重要议题，食品添加剂企业需要注重绿色生产和资源的可持续利用，减少对环境的污染。随着全球环境问题的加剧，消费者对可持续性的需求越来越高。食品添加剂企业应注重可持续发展，例如使用可再生能源、生物降解材料等。

总之，正确地认识食品添加剂，需要客观、全面、积极地进行分析评估，要有科学的发展观。今天的食品添加剂已经不再是简单的食品配料，而是重要的加工技术内容及其组合。尤其在食品工业的现代化发展过程中，食品添加剂发挥着重要、积极、有效的推动作用。食品添加剂是现代社会、现代工业、现代生活中不可缺少、无法切割的组成部分。

随着生物高新技术的迅猛发展，食品添加剂在今后机遇与挑战并存。食品添加剂的发展会更快。在不久的将来，我国在食品添加剂领域的竞争力会更强，会开发出更多天然、营养、健康、安全的食品添加剂。

第一章在线自测

第二章 食品添加剂在调味面制品生产中的应用

◎ **学习目标**

了解抗氧化剂、增味剂的定义、机理；熟悉抗氧化剂、增味剂的种类，掌握常用抗氧化剂、增味剂的性能及应用。

◎ **素质目标**

应严格按照国家标准在规定范围内使用食品添加剂。在社会实践过程中，事物的量变会产生质变，因此超出量的界限，将发生质变形成新事物。通过本章内容的学习，培养学生的法制意识、社会责任感，使学生树立正确的职业道德观。

◎ **食品添加剂安全在线**

调味面制品被称为"史上最牛零食"，几乎出现在所有菜市场、小卖部的货架上，网店销售也十分火爆，甚至已开始走向国际市场，其消费群体数以百万计。近来的质量报告和媒体曝光显示，有些调味面制品并不是非常安全的。调查发现，大部分调味面制品为小作坊手工生产，卫生条件差、生产设备简陋，在调味面制品生产过程中，某些生产企业为了节约成本，反复使用烹调"老油"或反复加热油，导致油脂酸败，产品酸价超标；还有的生产企业为了延长调味面制品的保质期，使产品颜色明艳亮丽，吸引消费者，从而超范围、超剂量地使用防腐剂、色素等。

案例分析：营养健康是食品产业未来发展的方向，因此调味面制品企业不得超范围、超剂量地使用食品添加剂，应正确使用抗氧化剂和增味剂来提高产品质量；改进调味面制品的生产工艺，如可考虑采用天然防腐剂等延长货架期。在改善产品色泽时，也可考虑添加一些具有调色功能的天然食品添加剂，如胡萝卜素、番茄红素、叶黄素等，在保证品质的同时符合健康需求。

调味面制品，俗称"辣条"，是以小麦粉、水为原料，经配料、适度膨化和熟制、成形，辅以食用植物油、食用盐、辣椒等香辛料，加入色素、甜味剂、抗氧化剂等，再经过油浸、调味而成的即食食品。调味面制品源于湖南，兴于河南，其因加工工艺简单，设备投入不高而迅速扩展到全国各地，销售区域主要集中在学校周边及农贸市场。该类产品鲜、咸、香、辣、油，口感十分丰富，加之价格低廉，吸引了大量青少年、儿童，特别是中小学生，因此，其质量及安全性能显得尤为重要。本章重点介绍抗氧化剂和增味剂。

第一节　抗氧化剂

食品在储存运输过程中，除了用微生物作用发生腐败外，氧化是导致食品品质变劣的又一重要因素，尤其对含油脂含量比较高的调味面制品更是如此。氧化不仅使食品中的油脂酸败，还会使食品外观和营养成分发生各种变化，如褪色、褐变、维生素损失及散发出异味等，油脂酸败会降低食品品质，甚至会产生有毒物质，危害人体健康。

抗氧化剂PPT

防止食品氧化，除了采用密封、被膜、充氮、真空脱气、涂膜处理、避光、加热灭酶、低温等措施外，适当地使用一些安全性高、效果显著的抗氧化剂，是一种简单、经济又理想的方法。它不需要额外的设备，任何规模的企业均可操作，且常温下即可起作用，对食品的外观、营养成分破坏小。因此，在油脂和富含油脂的食品中加入抗氧化剂以抑制或延缓食品在加工或流通储存过程中氧化变质已成为食品加工中的重要手段。

一、定义

抗氧化剂是指能防止或延缓油脂或食品成分氧化分解、变质，提高食品稳定性的物质。其功能分类代码为04，CNS编码为04.◇◇◇。

二、分类

（一）按溶解性质分类

1. 油溶性抗氧化剂

油溶性抗氧化剂可溶于油脂，对油脂和富含油脂的食品具有很好的抗氧化作用，如丁基羟基茴香醚（BHA）、二丁基羟基甲苯（BHT）、没食子酸丙酯（PG）、特丁基对苯二酚（TBHQ）及维生素E。

2. 水溶性抗氧化剂

水溶性抗氧化剂可溶于水，用于一般食品的抗氧化，如抗坏血酸及其盐类、异抗坏血酸及其盐类、茶多酚（TP）、植酸等。

3. 兼溶性抗氧化剂

兼溶性抗氧化剂可溶于水和油脂，如抗坏血酸棕榈酸酯等。

（二）按来源分类

1. 天然抗氧化剂

天然抗氧化剂是指从天然动物、植物或其代谢物中提取的具有抗氧化能力的物质。天然抗氧化剂一般都具有较好的抗氧化能力，且安全无毒，其中一些已经用于绿色食品加工，如生育酚、茶多酚、植酸等。

2. 人工合成抗氧化剂

人工合成抗氧化剂是指以人工化学方法合成的具有抗氧化能力的物质。这类抗氧化剂一般具有较好的抗氧化能力，使用时需按国家颁布的卫生标准掌握用量，如 BHA、BHT、TBHQ、PG 等。

（三）按作用机理分类

按照抗氧化剂的作用机理可将其分为自由基吸收剂、金属离子螯合剂、氧清除剂、氢过氧化物分解剂、酶抗氧化剂等。

三、作用机理

氧化和水解是导致油脂酸败的主要原因，影响油脂酸败的因素有温度、氧气、光和射线、助氧化剂（Cu、Fe、Mn、Cr 等）、水分、氧化酶、自由基，以及油脂中的脂肪酸和甘油酯等。

（一）油脂氧化基本过程

天然油脂暴露在空气中会自发地发生氧化反应，氧化产物分解生成低级脂肪酸、醛、酮等，产生恶劣的酸臭味且口味变坏，这一现象被称为油脂的自动氧化酸败，主要由脂肪的自动氧化所引起，它是油脂及含油食品败坏变质的主要原因。

油脂产生的非酶促氧化即自动氧化，遵循游离基（自由基）反应机制，属于一种链式反应，可分为以下三个阶段（其中的 RH 代表一个脂肪或脂肪酸分子，$R\cdot$、$H\cdot$、$HOO\cdot$、$ROO\cdot$ 分别代表不同的游离基，ROOH 为氢过氧化物）：

第一阶段：引发，见式（1-2-1）和式（1-2-2）。

$$RH + O_2 \xrightarrow{\text{催化剂}} R\cdot + HOO\cdot \tag{1-2-1}$$

$$RH \xrightarrow{\text{催化剂}} R\cdot + H\cdot \tag{1-2-2}$$

本阶段主要产生自由基，作用缓慢，但在光、热、金属离子等存在的条件下则较易进行。

第二阶段：传播，见式（1-2-3）和式（1-2-4）。

$$R\cdot + O_2 \longrightarrow ROO\cdot \tag{1-2-3}$$

$$ROO\cdot + RH \longrightarrow R\cdot + ROOH \tag{1-2-4}$$

本阶段进行较快，如果有金属离子存在则反应更快。

第三阶段：终止，见式（1-2-5）和式（1-2-6）。

$$ROO\cdot + R\cdot \longrightarrow ROOR \tag{1-2-5}$$

$$R\cdot + R\cdot \longrightarrow RR \tag{1-2-6}$$

本阶段是自由基之间相互结合产生稳定的化合物，大多在油脂已经酸败后发生。

随着油脂氧化反应的不断进行，更多的脂肪酸分子转变成过氧化物，过氧化物继续分解产生低级醛、酮和羧酸，形成了油脂酸败后的令人不愉快的气味。油脂氧化基本过程如图 1-2-1 所示。

（二）各类抗氧化剂的机理

各类抗氧化剂的机理不尽相同，以下分别从油脂氧化的三因素——诱导剂、氧和自由基对各类抗氧化剂的机理进行描述。

1. 金属离子螯合剂（抗氧化增效剂）

抗氧化增效剂是能络合催化氧化、引起氧化反应的金属离子。通常食用油脂在加工过

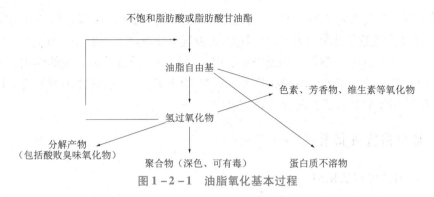

图 1-2-1 油脂氧化基本过程

程中，由于接触金属容器，会带入微量的金属离子，特别是二价态或高价态重金属离子。它们具有合适的氧化还原电势，可缩短游离基链式反应引发期，从而加快脂肪酸氧化的速度。柠檬酸、EDTA和磷酸衍生物等可螯合金属离子，是可以消除游离基产生的催化因子。因此，加入这些具有可螯合金属离子的抗氧化增效剂，可使含油食品的货架期延长。

2. 氧清除剂

氧清除剂通过抗氧化剂自身进行氧化，使空气中的氧与抗氧化剂结合，从而防止食品氧化。氧清除剂一般具有很强的抗氧化性，易与氧气发生反应，消耗食品内部和周围环境中的氧，减缓食品中的氧化还原反应。作为氧清剂的化合物主要有抗坏血酸、抗坏血酸棕榈酸酯、异抗坏血酸及其钠盐等。其中，抗坏血酸在顶部空间有空气存在的罐头和瓶装食品中抗氧化效果较好；抗坏血酸棕榈酸酯在含油食品中抗氧化活性更强一些；异抗坏血酸及其钠盐的抗氧化能力比抗坏血酸及其钠盐的抗氧化能力更强。

例如，在延缓植物油酸败时，0.01%的抗坏血酸棕榈酸酯比BHA、BHT更有效。当抗坏血酸起氧清除剂作用时，其本身被氧化成脱氢抗坏血酸，与生育酚结合使用效果更佳。异抗坏血酸及其钠盐与柠檬酸及其钠盐、苹果酸、EDTA等结合使用效果更好。

3. 阻断油脂自动氧化的链式反应

（1）自由基吸收剂。此类抗氧化剂主要是在油脂氧化中吸收氧化产生的游离基，从而阻断游离基链锁反应。将油脂氧化产生的游离基转变为稳定的产物，消除脂类氧化的游离基反应。自由基吸收剂一般为酚类化合物，具有电子给予体的作用，如BHA、BHT、TBHQ、PG、对羟基苯甲酸酯类及其钠盐、维生素E、茶多酚、愈创树脂等，也称为酚类抗氧化剂。

脂类化合物的氧化反应是游离基（自由基）历程的反应，因此消除游离基即可阻断氧化反应。其作用模式见式（1-2-7）和式（1-2-8）（以AH代表抗氧化剂）。

$$AH + R \cdot \longrightarrow RH + A \cdot \qquad (1-2-7)$$

$$AH + ROO \cdot \longrightarrow ROOH + A \cdot \qquad (1-2-8)$$

抗氧化剂的游离基A·比游离基ROO·和游离基R·更稳定，没有氧化活性，不能引起链式反应，但能参与一些终止反应。

（2）氢过氧化物分解剂。分解自动氧化反应中的氢过氧化物（ROOH），使其不能再进一步生成R·、RO·、·OH、ROO·等自由基，从而使链式反应减慢。

这类抗氧化剂有硫代二丙酸二月桂酯（DLTP）等。

除以上三大类作用机理所涉及的抗氧化剂以外，在生物体中还广泛存在着抗氧化酶类，主要包括超氧化物歧化酶（SOD）、过氧化氢酶等。例如，超氧化物歧化酶能够与游离基 $O_2\cdot$ 作用产生过氧化氢（H_2O_2），H_2O_2 又被过氧化氢酶作用转变为氧和水。

SOD 主要用于饮料、糖果、糕点等食品中，可起到延长食品保质期的作用，同时还可调节人体内分泌系统；过氧化氢酶在食品工业中被用来除去制造乳酪的原料乳中的过氧化氢，同时也被用于食品包装，防止食物被氧化。

四、常用的抗氧化剂

（一）油溶性的抗氧化剂

1. 丁基羟基茴香醚（CNS 编号：04.001；INS 编号：320）

（1）性状。丁基羟基茴香醚又名叔丁基－4－羟基茴香醚，简称 BHA。BHA 为无色至微黄色的结晶或白色结晶性粉末，具有特异酚类物质的臭气及刺激性味道，熔点为 38～63℃，沸点为 264～270℃。BHA 在储存时通常被压成碎小的片状，不溶于水，可溶于油脂和有机溶剂，对热稳定，在弱碱性条件下不容易破坏，这可能是其能有效应用于焙烤食品的原因之一，遇铁离子不变色。

（2）性能。BHA 的抗氧化效果以用量 0.01%～0.02% 为宜，0.02% 比 0.01% 的抗氧化效果约提高 10%，但超过 0.02% 时抗氧化效果反而下降。在使用时，要严格控制使用量。BHA 对动物脂肪的抗氧化作用较强，可广泛应用于油脂、含油食品及食品包装材料等。猪油中单独使用 0.02% 的 BHA 就可使其在第 9d 的过氧化值还略小于对照样第 3d 的过氧化值；在鱼油中添加 0.02% 的 BHA 可显著提高氧化稳定性；BHA 应用在各种干香肠中，可防止其褪色和变质。在乳粉和干酪中加入 0.01% 的 BHA 可延长其保质期。有研究表明，BHA 可将猪油的氧化稳定性提高 4 倍，若用柠檬酸增效可提高 10 倍。此外，在焙烤用油和盐中加入 BHA 可以保持焙烤食品和盐味花生的香味。

市售 BHA 均为 3-BHA（95%～98%）和 2-BHA（5%～2%）的混合物，3-BHA 的抗氧化效果是 2-BHA 的 1.5～2 倍，两者混合后有一定的协同作用。此外，BHA 与其他抗氧化剂混合或与增效剂柠檬酸等并用时，可明显提高其抗氧化作用。

（3）毒性。LD_{50} 为每千克体重 2.2～5g（大鼠，经口），ADI 为每千克体重 0～0.5mg。

（4）应用。GB 2760—2024《食品安全国家标准 食品添加剂使用标准》规定了 BHA 的使用范围及最大使用量（以油脂中的含量计）：在脂肪、油和乳化脂肪制品（02.02.01.01 黄油和浓缩黄油除外），熟制坚果与籽类（仅限油炸坚果与籽类）、坚果与籽类罐头，油炸面制品，杂粮粉，即食谷物［包括碾轧燕麦（片）、方便米面制品、饼干］，腌腊肉类制品（如咸肉、腊肉、板鸭、中式火腿、腊肠），风干、烘干、压干等水产品，固体复合调味料（仅限鸡肉粉），膨化食品中使用量为 0.2g/kg；在胶基糖果中的最大使用量为 0.4g/kg。

BHA 可单独使用，但与其他抗氧化剂及增效剂配合使用时效果更佳。实际使用时，可采用直接添加法，即将油脂加热到 60～70℃时加入 BHA，再继续搅拌 20min，以保证其分布均匀和充分溶解。

2. 二丁基羟基甲苯（CNS 编码：04.002；INS 编码：321）

（1）性状。二丁基羟基甲苯又名 2,6－二叔丁基对甲酚，简称 BHT。BHT 为无色结晶或白色结晶性粉末，无臭、无味，熔点为 69.5～71.5℃（其纯品为 69.7℃），沸点为

265℃。BHT 不溶于水，可溶于乙醇或油脂，对热稳定，与金属离子反应不着色，具有单酚特征的挥发性，加热时有随水蒸气挥发的特点。BHT 同其他油溶性抗氧化剂相比，稳定性高，抗氧化效果好，没有没食子酸丙酯易与金属离子反应着色的缺点，也没有 BHA 的特异臭气及刺激性味道，而且价格低廉，但其急性毒性相对较强（比 BHA 强一些），无致癌性。

（2）性能。BHT 的抗氧化性较 BHA 弱，BHT 用于精炼油时，应先用少量油脂溶解，再将增效剂柠檬酸用水或乙醇溶解后加入油中搅拌均匀。BHT 的抗微生物作用不及 BHA，含 0.01% BHT 的猪肉，其酸败期可延长 2 倍。

（3）毒性。LD$_{50}$ 为每千克体重 2.0g（大鼠，经口），ADI 为每千克体重 0～0.3mg（FAO/WTO，1995）。

（4）应用。GB 2760—2024《食品安全国家标准 食品添加剂使用标准》规定，BHT 的使用范围及最大使用量（以油脂中的含量计）：在脂肪、油和乳化脂肪制品（02.02.01.01 黄油和浓缩黄油除外），熟制坚果与籽类（仅限油炸坚果与籽类）、坚果与籽类罐头，油炸面制品，其他杂粮制品（仅限脱水马铃薯制品），即食谷物［包括碾轧燕麦（片）、方便米面制品、饼干］，腌腊肉制品类（如咸肉、腊肉、板鸭、中式火腿、腊肠），风干、烘干、压干等水产品，膨化食品中的最大使用量为 0.2g/kg；在胶基糖果中的最大使用量为 0.4g/kg。

BHT 很少单独使用，一般与 BHA 或 TBHQ 混合使用。在植物油中，可使用 BHT、BHA 和柠檬酸组成比为 2：2：1 的混合物。对于精炼油，必须在碱炼、脱色和脱臭后，在真空下油品冷却到 12℃ 时添加 BHT。在添加 BHT 时，容器应保证清洁，用少量油脂使 BHT 溶解，柠檬酸用水或乙醇溶解后加入油中搅拌均匀。

3. 没食子酸丙酯（CNS 编码：04.003；INS 编码：310）

（1）性状。没食子酸丙酯又名棓酸丙酯，简称 PG。PG 为白色至淡褐色的结晶性粉末或微乳白色针状结晶，无臭，微有苦味，水溶液无味，熔点为 146～150℃。PG 难溶于水，易溶于乙醇、乙醚、丙二醇等有机溶剂，微溶于棉籽油、花生油、猪油。0.25% PG 水溶液的 pH 值为 5.5 左右。PG 遇铜、铁等金属离子发生呈色反应，变为紫色或暗绿色，有吸湿性，光线能促进其分解，对热较稳定，在油中加热到 227℃ 保持 1h 仍不会分解。

（2）性能。PG 对猪油的抗氧化作用较 BHA 或 BHT 强，与增效剂并用效果更好，但不如 BHA 和 BHT 混合使用时抗氧化作用强。PG 可在机体内被水解，大部分变成4－O－甲基没食子酸，内聚成葡萄糖醛酸，随尿排出。除 PG 外，国外还使用没食子酸辛酯和没食子酸十二酯等作为抗氧化剂。在 PG 中加入适量的没食子酸辛酯和没食子酸十二酯可增加 PG 在油脂中的溶解度。

（3）毒性。LD$_{50}$ 为每千克体重 2.6g（大鼠，经口），ADI 为每千克体重 0～1.4mg。食品中含 0.2%～0.5% PG 对人体无害，PG 在人体内水解后生成的没食子酸大部分转化成4－O－甲基没食子酸，内聚成葡萄糖醛酸随尿液排出体外。近年已发现没食子酸辛酯能渗入母乳，对人体有过敏反应。CCFA 已建议清凉饮料中禁用 PG。

（4）应用。GB 2760—2024《食品安全国家标准 食品添加剂使用卫生标准》规定，PG 的使用范围及最大使用量（以油脂中的含量计）：在脂肪、油和乳化脂肪制品（02.02.01.01 黄油和浓缩黄油除外），熟制坚果与籽类（仅限油炸坚果与籽类）、坚果与籽类罐头，油炸面制品，方便米面制品，饼干，腌腊肉类制品（如咸肉、腊肉、板鸭、中式火腿、腊肠），风干、烘干、压干等水产品，固体复合调味料（仅限鸡肉粉），膨化食品中的最大使用量为 0.1g/kg。在胶基糖果中使用量为 0.4g/kg。

PG 在油脂中溶解度较小，使用时可先取一部分油脂，然后将 PG 按量加入，加温充分溶解后，再与全部油脂混合；或取 1 份 PG 与半份柠檬酸、3 份 95% 乙醇混合后，徐徐加入油脂中搅拌均匀即可。

4. 特丁基对苯二酚（CNS 编码：04.007；INS 编码：319）

（1）性状。特丁基对苯二酚又名叔丁基对苯二酚、叔丁基氢醌，简称 TBHQ。TBHQ 为白色到亮褐色晶状结晶或结晶性粉末，无异味异臭，可溶于油、乙醇、乙酸乙酯、异丙酯、乙醚，稍溶于水（25℃，< 1%；95℃，≤5%）；沸点为 300℃，熔点为 126.5 ~ 128.5℃。TBHQ 与铜、铁等金属离子结合不变色，但碱存在时可转为粉红色。

（2）性能。TBHQ 可显著增加多不饱和食用油或脂肪的氧化稳定性，尤其是植物油。研究结果表明，TBHQ 与游离胺类物质反应产生不被接受的红色物质，阻止了其在蛋白质食品中的应用。TBHQ 的抗氧化活性与 BHA、BHT 相当或者优于它们，在油脂、焙烤、油炸谷物食品，肉制品中广泛应用。按脂肪含量添加 0.015% TBHQ 的自制香肠，20℃ 保存 30d，其过氧化值为 0.061，而对照样的过氧化值升至 0.160（肉制品中过氧化值超过 0.10 为败坏指标）。

TBHQ 除了具有抗氧化作用，还具有抑菌和抗菌的作用。TBHQ 对细菌及酵母的最低抑菌浓度（MIC）为 50 ~ 100mg/kg，对霉菌的 MIC 值为 50 ~ 280mg/kg；500mg/kg TBHQ 对黄曲霉毒素的产生有明显的抑制作用。TBHQ 的抑菌效果受温度、pH 等环境条件的影响。

（3）毒性。TBHQ 的毒性很弱，LD_{50} 为每千克体重 0.7 ~ 1.0g，ADI 为每千克体重 0 ~ 0.7mg（FAO/WTO，1997）。动物试验研究表明：单剂量 0.1 ~ 0.4g/kg 饲喂动物后，机体组织中无残留，任何剂量试验都未发现与剂量相关的明显毒理学作用，且没有资料表明其具有致癌性。

（4）应用。GB 2760—2024《食品安全国家标准 食品添加剂使用卫生标准》规定，TBHQ 使用范围及最大使用量（以油脂中的含量计）：在脂肪、油和乳化脂肪制品（02.02.01.01 黄油和浓缩黄油除外），熟制坚果与籽类，坚果与籽类罐头，油炸面制品，方便米面制品，糕点，饼干，焙烤食品馅料及表面用挂浆，腌腊肉类制品（如咸肉、腊肉、板鸭、中式火腿、腊肠），风干、烘干、压干等水产品，膨化食品中的最大使用量为 0.2g/kg。

5. 维生素 E（CNS 编码：04.016；INS 编码：307）

（1）性状。维生素 E 又名生育酚，是指具有 α-生育酚生物活性的一类物质。自然界中共有 8 种维生素 E：α-T、β-T、γ-T、δ-T4 种生育酚，α-TT、β-TT、γ-TT、δ-TT 4 种生育三烯酚，作为抗氧化剂使用的维生素 E 是其各种同分异构体的混合物。

混合生育酚浓缩物为黄至褐色、几乎无臭的澄清黏稠液体，不溶于水，可溶于乙醇、丙酮和植物油，对热稳定，但油炸时维生素 E 活性明显降低，在无氧条件下，即使加热至 200℃ 也不被破坏，有耐酸性，但不耐碱，对氧十分敏感，对光和紫外线也较敏感。

（2）性能。生育酚的抗氧化作用来自苯环上的羟基，结合成酯后失去抗氧化性能。生育酚的同分异构体中，抗氧化效果大小顺序为：α < β < γ < δ。在通常情况下，生育酚对

动物油脂的抗氧化作用比对植物油的效果好，因为动物油脂中天然存在的生育酚比植物油少。生育酚对植物油有的有效，有的无效，这与植物油内天然存在的生育酚同分异构体的种类和含量有关。

目前，很多国家除使用天然的混合生育酚浓缩物外，还使用人工合成的 DL - α - 生育酚。后者的性状和抗氧化效果基本上与天然的混合生育酚浓缩物相同。添加生育酚到食品中不仅具有抗氧化作用，而且具有营养强化作用。α - 生育酚（维生素 E）是人体必需的营养素，各国对它都规定了一定的每日膳食供给量标准。

对猪油的抗氧化试验表明，生育酚的抗氧化效果几乎与 BHA 相同。据报道，在油炸方便面的猪油中添加生育酚 0.05%，抗氧化效果很好，若与 BHA 并用，效果更佳。在食品加工中，主要是谷物碾磨时可因机械作用脱去胚芽而受到损失；凡引起类脂部分分离、脱除的任何加工、精制或者脂肪氧化都可能引起维生素 E 的损失。

维生素 E 对富含油脂食品的氧化酸败具有比较显著的抑制作用，配合维生素 C 或柠檬酸使用，其抗氧化效果更好。抗炒制花生粉油脂氧化的最佳配方是维生素 E 为 0.06%，维生素 C 为 0.02%，柠檬酸为 0.06%；抗月饼油脂氧化的最佳配方是维生素 E 为 0.020%，维生素 C 为 0.005%，柠檬酸为 0.010%。

（3）毒性。LD_{50} 为每千克体重 0～2mg（FAO/WTO，1986）；ADI 无限制性规定（EFSA，2008）。

（4）应用。GB 2760—2024《食品安全国家标准 食品添加剂使用卫生标准》规定，维生素 E 的使用范围及最大使用量：在即食谷物〔包括碾轧燕麦（片）〕中的最大使用量为 0.085g/kg；在方便米面制品、面糊（如用于鱼和禽肉的拖面糊）、裹粉、煎炸粉、蛋白饮料、蛋白固体饮料中的最大使用量为 0.2g/kg；在调制乳、熟制坚果与籽类（仅限油炸坚果与籽类）、油炸面制品（以油脂中的含量计）、膨化食品（以油脂中的含量计）中的最大使用量为 0.2g/kg；在果蔬汁（浆）类饮料（以即饮状态计，相应的固体饮料按稀释倍数增加使用量）、其他型碳酸饮料（以即饮状态计，相应的固体饮料按稀释倍数增加使用量）、茶、咖啡、植物（类）饮料（以即饮状态计，相应的固体饮料按稀释倍数增加使用量）、特殊用途饮料（以即饮状态计，相应的固体饮料按稀释倍数增加使用量）、风味饮料（以即饮状态计，相应的固体饮料按稀释倍数增加使用量）中的最大使用量为 0.2g/kg；在水油状脂肪乳化制品、02.02 类以外的脂肪乳化制品〔包括混合的和（或）调味的脂肪乳化制品〕中的最大使用量为 0.5g/kg；在基本不含水的脂肪和油、复合调味料中按生产需要适量使用。

6. 硫代二丙酸二月桂酯（CNS 编码：04.012；INS 编码：389）

（1）性状。硫代二丙酸二月桂酯由硫代二丙酸与月桂醇酯化而制得，简称 DLTP，为白色结晶片或粉末，有特殊甜香或类酯气味；相对密度为 0.915，熔点为 39～40℃；溶于苯、甲苯、丙酮、汽油等溶剂。

（2）性能。DLTP 能有效地分解油脂自动氧化链反应中的氢过氧化物（ROOH），达到中断链反应的目的，从而延长了油脂及富脂食品的保存期。DLTP 与 BHA 和 BHT 等酚类抗氧化剂有协同作用，在生产中加以利用既可提高抗氧化性能，又能降低毒性和成本。DLTP 具有极好的热稳定性，在 200℃下 30min 损失率只有 0.7%，更适合焙烤及油炸食品，同时具有极好的时间稳定性。

油溶性的抗氧化剂特性比较

（3）毒性。LD$_{50}$为每千克体重15g（小鼠，经口），ADI为每千克体重0～3mg（FAO/WTO，1973）。

（4）应用。GB 2760—2024《食品安全国家标准 食品添加剂使用卫生标准》规定，DLTP的使用范围及最大使用量：在经表面处理的鲜水果、经表面处理的新鲜蔬菜、熟制坚果与籽类（仅限油炸坚果与籽类）、油炸面制品、膨化食品中的最大使用量为0.2g/kg。

（二）水溶性抗氧化剂

1. 抗坏血酸及其钠盐（CNS编码：04.014，04.015；INS编码300，301）

（1）性状。抗坏血酸又名维生素C，为白色粉末或带淡黄色的结晶性粉末，熔点为190～192℃（分解），无臭，味酸；易溶于水，水溶液呈酸性，不溶于苯、乙醚等有机溶剂；遇光时颜色逐渐变深，干燥状态比较稳定，但水溶液很容易被氧化分解，在中性或碱性溶液中尤甚。重金属离子可促进其氧化分解，遇光照颜色逐渐变深。

抗坏血酸钠为白色或带有黄白色的粒、细粒或结晶性粉末，无臭，稍咸，较抗坏血酸易溶于水，2%的抗坏血酸钠水溶液pH值为6.5～8.0。

（2）性能。抗坏血酸能结合氧而成为除氧剂，有钝化金属离子的作用，还可以抑制果蔬的酶促褐变、变色、风味劣变和其他因氧化而引起的质量问题。抗坏血酸的抗氧化作用主要是通过自身氧化消耗食品和环境中的氧，还原高价金属离子，使食品的氧化还原电位下降，减少不良氧化物的产生。

（3）毒性。抗坏血酸是人体所必需的维生素之一，通常的摄入量对人体无害。正常剂量的抗坏血酸对人体无毒性作用。抗坏血酸LD$_{50}$大于或等于每千克体重5g（大鼠，经口），抗坏血酸及其钠、钙、钾盐ADI无限制规定（FAO/WTO，1981）。

（4）应用。GB 2760—2024《食品安全国家标准 食品添加剂使用卫生标准》规定，抗坏血酸的使用范围及最大使用量：在小麦粉中的最大使用量为0.2g/kg；在果蔬汁（浆）（以即饮状态计，相应的固体饮料按稀释倍数增加使用量）中的最大使用量为1.5g/kg；在去皮或预切的鲜水果，去皮、切块或切丝的蔬菜中的最大使用量为5.0g/kg；在其他各类食品（表A.2中编号为1～5、10～62、68的食品类别除外）中，按生产需要适量使用。

抗坏血酸钠的使用范围及最大使用量：在各类食品（表A.2中编号为1～62、68的食品类别除外）中，按生产需要适量使用。

2. D-异抗坏血酸及其钠盐（CNS编码：04.004，04.018；INS编码：315，316）

（1）性状。D-异抗坏血酸是抗坏血酸的一种立体异构体，在化学性质上与抗坏血酸相似，其抗氧化的还原作用也与抗坏血酸大致相同。D-异抗坏血酸为白色至浅黄色的结晶或结晶性粉末，无臭，有酸味，对热和光的稳定性差，遇光颜色逐渐变黑，干燥状态下在空气中相当稳定，而在溶液中暴露于大气时则迅速变质。D-异抗坏血酸钠易溶于水，1% D-异抗坏血酸钠的水溶液pH值为7.4，D-异抗坏血酸几乎不溶于乙醇，干燥状态下在空气中相当稳定，但在水溶液中，当遇空气、金属、热、光时易氧化。在酸性条件下，D-异抗坏血酸钠可转变成D-异抗坏血酸。D-异抗坏血酸钠的抗氧化性能与D-异抗坏血酸相同。

（2）性能。D-异抗坏血酸几乎无抗坏血酸的生理功效（也有人认为具有5%的抗坏血酸的生物活性）。D-异抗坏血酸的还原性强，金属离子能促进其分解，但其抗氧化性能优于抗坏血酸，并且价格低，虽然无抗坏血酸的生理作用，但也不会阻碍人体对抗坏血酸的吸收。在肉制品中，D-异抗坏血酸与亚硝酸盐配合使用，既可以防止肉氧化变色，又可以提高肉制品的发色效果，还能加强亚硝酸盐抗肉毒杆菌的能力，减少亚硝胺的产生。

（3）毒性。D-异抗坏血酸及其钠盐 LD_{50} 为每千克体重 15g（大鼠，经口），LD_{50} 为每千克体重 9.4g（小鼠，经口），ADI 无限制性规定（FAO/WHO，1990）。

（4）应用。GB 2760—2024《食品安全国家标准 食品添加剂使用卫生标准》规定，D-异抗坏血酸及其钠盐的使用范围及最大使用量：在葡萄酒（以抗坏血酸计）中的最大使用量为 0.15g/kg；在其他各类食品（表 A.2 中编号为 1~62、64~68 的食品类别除外）中，按生产需要适量使用。

3. 茶多酚（CNS 编码：04.005）

（1）性状。茶多酚亦称维多酚、抗氧灵、防哈灵，简称 TP，是一类多酚化合物的总称，主要包括儿茶素、黄酮、花青素、酚酸 4 类化合物，其中儿茶素的数量最多，占茶多酚总量的 60%~80%。因此，茶多酚常以儿茶素作为代表。茶多酚是由茶提取的抗氧化剂，为浅黄色或浅绿色的粉末，有茶叶味，易溶于水、乙醇、醋酸乙酯；在酸性和中性条件下稳定，最适宜 pH 值为 4~8。

（2）性能。茶多酚能清除有害自由基，阻断脂质氧化过程，具有抗氧化性能。茶多酚抗氧化作用的主要成分是儿茶素。抗氧化能力最强的儿茶素有以下 4 种：表儿茶素（EC）、表没食子儿茶素（EGC）、表儿茶没食子酸酯（ECG）和表没食子儿茶素没食子酸酯（EGCG）。它们的等浓度（以物质的量浓度计）抗氧化能力的顺序为：EGCG > EGC > ECG > EC。

茶多酚与柠檬酸、苹果酸、酒石酸有良好的协同效应，与柠檬酸的协同效应最好，与抗坏血酸、生育酚也有很好的协同效应。茶多酚对猪油的抗氧化性能优于生育酚混合浓缩物和 BHA 及 BHT。由于植物油中含有生育酚，所以茶多酚用于植物油中可以更加显示出其很强的抗氧化能力。在猪油、大豆油、菜油、色拉油和花生油中添加 0.02%~0.08% 的茶多酚，过氧化值和酸价抑制率在 90% 以上，比维生素 E 高 5 倍。油炸食品在储存、炸制过程中易因氧化而颜色变深、发黑，品质逐渐下降，但加入茶多酚后酸败现象延缓，能延长货架寿命。用 300~500mg/kg 的茶多酚浸渍水产品可防止干鱼因"油烧"而变黄及脂质过氧化；在冷冻鲜鱼时也能使鱼类保鲜效果更佳。

（3）毒性。LD_{50} 为每千克体重（2 496 ± 326）mg（大鼠，经口）。茶多酚无毒，对人体无害，在 5% 的 LD_{50} 浓度内，茶多酚的致畸、致突变试验结果呈阴性。

（4）应用。GB 2760—2024《食品安全国家标准 食品添加剂使用卫生标准》规定，茶多酚的使用范围及最大使用量：在复合调味料、植物蛋白饮料（以儿茶素计）中的最大使用量为 0.1g/kg；在熟制坚果与籽类（仅限油炸坚果与籽类）、油炸面制品、即食谷物 [包括碾轧燕麦（片）]、方便米面制品、膨化食品（以油脂中儿茶素计）中的最大使用量为 0.2g/kg；在酱卤肉制品类，熏、烧、烤肉类（熏肉、叉烧肉、烤鸭、肉脯等），油炸肉类，西式火腿（熏烤、烟熏、蒸煮火腿）类，肉灌肠类，发酵肉制品类，预制水产品（半成品），熟制水产品（可直接食用），水产品罐头（以油脂中儿茶素计）中的最大使用量为 0.3g/kg；在基本不含水的脂肪和油、糕点、焙烤食品馅料及表面用挂浆（仅限含油脂馅料）、腌腊肉制品类（如咸肉、腊肉、板鸭、中式火腿、腊肠）（以油脂中儿茶素计）中的最大使用量为 0.4g/kg；在果酱、水果调味糖浆（以儿茶素计）中的最大使用量为

0.5g/kg；在蛋白固体饮料（以儿茶素计）中的最大使用量为 0.8g/kg。使用方法是先将茶多酚溶于乙醇，加入一定量的柠檬酸配制成溶液，然后以喷涂或添加的形式用于食品。

4. 植酸（CNS 编码：04.006；INS 编码：391）

（1）性状。植酸亦称肌醇六磷酸，简称 PH。植酸为浅黄色或褐色黏稠状液体，广泛分布于高等植物内，多与钙、镁构成盐的形式存在，易溶于水、95% 乙醇、丙二醇和甘油，微溶于无水乙醇、苯、乙烷和氯仿，对热较稳定。植酸分子有 12 个羟基，能与金属螯合成白色不溶性金属化合物（1g 植酸可以螯合铁离子 500mg）。其水溶液的 pH 值在浓度 1.3% 时为 0.40，在浓度为 0.7% 时为 1.70，在浓度为 0.13% 时为 2.26，在浓度为 0.013% 时为 3.20，具有调节 pH 及缓冲作用。

（2）性能。植酸作为天然食品抗氧化剂，可以更好地发挥对金属离子的络合效果，进而抑制一些形成反应，获得较强的抗氧化效果。

（3）毒性。LD_{50} 为每千克体重 4 300mg（雌性小鼠，经口），每千克体重 3 160mg（雄性小鼠，经口）。

水溶性的抗氧化剂的特性比较

（4）应用。GB 2760—2024《食品安全国家标准 食品添加剂使用卫生标准》规定，植酸的使用范围及最大使用量（以植酸计）：在基本不含水的脂肪和油，加工水果，加工蔬菜（04.02.02.01 冷冻蔬菜和 04.02.02.06 发酵蔬菜制品除外），装饰糖果（如工艺造型，或用于蛋糕装饰），顶饰（非水果材料）和甜汁，腌腊肉制品类（如咸肉、腊肉、板鸭、中式火腿、腊肠），酱卤肉制品类，熏、烧、烤肉类（熏肉、叉烧肉、烤鸭、肉脯等），油炸肉类，西式火腿（熏烤、烟熏、蒸煮火腿）类，肉灌肠类，发酵肉制品类，调味糖浆，果蔬汁（浆）类饮料（以即饮状态计，相应的固体饮料按稀释倍数增加使用量）中的最大使用量为 0.2g/kg；在鲜水产（仅限虾类）（残留量 ≤ 20mg/kg）中，按生产需要适量使用。

第二节　增味剂

增味剂 PPT

从广义上讲，呈甜、酸、苦、辣、咸、鲜、凉等味的调味物质都属于增味剂，但在我国 1996 年以前的标准中的增味剂指鲜味剂，即以强化或补充食品鲜味为目的的增味物质。鲜味不同于酸、甜、苦、咸 4 种基本味。例如，鲜味的受体不同于酸、甜、苦、咸基本味的受体，味感也与以上 4 种基本味不同，鲜味不影响任何其他味觉刺激而增强各自的风味特征，从而增加食品的可口性。增味剂是一类重要的食品添加剂，在现代食品工业的新品研发和快速发展中具有不可替代的作用。

一、定义

增味剂是指补充或增强食品原有风味的物质。其功能类别代码为 12，CNS 编码为 12◇◇◇。

二、分类

目前常用的食品增味剂大约有 40 多种，还处于不断发展之中，对其分类尚没有统一的标准。一般可根据其来源和化学成分进行分类。根据来源，增味剂可分为动物性、植物性、微生物和化学合成增味剂等；根据化学成分，增味剂又可分为氨基酸类增味剂（谷氨酸钠、甘氨酸）、核苷酸类增味剂（5'－鸟苷酸二钠、5'－肌苷酸二钠、5'－呈味核苷酸二钠）、有机酸类（琥珀酸二钠）和复合类（天然型及复配型）4 类。

三、作用机理

鲜味作为基本味须遵循——不是其他味觉的组合、独立于其他味觉、存在特异性受体和具有协同增效性——四方面原则。1924 年，德国学者海宁首次提出了关于味觉的"四面体学说"："四种基本味的感受位置是在一个四面体边缘、表面、内部或邻近四面体之处，而鲜味则在独立于外部的位置。"后来，学者 Tilak 根据鲜味在受体上的特点，提出了一个鲜味受体模式。鲜味作为一种独立的味觉，既不能由其他 4 种基本味组合而成，也不能合成其他基本味。鲜味被认为是由味觉细胞中 G 蛋白偶联受体与鲜味物质特异结合而产生的，这是鲜味独立于其他基本味的性质。

（一）氨基酸

游离的鲜味氨基酸对食品的呈鲜特性具有十分重要的作用。食品中呈鲜味的氨基酸主要有谷氨酸、天冬氨酸、丙氨酸、甘氨酸、苯丙氨酸和酪氨酸及其钠盐，它们属于谷氨酸钠型鲜味物质。这类鲜味物质的通用结构式为—O—（C）$_n$—O—（n 为 3~9）。也就是说，鲜味分子需要有一条相当于 3~9 个碳原子长的脂链，而且两端都带有负电荷，当 n 为 4~6 时鲜味最强。脂链不限于直链，也可为脂环的一部分，且其中的 C 原子可被 O、N、S、P 等取代。保持分子两端的负电荷对鲜味很重要，将基团经过酯化、酰胺化或加热脱水形成内酯、内酰胺，均将降低鲜味，但其中一端的负电荷也可用一个负偶极替代，例如口蘑氨酸，其鲜味比谷氨酸钠（味精）强 5~10 倍。

（二）核苷酸

目前已发现的呈鲜味的核苷酸及其衍生物共有 30 多种。核苷酸包括 3 种同分异构体——2'－核苷酸、3'－核苷酸和 5'－核苷酸，但只有 5'－核苷酸才具有鲜味。典型的呈鲜味核苷酸有 2 种：5'－肌苷酸和 5'－鸟苷酸。核苷酸类物质具有嘌呤杂环芳烃结构，但只有 6－羟基嘌呤核苷酸才能呈鲜味特性；只有第 5 个 C 原子位置发生磷酸化反应时核苷酸物质才会产生鲜味。

（三）有机酸

呈鲜味的有机酸主要有琥珀酸、乳酸和没食子酸等。琥珀酸、乳酸及其钠盐是沙蟹、虾等甲壳动物体中主要的肌肉代谢产物，但由于其含量较低，对产品的呈鲜味特性仅起到辅助作用，并不能成为产品呈鲜味的直接贡献者。

（四）复合增味剂

复合增味剂是指一类能够增强食品鲜味的化合物。复合增味剂根据来源不同可以分为水解动物蛋白、水解植物蛋白和酵母提取物。水解动物蛋白是指以猪肉、鸡肉和牛肉等动物肌肉为原料，通过酶法等方式将蛋白质水解成氨基酸和多肽的增味剂。水解植物蛋白是指植物性蛋白通过酸法、碱法及酶解法等方式水解得到的产物，其主要成分为氨基酸和多肽。酵母提取物是指以面包酵母、啤酒酵母等为原料制成的核苷酸、氨基酸及多肽等风味物质。复合增味剂具有增味调鲜、改善风味、掩盖异味的作用，同时具有增加营养价值的效果。

四、常用的增味剂

(一) 氨基酸类增味剂

氨基酸类增味剂呈鲜味基团是分子两端带负电的基团，如—COOH、—SO₃H、—SH、—CO等，分子中有亲水性辅助基团，如 α - NH、—OH、C = C 等。凡是与谷氨酸分子中氨基相连的亲水性氨基酸构成的肽，均有鲜味，如谷氨酸、甘氨酸、天冬氨酸的肽有鲜味；反之，谷氨酸与疏水性氨基酸构成的肽则无鲜味。氨基酸类所呈的鲜味是多种风味的复合体，是综合味感。氨基酸类增味剂的鲜味值比较见表1-2-1。

表1-2-1 氨基酸类增味剂的鲜味值比较

氨基酸类增味剂	鲜味值
谷氨酸钠	1.0
天冬氨酸钠	0.31
天冬氨酸	0.08
半胱氨酸硫代磺酸钠	0.10
口蘑氨酸	5~30
谷氨酰甘氨酸丝氨酸三肽	2.0
谷氨酰谷氨酰丝氨酸三肽	20

备注：谷氨酸单钠盐的鲜味值为1.0。

1. 谷氨酸钠 （CNS 编码：12.001；INS 编码：621）

谷氨酸学名为 α - 氨基戊二酸，麸酸。其分子结构为 HOOC—CH₂—CH₂—CH（NH₂）—COOH。

其分子中有2个羧基、1个氨基，具有酸味，中和成一钠盐后，酸味消失而鲜味增加。谷氨酸钠又称为味精、麸氨酸钠、谷氨酸一钠，简称 MSG，分子式为 C₅H₈NNaO₄·H₂O，分子量为187.13，分子结构为 HOOC—CH₂—CH₂—CH（NH₂）—COONa。

（1）性状。谷氨酸钠为白色或无色结晶状颗粒或粉末，易溶于水，微溶于乙醇，无吸湿性。其水溶液有鲜味，与食盐共用时，鲜味增加。在水中溶解度较大，微溶于乙醇，不溶于乙醚和丙酮等有机溶剂。其熔点为195℃，但加热至120℃时开始逐渐失去结晶水，在150℃时完全失去结晶水，在210℃时生成焦谷氨酸，在270℃左右时分解。二钠盐呈碱味无鲜味。不论是谷氨酸还是味精，均无吸湿性，对光稳定，其水溶液加热也比较稳定。谷氨酸钠的呈味能力与其电离度有关，pH 值为3.2（等电点）时，其呈味能力最弱；pH 值小于5时加热，发生分子内脱水，生成焦谷氨酸，呈味力也下降，鲜味消失，对人体有致癌性作用；在中性条件下加热则不易变化，5% 谷氨酸钠水溶液的 pH 值为 6.7~7.2；

pH 值大于 7 时，生成二钠盐而无鲜味。

（2）性能。谷氨酸钠具有强烈的肉类鲜味，特别是在微酸性溶液中味道更佳。其鲜味阈值为 0.014%，用水稀释至原来浓度的 1/3 000 倍，仍能感觉出其鲜味。谷氨酸钠具有缓和咸、酸、苦味的作用，并能引出食品中所具有的自然风味。

谷氨酸虽然来自粮食，是天然的鲜味剂，但摄入过多也会使一部分人产生不快感或身体不适。这主要是由于谷氨酸的摄入量超过了肠道的转化能力，致使血液中谷氨酸含量升高。谷氨酸的两个羧基有很强的螯合作用，可能限制必需的微量元素（如 Ca^{2+}、Mg^{2+}）的利用。

（3）毒性。LD_{50} 为每千克体重 17g（大鼠，经口）。在 1987 年，JECFA 回顾并讨论了谷氨酸盐的安全性，取消之前的 ADI 值及不宜用于出生 12 周以内的婴儿的规定，确定对谷氨酸盐的 ADI 不作限制性规定，否定 MSG 是"中餐馆综合征（CRS）"的病因。

（4）应用。GB 2760—2024《食品安全国家标准 食品添加剂使用标准》规定，谷氨酸钠在各类食品（表 A.2 中编号为 1~68 的食品类别除外）中，按生产需要适量使用。

谷氨酸还可以防腐，对豆制品、曲酒的香味也有增强作用，对咸、酸、苦味有消杀作用。谷氨酸钠在一般的烹调、加工条件下相当稳定，对 pH 值低的食品可稍有变化，最好在加热后期或食用前加入。

在酱油、醋及腌渍等酸性强的食品中加入比普通食品多 20% 的谷氨酸钠效果更好；加入食品中的谷氨酸钠若超过最适浓度，则口感下降，故其有一定的自我限制性。

常见食物中谷氨酸钠的实际用量见表 1-2-2。

表 1-2-2　常见食物中谷氨酸钠实际用量

$g \cdot kg^{-1}$

食品种类	用量	食品种类	用量
罐头家禽	1.0~2.0	香肠、火腿	1.0~2.0
调味汁	1.0~12	调味品	3.0~4.0
小吃食品	1.0~5.0	酱油	3.0~6.0
蔬菜汁	1.0~1.5	曲香酒	0.054

2. 氨基乙酸（甘氨酸）（CNS 编码：12.007；INS 编码：640）

氨基乙酸又称甘氨酸，天然存在于动物蛋白体内，其分子式为 $C_2H_5NO_2$，分子量为 75.01。

（1）性状。氨基乙酸为白色结晶粉末或结晶性的粉末，无臭，有虾及墨鱼味，有特殊的甜味，其熔点为 232~236℃（产生气体并分解），其水溶液呈酸性（pH 值为 5.5~7.0），易溶于水，难溶于乙醇，不溶于乙醚等有机溶剂。氨基乙酸化学性质稳定，是海鲜呈味的主要成分。

（2）性能。氨基乙酸有呈味抑菌的作用，其鲜味阈值为 0.13%。

（3）毒性。氨基乙酸无毒，有营养价值。

（4）应用。GB 2760—2024《食品安全国家标准 食品添加剂使用标准》规定，氨基乙酸应用范围及最大使用量：在调味品（12.01 盐及代盐制品、12.09 香辛料类除外）、果蔬汁（浆）类饮料、植物蛋白饮料（以即饮状态计，相应的固体饮料按稀释倍数增加使用量）中的最大使用量为1.0g/kg；在预制肉制品和熟肉制品中的最大使用量为3.0g/kg。

（二）核苷酸类增味剂

核苷酸类增味剂包括肌苷酸、核糖苷酸、鸟苷酸、胞苷酸、尿苷酸等及其盐类（钠、钾、钙）。

1.5′-肌苷酸二钠（CNS编码：12.003；INS编码：631）

5′-肌苷酸二钠简称IMP，分子式为$C_{10}H_{11}N_4Na_2O_8P \cdot 7.5H_2O$，分子量为527.20。

（1）性状。5′-肌苷酸二钠为无色至白色结晶或白色结晶粉末，平均含有7.5个水分子，无臭，有特异的鲜鱼味。其易溶于水，微溶于乙醇，不溶于乙醚；在40℃开始失去结晶水，在120℃以上成无水物，其5%水溶液的pH值为7.0~8.5；对酸、碱、盐和热均稳定，在一般食品的pH值范围（4~6）内，于100℃加热1h几乎不分解，但当pH值在3以下时，长时间加热杀菌会产生一定的分解。

（2）性能。5′-肌苷酸二钠鲜味阈值为0.012%，鲜味强度低于5′-鸟苷酸二钠。5′-肌苷酸二钠和5′-鸟苷酸二钠有协同作用，添加5′-鸟苷酸二钠和5′-肌苷酸二钠的食品集荤素鲜味于一体，使甜、酸、苦、辣、鲜、香、咸诸味更加浓郁而协调，形成一种完美的鲜醇滋味。例如，在罐头食品中添加呈味核苷酸二钠后，能抑制淀粉味和铁腥味；在风味较小的食品中，如牛肉干、鱼片干中添加呈味核苷酸二钠能减少涩味，效果更理想。

5′-鸟苷酸二钠与谷氨酸钠以1∶7复配，有增强咸味的效果。

在动植物组织中广泛存在的磷酸酯酶能将核苷酸分解，分解产物失去鲜味，因此不能将核苷酸直接加入生鲜的动植物原料。由于这些酶类对热不稳定，一般在80℃就被破坏，所以使用5′-核苷酸二钠时应先将生鲜食品原料、酱油等发酵产品预热至85℃再加入，尽量在整个食品加工过程的最后加入。

（3）毒性。LD_{50}为每千克体重14.4g（大鼠，经口），LD_{50}为每千克体重12.0g（小鼠，经口），ADI不作限制性规定（FAOWHO，1994）。

（4）应用。GB 2760—2024《食品安全国家标准 食品添加剂使用标准》规定，5′-肌苷酸二钠在各类食品（表A.2中编号为1~68的食品类别除外）中，按生产需要适量使用。

5′-核苷酸二钠对于甜味、肉味有增效作用，对咸、酸、苦、腥味及焦味有消杀作用；与谷氨酸钠及5′-鸟苷酸二钠等混合使用，其呈味能力会增强。如本品以5%~12%的含量与谷氨酸钠混合使用，其呈味作用比单用谷氨酸钠高约8倍，有"强力味精"之称。用4.7~7kg混合增味剂（2.5%IMP+2.5%GMP+95%MSG）可代替45kg MSG。

2.5′-鸟苷酸二钠（CNS编码：12.002；INS编码：627）

5′-鸟苷酸二钠又名鸟嘌呤核苷酸二钠，简称GMP，分子式为$C_{10}H_{12}N_5Na_2O_8P \cdot 7H_2O$，分子量为533.26。

（1）性状。5′-鸟苷酸二钠为无色至白色结晶或白色结晶粉末，平均含有7分子结晶水，无臭，有特殊的香菇鲜味；易溶于水，微溶于乙醇，不溶于乙醚；吸湿性强，在75%相对湿度下放置24h，吸水量达30%；5%水溶液的pH值为7.0~8.5，其水溶液在pH值为2~14范围内稳定。加热30~60min几乎无变化，加热至240℃时变为褐色，对酸、碱、盐及热稳定；油炸3min其保存率为99.3%；可被磷酸酯酶分解破坏，失去呈味能力。

（2）性能。5'-鸟苷酸二钠有特殊的香菇鲜味，鲜味阈值为0.003 5%，鲜味强度为肌苷酸钠的2.3倍。其与谷氨酸钠并用时有很强的协同增效作用。

（3）毒性。5'-鸟苷酸二钠LD_{50}每千克体重大于10.0g（大鼠，经口），LD_{50}为每千克体重10g（小鼠，经口），其ADI不作限制性规定。

（4）应用。GB 2760—2024《食品安全国家标准 食品添加剂使用标准》规定，5'-鸟苷酸二钠在各类食品（A.2中编号为1~68的食品类别除外）中，按生产需要适量使用。

5'-鸟苷酸二钠还可与肌苷酸钠以1∶1的比例复配使用。

3. 5'-呈味核苷酸二钠（CNS编码：12.004；INS编码：635）

5'-呈味核苷酸二钠主要由5'-肌苷酸二钠和5'-鸟苷酸二钠组成，此外也可适当添加5'-尿苷酸二钠和5'-胞苷酸二钠。

（1）性状。5'-呈味核苷酸二钠为白色至近白色结晶或粉末，无臭，易吸湿，溶于水，微溶于乙醇和乙醚。

（2）性能。5'-呈味核苷酸二钠与谷氨酸钠并用有显著的协同作用，鲜度明显提高。

（3）毒性。ADI无须规定，安全。

（4）应用。GB 2760—2024《食品安全国家标准 食品添加剂使用标准》规定，5'-呈味核苷酸二钠在各类食品（表A.2中编号为1~68的食品类别除外）中，按生产需要适量使用。

（三）有机酸类增味剂

1. 琥珀酸二钠［CNS编码：12.005；INS编码：364（ii）］

琥珀酸二钠又称为丁二酸二钠，分子式为$C_4H_4Na_2O_4$，分子量为162.05。

（1）性状。琥珀酸二钠又名干贝素，在禽、畜及鱼中均有少量存在，在贝类中含量最多，是琥珀酸的钠盐。琥珀酸二钠含有一分子结晶水和三分子结晶水两种类型。其为白色结晶、无臭的粒状，溶解度大于琥珀酸。

（2）性能。琥珀酸二钠有特异的贝类鲜味，琥珀酸二钠呈味阈值为0.03%，可作为强力味精。琥珀酸的鲜味比琥珀酸钠强，前者是后者的8倍。

（3）毒性。LD_{50}大于每千克体重10.0g（大鼠，经口）。

（4）应用。GB 2760—2024《食品安全国家标准 食品添加剂使用标准》规定，琥珀酸二钠在调味品（12.01盐及代盐制品、12.09香辛料类除外）中最大使用量为20.0g/kg。

琥珀酸二钠普遍存在于传统发酵产品中（如清酒、酱油、酱），与食盐、谷氨酸钠、醋酸、柠檬酸等其他有机酸合用可增强鲜味。

2. L-丙氨酸（CNS编码：12.006）

L-丙氨酸（$C_3H_7NO_2$）的分子量为89.09。

（1）性状。L-丙氨酸为白色结晶或结晶性粉末，无臭，有特殊甜味；浓度为50g/L时pH值为5.7~6.7；易溶于水，微溶于乙醇，不溶于乙醚。L-丙氨酸属于非必需氨基酸，是血液中含量最多的一种氨基酸，有重要的生理作用，还常用作营养强化剂。此外，L-丙氨酸具有抗氧化性，应用在油类、蛋黄酱、发酵食品、酱油浸渍食品、腌制食品等各种食品加工中，既能防止氧化，又能改善风味。

（2）性能。L-丙氨酸具有良好的鲜味，可以增强化学调味料的调味效果；具有特殊的甜味，可以改善人造甜味剂的味感；可以改善有机酸的酸味；具有酸味，使盐入味快，可以提高咸菜、酱菜的腌制效果，缩短腌制时间，改善风味；作为合成清酒和清凉饮料的酸味矫正剂、缓冲剂，可以防止发泡酒老化，减少酵母臭。

（3）毒性。LD_{50} 大于每千克体重 10.0g（大鼠，经口），ADI 尚未规定。

（4）应用。GB 2760—2024《食品安全国家标准 食品添加剂使用标准》规定，L－丙氨酸在调味品（12.01 盐及代盐制品、12.09 香辛料类除外）中，按生产需要适量使用。

（四）复合增味剂

复合增味剂是由两种或多种增味剂组合而成的增味剂复合物。它包括天然型和复配型两类。天然型复合增味剂包括萃取物和水解物两类，前者有各种肉、禽、水产、蔬菜等萃取物；复配型复合增味剂包括动物、植物和酵母的水解物，大多数是由天然的动物、植物、微生物组织细胞或其他细胞内生物大分子物质经过水解而制成。从它们的化学组成来看，主要的增味物质是各种氨基酸和核酸等风味物质，由于比例的不同和少量其他物质的存在，它们能赋予食品各不相同的鲜味和风味。

1. 动物蛋白质水解物（HAP）

（1）性状。动物蛋白质水解物为淡黄色液体、糊状物、粉状体或颗粒，含有多种氨基酸，具有特殊的鲜味和香味。糊状水解动物蛋白质的总含氮量为 8%～9%，脂肪少于 1%，含水量为 28%～32%。其组成氨基酸含量丰富，含有大量的氨基酸系列物质。所用原料不同，制品中的氨基酸组成含量也各异。

（2）性能。动物蛋白质水解物制品的鲜味程度和风味因原料和加工工艺而异。

（3）毒性。无毒性，安全性高。

（4）应用。动物蛋白质水解物用于各种食品加工和烹饪中或与其他调味品配合使用，与增味剂复配使用，可产生各种独特风味。其可应用于虾片、鱼片、虾球等的调味，增强海鲜的鲜美风味，掩盖海鲜的不良风味，提高鱼制品的香、鲜度；可应用于膨化食品和饼干等的调味；可应用于肉类如香肠、肉球、牛肉、热狗、火腿、干肉等的调味，能加强肉类天然味道，改进香味，减少肉腥味，降低生产成本，提高牛肉、鸡肉、猪肉香料的香气丰度。

2. 植物蛋白质水解物（HVP）

（1）性状。植物蛋白质水解物为淡黄至黄褐色液体、糊状体、粉状体或颗粒。其 2% 水溶液的 pH 值为 5.0～6.5。

（2）性能。制品的鲜味程度和风味因原料和加工工艺而异。

（3）毒性。无毒，安全。

（4）应用。植物蛋白质水解物用于各种食品加工和烹饪中调味料的配合使用，广泛用于方便食品，如方便面、佐餐调味料中。植物蛋白质水解物目前也被广泛用作肉类香精、调味料等食品的风味增强剂。水解植物蛋白广泛用于食品加工和烹调中，与增味剂复配使用，可产生各种独特风味；可抑制食品中的不良风味，例如用于方便面汤和酱包的调味汁增鲜、增香；可用于海鲜酱油、辣汁、醋等调味品的调香增鲜，提高鲜味，产生肉香效果；可用于沙丁鱼、秋刀鱼、鸡肉、猪肉、腌制蔬菜、海鲜等罐头食品中，可除去异味如腥味、铁锈味等，增强肉香效果，改进产品风味。

3. 酵母抽提物（YE）

（1）性状。酵母抽提物为深褐色糊状或淡黄褐色粉末，呈酵母所特有的鲜味和气味。

其粉末制品具有很强的吸湿性。其5%水溶液的 pH 值为 5.0~6.0。酵母抽提物含有谷氨酸钠盐、小分子肽、氨基酸（谷氨酸、甘氨酸、丙氨酸）、5'-肌苷酸及5'-鸟苷酸等物质，其组成比例根据原料和加工方法而异。

（2）性能。酵母抽提物滋味浓郁，具备增香、增鲜等作用，调味效果显著。

（3）毒性。无毒，安全。

（4）应用。酵母抽提物常与其他调味品合并使用，广泛应用于各种加工食品，如汤类食品、酱油、香肠、焙烤食品等。例如，在酱油、蚝油、鸡精、各种酱类食品、腐乳、食醋中加入 1%~5% 的酵母抽提物，可与调味料中的动植物提取物以及香辛料配合，引发强烈的鲜香味，具有相乘效果；添加 0.5%~1.5% 酵母抽提物的葱油饼、炸薯条、玉米等经高温烘烤，更加美味可口；榨菜、咸菜、梅菜等添加 0.8%~1.5% 酵母抽提物，可以起到减少咸味的效果，并可掩盖异味，使酸味更加柔和、风味更加香浓持久。

第二章在线自测

第三章 食品添加剂在乳制品生产中的应用

◎ 学习目标

了解乳化剂、增稠剂的定义、基本理论、机理和作用；熟悉乳化剂和增稠剂的种类；掌握常用乳化剂、增稠剂的性能及应用。

◎ 素养目标

通过本章内容的学习，遵循"以德树人"的原则，贯穿社会主义核心价值观，因材施教，注重培养学生的创新精神和实践能力。将食品安全意识和职业道德融入课程教学，培养学生的综合素质，提高其在未来工作中的职业道德水平和食品安全意识。引导学生诚实做人，诚信做事，在从事食品相关领域工作时自觉地把人民群众的饮食营养、健康安全放到首位。

◎ 食品添加剂安全在线

GB 29216—2012
《食品安全国家标准 食品添加剂 丙二醇》

据中国质量新闻网报道，浙江省庆元县市场监管局公示的 2022 年第 4 期食品抽检情况中，麦趣尔集团股份有限公司生产的 2 批次纯牛奶不合格，不合格项目为丙二醇。经初步调查分析，麦趣尔纯牛奶中检出的丙二醇为企业在生产过程中超范围使用食品添加剂所致。

2022 年 8 月 22 日，新疆昌吉州昌吉市市场监督管理局发布行政处罚决定书：经查，麦趣尔集团股份有限公司在生产纯牛奶的前处理环节中，将原奶导入存储罐过程，超范围使用食品添加剂。该食品添加剂的成分为"INS1520 丙二醇 97.3%、食品用香料 2.2%、水 0.5%"，违反了《中华人民共和国食品安全法》第三十四条第（四）项之规定，构成超范围使用食品添加剂生产食品的行为。昌吉市市场监督管理局对麦趣尔集团股份有限公司做出如下处罚：一、没收违法所得 360 154.88 元；二、没收全部不合格纯牛奶产品；三、罚款 73 151 000.72 元。另决定对当事人的法定代表人处罚款 718 642.62 元；主要负责人乳业工厂厂长处罚款 203 792.81 元；直接负责的主管人员常温生产车间主任处罚款 328 757.04 元；直接责任人员配料员处罚款 276 634 元。

案例分析：丙二醇其实是一种化学溶剂，因与各种香料有较好的互溶性而经常被作为化妆品的原料。但由于丙二醇具有低毒，所以通常要求其在化妆品中的添加浓度约在 5% 以下。很显然，作为一种合法的食品添加剂，丙二醇可以按照国际标准应用在食品加工生产中，但并不包括纯牛奶。纯牛奶只能由生牛乳作为原料，唯一能添加的就是复原乳，也就是通常所说的奶粉，并且需要在产品包装上醒目标注。丙二醇也可以应用在焙烤糕点的面粉中，在规定添加范围内并不会影响健康，按照 GB 2760—2014《食品安全国家标准 食品添加剂使用标准》的要求，其最大添加量是 3g/kg。毒理数据显示：丙二醇的大鼠 LD_{50} 为每公斤体重 20g。食品添加剂联合专家委员会（JECFA）对其进行的安全性评价认为，其 ADI 为每千克体重不超过 25mg；FDA 对丙二醇的安全评定为 GRAS，即一般认为安全。对食品企业来说，对于食品安全切忌怀有侥幸心理，必须真正深刻反思，切实全面整改。只有敬畏法律法规，自觉遵守市场秩序，尊重消费者权益，企业的发展才有未来。

乳制品是加工食品中的一个大类，乳用于食品加工不仅赋予食品丰富的口感和风味，还提供了人体所需的多种营养物质。根据乳制品的特点和用途，乳制品可分为牛奶、奶粉、酸奶、乳酪等。现在市面上销售的乳制品大都添加了食品添加剂，这些食品添加剂对乳制品的品质提升起到了积极的作用：乳化剂能改善乳制品中各种成分之间的表面张力，形成均匀分散体或乳化体的物质，在食品中具有消泡、增稠、稳定、润滑、保护等作用；增稠剂可以增加酸奶的黏滑感，防止酸奶分离出乳层和液汁层；稳定剂起到稳定结构的作用，可提高果胶和淀粉凝胶的耐热性等。本章重点介绍乳化剂和增稠剂。

第一节　乳化剂

食品是由各种成分如水、蛋白质、脂肪、糖类组成的。各成分单独存在时均为独立相，如水、油为液相；脂肪、碳水化合物、蛋白质、矿物质、维生素等为固相。其中有些构成相组成成分互不相溶，例如将水、油放在一起时，它们能分成两个不相溶的独立液相。如经强烈搅拌，则形成一相以微粒形式分散在另一相中的体系。这种分散体系在热力学上是不稳定的。

乳化剂 PPT

这种情况在食品中就会形成构成相分离现象，如焙烤食品发硬、巧克力糖起霜等结构问题。为了使食品体系稳定，需要加入降低界面能的物质，即乳化剂，它能使乳化体系中各种构成相"互溶"，形成稳定的混合体系，从而为食品结构（质构）改良及食品加工提供有利条件。

一、定义

乳化剂又称为表面活性剂，GB 2760—2024《食品安全国家标准 食品添加剂使用标准》规定：乳化剂是能改善乳化体中各种构成相之间的表面张力，形成均匀分散体或乳化体的物质。其功能分类代码为 10，CNS 编码为 10.◇◇◇。

二、分类

（一）按照乳化体系的类型分类

1. 油包水（W/O）型乳化剂

油包水型乳化剂一般指 HLB（亲水亲油平衡值）为 3~6 的乳化剂，如司盘系列乳化剂、卵磷脂、松香甘油酯等，如图 1-3-1（a）所示。

2. 水包油（O/W）型乳化剂

水包油型乳化剂一般指 HLB（亲水亲油平衡值）在 9 以上的乳化剂，如吐温系列乳化剂、蔗糖酯、聚甘油酯等，如图 1－3－1（b）所示。

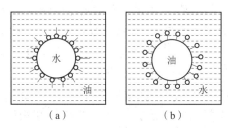

图 1－3－1　乳化体系的类型
（a）油泡水型；（b）水包油型

（二）按照来源分类

按照来源，乳化剂可分为天然（大豆磷脂）和化学合成（蔗糖脂肪酸酯和单硬脂酸甘油酯等）两类，其中后者占绝大多数。

（三）按照在食品中的应用目的或功能分类

按照在食品中的应用目的或功能，乳化剂可分为破乳剂、起泡剂、消泡剂、润湿剂、增溶剂等。

（四）按照所带电荷性质分类

按照所带电荷性质，乳化剂可分为阳离子型乳化剂、阴离子型乳化剂、两性乳化剂和非离子型乳化剂。

1. 阳离子型乳化剂

阳离子型乳化剂是指带一个或多个官能团，在水溶液中能电离形成带正电的有机界面活性离子（阳离子）及平衡离子（阴离子）的表面活性剂。这类乳化剂的应用不广，大多是胺类衍生物。

2. 阴离子型乳化剂

阴离子型乳化剂是指带一个或多个官能团，在水溶液中能电离形成带负电的有机界面活性离子（阴离子）及平衡离子（阳离子）的表面活性剂。根据带负电离子部分的结构不同，阴离子型乳化剂可分为羧酸盐型（硬脂酸钠）、磺酸盐型（烷基苯磺酸盐）及硫酸盐型三大类。

3. 两性乳化剂

两性乳化剂可以分为两性电解质类和甜菜碱类。

4. 非离子型乳化剂

非离子型乳化剂是指在水溶液中不形成离子的表面活性剂，界面活性作用的载体是整个分子。其优点是既可以在酸性条件下使用，也可以在碱性条件下使用，且乳化效果好。

（五）按照分子量大小分类

按照分子量大小，乳化剂可分为小分子乳化剂和高分子乳化剂。

1. 小分子乳化剂

小分子乳化剂效力强，常用的乳化剂均属于此类（如各种脂肪酸酯类乳化剂）。

2. 高分子乳化剂

高分子乳化剂稳定效果好，主要是一些高分子胶类（如海藻酸丙二醇酯类）。

三、乳化剂的机理、作用、HLB 及使用

（一）机理

在物体相界面上存在自然界面张力，由物理学可知，界面张力有使物体保持最小表面积的趋势。油相与水相两者互不相溶，各自独立存在，界面张力的作用在油与水的接触面上表现为要尽量缩小其接触面积。在界面张力和重力的共同作用下，只有当油、水分层时，它们的接触界面积才最小。10mL 油若在水中分散成 0.1mm 的小油滴，其总的界面面积可达 300m²，约为原来的 100 万倍。因此，在界面面积增大时，界面张力引起不相溶的构成相排斥，只有达到各构成相分层才可使体系的状态最稳定。两种互不相溶的液态体系（如水、油共存体系），在表面张力的作用下，各相均以最小的表面积状态存在，并按比重确定其各自的分层位置。强行通过调整搅拌进行混合是一个高耗能的过程，且形成的乳浊液极不稳定，寿命极短。

乳化液存在着巨大的比表面积，在内相直径趋向极小时界面能和界面张力趋向极大，界面张力促使同类物质聚集，降低界面张力就可以降低内、外相各自聚集的动力和能量。在食品加工中只使用少量（0.3% ~1%）乳化剂就可以明显降低表面张力，这是乳化剂作用的热力学基础。同时，乳化剂的分子膜能将内相包住，可防止内相液滴的碰撞聚集，产生各相相互乳化、渗透、分散、增溶的作用，从而形成一定稳定程度的乳化体系。

总之，乳化剂的主要机理是：在分散相外围形成具有一定强度的亲水性或亲油性的吸附层，防止液滴的合并，吸附层还具有调节分散相比重的作用，使分散相与连续相比重相似；降低两相间的界面张力，使两相接触面积可以大幅增加，促进乳化液微粒的分散与稳定；利用离子性乳化剂在两界面上的配位，形成单、双电层，增加分散相液滴的电荷，增强其同相的排斥，阻止液滴聚合。

（二）作用

乳化剂可降低油水两相界面张力，使之形成均匀、稳定的分散系。乳化剂是一类多功能的高效食品添加剂，具有典型的表面活性功能——乳化、破乳、助溶、增溶、悬浮、分散、湿润和起泡等作用，以及在食品中的特殊功能——消泡、抑泡、增稠、润滑、保护作用并与类脂、蛋白质、碳水化合物等相互作用。

这些作用是乳化剂作为食品添加剂广泛应用的基础。使用乳化剂不仅能提高食品品质，延长食品的储藏期，改善食品的感官性状，还可以防止食品变质，便于食品的加工和保鲜，有助于新型食品的开发。因此，乳化剂已成为现代食品工业中不可缺少的食品添加剂。乳化作用示意如图 1 - 3 - 2 所示。

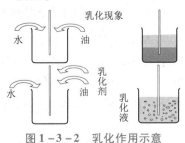

图 1 - 3 - 2　乳化作用示意

（三）HLB 及乳化剂的使用

1. 乳化剂的 HLB 值

（1）定义。乳化剂的一个重要性质是其亲水亲油性，通常用 HLB 表示，它反映乳化剂中亲油基团的亲油能力和亲水基团的亲水能力的平衡关系，是用来表示表面活性剂的亲水亲油性强弱的数值。

（2）HLB 范围。非离子型乳化剂的 HLB 为 0～20，规定 HLB = 0（以石蜡为代表）为亲油性最大，HLB = 20（以油酸钾为代表）为亲水性最大。离子型乳化剂的 HLB 为 0～40。亲水性大的乳化剂生成水包油型乳浊液，亲油性大的乳化剂则生成油包水型乳浊液。HLB 越大表示亲水性越大，HLB 越小表示亲油性越大。因此，由 HLB 可以知道乳化剂的大致使用范围。HLB 及乳化剂的适用性见表 1 - 3 - 1，不同 HLB 乳化剂的使用范围如图 1 - 3 - 3 所示。

表 1 - 3 - 1　HLB 及乳化剂的适用性

HLB	乳化剂的适用性
1.5～3	消泡剂
3.5～6	水包油型乳化剂
7～9	湿润剂
8～18	油包水型乳化剂
13～15	洗涤剂（渗透剂）
15～18	溶化剂

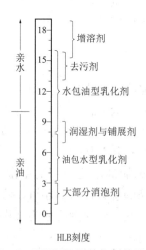

图 1 - 3 - 3　不同 HLB 乳化剂的使用范围

（3）HLB 计算。HLB 只取决于乳化剂的分子结构，因此除了用试验的方法测定 HLB 之外，还可以根据分子结构来确定 HLB。使用乳化剂时，若混合液的水和油或其他成分的比例不同，应使用不同的乳化剂。不同的乳化剂因其结构不同，所产生的亲水性和亲油性可能不同，使食品乳化程度亦不同。在许多可供选择的乳化剂中，可以根据乳化剂的 HLB 大致确定所需要的乳化剂。

①多元醇脂肪酸酯。多元醇脂肪酸酯的 HLB 可按照式（1 - 3 - 1）计算。

$$HLB = 20 \times \left(1 - \frac{S}{A}\right) \qquad (1-3-1)$$

式中，S——酸的皂化值；

A——脂肪酸的酸价。

②含聚氧乙烯基和多元醇的乳化剂。含聚氧乙烯基（—CH_2CH_2O）和多元醇的乳化剂的 HLB 可按照式（1-3-2）计算。

$$HLB = \frac{(w_E - w_P)}{5} \qquad (1-3-2)$$

式中，w_E——聚氧乙烯基质量分数；

w_P——多元醇质量分数。

③单独聚氧乙烯基。单独聚氧乙烯基的 HLB 可按照式（1-3-3）计算。

$$HLB = \frac{w_E}{5} \qquad (1-3-3)$$

式中，W_E——聚氧乙烯基质量分数。

④复合乳化剂。复合乳化剂的 HLB 可通过各成分的 HLB 和指定体系所需的 HLB 计算，见式（1-3-4）。

$$HLB = \frac{(w_A \times HLB_A) + (w_B \times HLB_B) + (w_C \times HLB_C) + \cdots}{100} \qquad (1-3-4)$$

式中，w_A，w_B，w_C——各成分的质量分数；

HLB_A，HLB_B，HLB_C——各成分的 HLB。

例题： 在进行醋酸乙烯酯的水包油型乳液聚合时，乳化剂用量为 3%，采用 SDS 和 SPan-65 为乳化剂，已知 SDS 的 HLB 为 40，SPan-65 的 HLB 为 2.1，乳液聚合时要求的 HLB 平均值为 16.0，求 SDS 和 SPan-65 的用量。

解： 设 SPan-65 在复合乳化剂中的质量分数为 w，则 $40 \times (1 - w) + 2.1 \times w = 16$，解得 $w = 63.3\%$，则 SDS 在复合乳化剂中的质量分数为 36.7%。由此可知，在醋酸乙烯酯的水包油型乳液聚合体系中，SPan-65 的用量为 $3\% \times 63.3\% = 1.9\%$；SDS 的用量为 $3\% \times (1 - 63.3\%) = 1.1\%$。

2. 乳化剂的使用

使用不同 HLB 的乳化剂可制备不同类型的乳液，选择合适的乳化剂是取得最佳效果的基本保证。由于复合乳化剂具有协同效应，所以通常采用复合型且 HLB 相差较小的乳化剂，还要考虑 HLB 相差不要大于 5，否则得不到最佳稳定效果。将乳化剂加入食品体系之前，应使乳化剂在水或油中充分分散或溶解，制成浆状或乳状液。制备乳状液时，HLB 只能用于确定所形成的乳状液的类型，HLB 小的油溶性乳化剂易形成油包水型乳状液，HLB 大的水溶性乳化剂易形成水包油型乳状液。因此，在选择乳化剂时，仅考虑 HLB 是不够的，还应该考虑多种因素并结合试验进行选择。

3. 乳化剂的使用注意事项

食品工业用乳化剂除必须严格按照 GB 2760—2024《食品安全国家标准 食品添加剂使用标准》的规定使用之外，在实际应用中还应该满足以下条件：能显著降低表面张力，不易发生化学变化；在界面上形成稳定的膜，使亲水基和疏水基之间有适当的平衡；在低浓度时能有效稳定乳状液、无毒等。

理想乳化剂的选择是取得最佳乳化效果的基本保证，将乳化剂应用于食品体系时应注意以下几点：乳化剂在使用时应先在水或油中充分分散或溶解，再制备成乳状液；一般情况下，HLB 较小的乳化剂适用于制备油包水型乳状液，HLB 较大的乳化剂适用于制备水包油型乳状液；由于复合乳化剂具有协同效应，所以在应用复合乳化剂时应考虑乳化剂 HLB 相差不要大于 5，否则很难得到最佳的稳定效果。

四、常用的乳化剂

目前，国内外使用量最大的乳化剂有单，双甘油脂肪酸酯、蔗糖脂肪酸酯、山梨醇酐脂肪酸酯类、丙二醇脂肪酸酯、酪蛋白酸钠和磷脂等。特别是前两种，其因安全性高、效果好、价格较低而得到广泛的应用。

（一）单，双甘油脂肪酸酯（CNS 编码：10.006；INS 编码：471）

单，双甘油脂肪酸酯由甘油的单酯和双酯组成，部分为三酯。其分子中的脂肪酸基团多为硬脂酸、棕榈酸等高级脂肪酸，也可以是醋酸、乳酸等低级脂肪酸。乳化效果好的单脂肪酸甘油酯（双酯的乳化能力仅为单酯的 1%）是目前产量最大的乳化剂。

单甘酯是单，双甘油脂肪酸酯中最重要的一种，是我国批准使用的用量最大的乳化剂，占乳化剂总用量的 70% 以上。其分子式为 $C_{21}H_{42}O_{47}$，分子量为 358.57。

1. 性状

微黄色的蜡状固体，凝固点不低于 56℃，碘值为 1.370 ~ 1.844，游离酸占 1.83% ~ 2.26%。不溶于冷水，可分散在热水中，溶于热乙醇、丙酮、油和烃类。

2. 性能

具有良好的亲油性，HLB 为 3.8，为油包水型乳化剂，因本身的乳化性能很强，也可作为水包油型乳化剂。

3. 毒性

ADI 不作限制性规定（FAO/WHO，1994）。FDA 将本品列为公认安全物质。单硬脂酸甘油酯经人体摄入后，可以在肠道内完全水解，并形成正常代谢物质，对人体无害。经研究发现，长期以含 25% 单硬脂酸甘油酯的饲料喂大鼠，发现大鼠肝重增加，并患肾结石。

4. 应用

GB 1886.65—2015 《食品安全国家标准 食品添加剂 单，双甘油脂肪酸酯》

GB 2760—2024《食品安全国家标准 食品添加剂使用标准》规定，单硬脂酸甘油酯可作乳化剂、稳定剂、消泡剂和涂层剂。单，双甘油脂肪酸酯应用范围及最大使用量：在香辛料类中的最大使用量为 5.0g/kg；在赤砂糖、原糖、其他糖和糖浆的最大使用量为 6.0g/kg；在黄油和浓缩黄油的最大使用量为 20.0g/kg；在生干面制品的最大使用量为 30.0g/kg；在其他各类食品（表 A.2 中编号为 1 ~ 4、6 ~ 11、13 ~ 14、16 ~ 30、32 ~ 53、59 ~ 68 的食品类别除外）中，按生产需要适量使用。

（二）蔗糖脂肪酸酯（CNS 编码：10.001；INS 编码：473）

蔗糖脂肪酸酯简称 SE、蔗糖酯。其以蔗糖的—OH 基为亲水基，以脂肪酸的碳链部分为亲油基，常用硬脂酸、油酸、棕榈酸等高级脂肪酸（产品为粉末状），也用醋酸、异丁酸等低级脂肪酸（产品为黏稠树脂状）。

蔗糖分子中具有 8 个羟基，故 SE 可接 1~8 个脂肪酸。SE 可按蔗糖羟基与成酯的脂肪酸数目不同分为单酯、双酯、三酯及多酯。商品 SE 一般是单酯、双酯及多酯的混合物。

1. 性状

SE 为白色至黄褐色粉末或无色至微黄色黏稠液体，无气味或稍有特殊气味，有旋光性，易溶于乙醇和丙酮，口味微甜和苦。蔗糖酯糖残基含有多个羟基和醚键的亲水结构，而其脂肪酸基团则表现出一定的亲油能力。

2. 性能

SE 产品中单酯含量高时，亲水性大，可溶于热水；双酯和三酯含量越高，亲油性越大，溶于水时有一定的黏度，有润湿性，对油和水有良好的乳化作用，软化点为 50~70℃，单酯 HLB 为 3~7，二酯 HLB 为 7~10，三酯 HLB 为 10~16。大亲水性产品能使水包油型乳状液非常稳定；分解温度为 233~238℃，在 120℃ 以下稳定，在 145℃ 开始分解；耐高温性较差，在受热条件下酸值明显增加，蔗糖基团可发生焦糖化作用，从而使颜色加深；酸、碱、酶都会导致 SE 水解，但在 20℃ 以下时水解很慢。SE 在酸性或碱性条件下加热易发生皂化反应。

使用时，先将 SE 以少量水（或油、乙醚等）混合、湿润，再加入所需的水（油、乙醚等），并适当加热，使 SE 充分溶解与分散。

3. 毒性

LD_{50} 为每千克体重 39g（大鼠，经口），ADI 为每千克体重 0~30mg（FAO/WHO，2001）。

4. 应用

GB 2760—2024《食品安全国家标准 食品添加剂使用标准》规定了 SE 的应用范围及最大使用量：在风味发酵乳、冷冻饮品（03.04 食用冰除外）、经表面处理的鲜水果、杂粮罐头、肉及肉制品（08.01 生、鲜肉除外）、鲜蛋（用于鸡蛋保鲜）、饮料类［14.01 包装饮用水、14.02.01 果蔬汁（浆）、14.02.02 浓缩果蔬汁（浆）除外，以即饮状态计，相应的固体饮料按稀释倍数增加使用量］中的最大使用量为 1.5g/kg；在稀奶油中的最大使用量为 2.5g/kg；在调制乳、焙烤食品中的最大使用量为 3.0g/kg；在生湿面制品（如面条、饺子皮、馄饨皮、烧卖皮）、生干面制品、方便米面制品及果冻（如用于果冻粉，按冲调倍数增加使用量）中的最大使用量为 4.0g/kg；在果酱、专用小麦粉（如自发粉、饺子粉等）、面糊（如用于鱼和禽肉的拖面糊）、裹粉、煎炸粉、调味糖浆、调味品（12.01 盐及代盐制品、12.09 香辛料类除外）及其他（仅限即食菜肴）中的最大使用量为 5.0g/kg；在调制稀奶油、稀奶油类似品、基本不含水的脂肪和油、水油状脂肪乳化制品（02.02.01.01 黄油和浓缩黄油除外）、02.02 类以外的脂肪乳化制品［包括混合的和（或）调味的脂肪乳化制品、可可制品、巧克力和巧克力制品（包括代可可脂巧克力及制品）以及糖果］中的最大使用量为 10.0g/kg。

（三）改性大豆磷脂（CNS 编号：10.019）

改性大豆磷脂别名羟化卵磷脂，主要成分有磷酸胆碱、磷酸胆胺、磷脂酸和磷酸肌醇。改性大豆磷脂是以天然磷脂为原料，经过氧化氢、过氧化苯酰、乳酸和氢氧化钠或过氧化氢、乙酸和氢氧化钠羟基化后，再经物化处理、丙酮脱脂得到的粉粒状无油无载体的物质。

1. 性状

大豆磷脂主要含磷酸胆碱、磷酸胆胺和磷酸肌醇，其液体精制品为浅黄色至褐色透明或半透明的黏稠状物质，无臭或微带坚果类特异气味和滋味；属于热敏性物质，在温度达到 80℃时色泽变深，气味和滋味变劣，在 120℃开始分解。其纯品不稳定，在空气中、日光照射下迅速变黄，逐渐变得不透明；不溶于水，但易形成水合物而成胶体乳状液；微溶于乙醇，有吸湿性，HLB 为 3。改性固体大豆磷脂为黄色至棕褐色颗粒状物或粉状物，无臭。其新鲜制品为白色，在空气中迅速转变为黄色或棕褐色，吸湿性强，能分散于水，部分溶于乙醇。

2. 性能

改性大豆磷脂有较好的亲水性和水包油乳化功能。其乳化性能可以改良油脂的性状，可以增大面团体积及其均一性，具有良好的起酥性、储藏稳定性。其与鸡蛋蛋白、乳清蛋白、酪蛋白、大豆蛋白、小麦蛋白或明胶结合形成的磷脂蛋白复合物，具有足够的乳化能力。改性大豆磷脂可增强溶质的溶解性及分散性。改性大豆磷脂具有良好的抗氧化功能，有广谱的抗菌性能。

3. 毒性

改性大豆磷脂是大豆的天然成分，也是一种具有营养作用的甘油酯，其 ADI 不作特殊规定。

4. 应用

GB 2760—2024《食品安全国家标准 食品添加剂使用标准》规定，改性大豆磷脂在各类食品（表 A.2 中编号为 1～68 的食品类别除外）中按生产需要适量使用。

（四）司盘类

山梨醇酐脂肪酸酯又名失水山梨醇脂肪酸酯（SFE），是由山梨醇及其单酐和二酐、脂肪酸反应的生成物，商品名称为司盘（SPan）。该类乳化剂有不同产品，其区别只是被酯化在亲水组成成分上的食用脂肪酸的种类和数量不同，如山梨醇酐单月桂酸酯（SPan－20）、山梨醇酐单棕榈酸酯（SPan－40）、山梨醇酐单硬脂酸酯（SPan－60）、山梨醇酐三硬脂酸酯（SPan－65）和山梨醇酐单油酸酯（SPan－80）等（CNS 编码：10.024，10.008，10.003，10.004，10.005；INS 编码：493，495，491，492，494）。

1. 性状

山梨醇酐单月桂酸酯又称司盘 20（SPan－20），为琥珀色黏稠液体或米黄至棕黄色蜡状固体，稍带特殊气味，温度高于熔点时溶于甲醇、乙醇、甲苯、乙醚、乙酸乙酯、苯胺、石油醚和四氯化碳等，不溶于冷水，但能分散于热水中，HLB 为 8.6。山梨醇酐单棕榈酸酯又称司盘 40（SPan－40），为乳白至淡褐色蜡状固体，片状或粒状物，稍带脂肪气味，熔点为 45℃，可分散于热水中，溶于植物油和热的乙酸乙酯，微溶于热的乙醇、丙酮、甲苯和矿物油，常温下在不同 pH 条件下和电解质溶液中稳定，HLB 为 6.7。山梨醇酐单硬脂酸酯又称司盘60（SPan-60），为白色至淡黄色固体，呈片状或块状，稍带脂肪气味，相对密度为0.98~1.0，熔点为52~54℃，凝固点为50~52℃，能与油类及一般有机溶剂互溶，溶于热的乙醇、乙醚、甲醇及四氯化碳，分散于温水及苯中，不溶于冷水和丙酮，HLB为4.7。山梨醇酐三硬脂酸酯又称司盘65（SPan-65），为奶油色至棕黄色片状或蜡状固体，微臭，稍带脂肪气味，熔点为53℃，能分散于石油醚、矿物油、植物油、丙酮中，难溶于甲苯、乙醚、四氯化碳及乙酸乙酯，不溶于水、甲醇及乙醇，溶于异丙醇和甲苯，微分散于热水中，HLB为2.1。山梨醇酐单油酸酯又称司盘80（SPan-80），为琥珀色黏稠油状液体或浅黄至棕黄色小珠状或片状硬质蜡状固体，有特殊的异味，味柔和，相对密度为1.00~1.05，熔点为10~12℃，不溶于水，但在热水中分散即成乳状液，溶于热油及一般有机溶剂，HLB为4.3。山梨醇酐脂肪酸酯的特性见表1-3-2。

表1-3-2　山梨醇酐脂肪酸酯的特性

特性	山梨醇酐单月桂酸酯（SPan-20）	山梨醇酐单棕榈酸酯（SPan-40）	山梨醇酐单硬脂酸酯（SPan-60）	山梨醇酐三硬脂酸酯（SPan-65）	山梨醇酐单油酸酯（SPan-80）
总脂肪酸含量/%	58~61	63~66	70~73	84~87	71~74
熔点/℃	25（液态）	45~47	52~54	55~57	25（液态）
酸值（KOH）/（mg·g^{-1}）	4~8	4~7.5	5~10	12~15	5~8
皂化值（KOH）/（mg·g^{-1}）	158~170	140~150	147~157	176~188	145~160
碘值（I）/[g·（100g）$^{-1}$]	4~8	<2	<2	<2	65~75
羟值（KOH）/（mg·g^{-1}）	330~358	270~305	235~260	66~80	193~210
HLB	8.9	6.7	4.7	2.1	4.3
类型	水包油	水包油	油包水	油包水	油包水

2. 性能

司盘类乳化剂属于油包水型乳化剂，可单独使用或与吐温60、吐温80、吐温65混合使用。

3. 毒性

LD$_{50}$为每千克体重10g（大鼠，经口），ADI为每千克体重0~25mg（FAO/WHO，2001），一般被公认为安全物质。各种山梨醇酐脂肪酸酯均有提高人体吸收液态石蜡和脂溶性物质的能力。

4. 应用

GB 2760—2024《食品安全国家标准 食品添加剂使用标准》规定，司盘20、司盘40、司盘60、司盘65、司盘80的使用范围和最大使用量：在风味饮料（仅限果味饮料）中的最大使用量为0.5g/kg；在豆类制品（以每千克黄豆的使用量计）中的最大使用量为1.6g/kg；在调制乳、冰淇淋、雪糕类、经表面处理的鲜水果、经表面处理的新鲜蔬菜、除胶基糖果以外的其他糖果面包、糕点、饼干、果蔬汁（浆）类饮料、固体饮料类（速溶咖啡除外）中的最大使用量为3.0g/kg；在植物蛋白饮料中的最大使用量为6.0g/kg；在稀奶油（淡奶油）及其类似品（01.05.01稀奶油除外）、氢化植物油、可可制品、巧克力和巧克力制品（包括代可可脂巧克力及制品）、速溶咖啡、干酵母中的最大使用量为

10.0g/kg；在脂肪、油和乳化脂肪制品〔02.01.01 植物油、02.01.02 动物油脂（包括猪油、牛油、鱼油和其他动物脂肪等）、02.01.03 无水黄油、无水乳脂、02.02.01.01 黄油和浓缩黄油除外〕中的最大使用量为15.0g/kg。

（五）吐温类

聚氧乙烯山梨醇酐脂肪酸酯简称聚山梨酸酯，商品名为吐温（Tween），是山梨醇或相应的山梨醇单酯、双酯与环氧乙烷合成物，包括聚氧乙烯（20）山梨醇酐单月桂酸酯（Tween - 20）、聚氧乙烯（20）山梨醇酐单棕榈酸酯（Tween - 40）、聚氧乙烯（20）山梨醇酐单硬脂酸酯（Tween - 60）、聚氧乙烯（20）山梨醇酐单油酸酯（Tween - 80）等多种产品。CNS 编码为10.025，10.026，10.015，10.016；INS 编码为432，434，435，433。

1. 性状

吐温是一类非离子型食品乳化剂，比司盘有更低的熔点和更大的稠度，一般为浅米色至浅黄色黏稠油状液体，溶于水，具有良好的热稳定性，界面活性作用不受 pH 影响，在常温下耐酸、碱及盐。聚氧乙烯山梨醇酐单油酸酯的商品名为吐温80。其性状为浅黄色至橙黄色油状液体，有轻微的特殊臭味，味微苦；易溶于水，形成无臭几乎无色的溶液；溶于乙醇、非挥发油，不溶于矿物油。聚氧乙烯山梨醇酐脂肪酸酯类乳化剂的特性见表1-3-3。

表1-3-3　聚氧乙烯山梨醇酐脂肪酸酯类乳化剂的特性

特性	聚氧乙烯（20）山梨醇酐单月桂酸酯（Tween - 20）	聚氧乙烯（20）山梨醇酐单棕榈酸酯（Tween - 40）	聚氧乙烯（20）山梨醇酐单硬脂酸酯（Tween - 60）	聚氧乙烯（20）山梨醇酐单油酸酯（Tween - 80）
总脂肪酸含量/%	15 ~ 17	18 ~ 20	21 ~ 26	10 ~ 12
熔点/℃	液态	液态	45 ~ 50	液态
酸值（KOH）/（mg·g⁻¹）	4 ~ 8	4 ~ 7.5	5 ~ 10	12 ~ 15
皂化值（KOH）/（mg·g⁻¹）	158 ~ 170	140 ~ 150	147 ~ 157	176 ~ 188
碘值（I）/〔g·（100g）⁻¹〕	/	/	≤2	18 ~ 22
羟值（KOH）/（mg·g⁻¹）	96 ~ 108	90 ~ 107	81 ~ 91	65 ~ 80
HLB	16.9	15.6	14.9	15.0
类型	油包水	油包水	油包水	油包水
氧乙烯量/%	70 ~ 74	66 ~ 70.5	66 ~ 68	67 ~ 69

2. 性能

聚氧乙烯山梨醇酐单油酸酯为亲水性乳化剂，能使乳状液形成水包油型体系。通常与司盘类乳化剂复合使用，乳化效果更好。

3. 毒性

聚氧乙烯增多，乳化剂的毒性随之增大，吐温20和吐温40的毒性较大，应少使用。食品中主要使用吐温60和温80，吐温80的 LD_{50} 为每千克体重37g（大鼠，经口），ADI 为每千克体重0 ~ 25mg（FAO/WHO，2001）。其一般被公认为安全物质。

4. 应用

GB 2760 - 2024《食品安全国家标准 食品添加剂使用标准》规定，吐温20、吐温40、吐温60、吐温80的使用范围和最大使用量：在饮料类〔14.01 包装饮用水、14.02.01 果蔬汁（浆）、14.02.02 浓缩果蔬汁（浆）、14.06 固体饮料除外〕中的最大使用量为 0.5g/kg；在果蔬汁（浆）饮料（以即饮状态计，相应的固体饮料按稀释倍数增加使用量）中的最大使用量为 0.75g/kg；在稀奶油、调制稀奶油、液体复合调味料中的最大使用量为 1.0g/kg；在调制乳、冷冻饮品（03.04 食用冰除外）中的最大使用量为 1.5g/kg；在糕点、含乳饮料（以即饮状态计，相应的固体饮料按稀释倍数增加使用量）、植物蛋白饮料（以即饮状态计，相应的固体饮料按稀释倍数增加使用量）中的最大使用量为 2.0g/kg；在面包中的最大使用量为 2.5g/kg；在固体复合调味料中的最大使用量为 4.5g/kg；在水油状脂肪乳化制品（02.02.01.01 黄油和浓缩黄油除外）、02.02 类以外的脂肪乳化制品〔包括混合的和（或）调味的脂肪乳化制品〕、半固体复合调味料中的最大使用量为 5.0g/kg。

乳化剂复合技术
及其应用

第二节　增稠剂

增稠剂是一类可以提高食品的黏稠度或形成凝胶，从而改变食品物理性状，赋予食品黏润、爽滑的口感，并兼有乳化、稳定或使呈悬浮状态作用的食品添加剂。增稠剂在食品中添加量较小，却能有效改善食品的品质和性能。其化学成分除明胶、酪蛋白酸钠等蛋白质外，还有自然界中广泛存在的天然多糖及其衍生物，以及人工合成的增稠剂。

增稠剂 PPT

一、定义

增稠剂是一类可以提高食品的黏稠度或形成凝胶，从而改变食品的物理性状，赋予食品黏润、适宜的口感，并兼有乳化、稳定或使呈悬浮状态作用的物质。其功能分类代码为 20，CNS 编码为 20.◇◇◇。

二、分类

世界上可供使用的增稠剂有 60 余个品种，大多属于亲水性高分子化合物。增稠剂按照来源可分为两类，即天然的增稠剂和化学合成的增稠剂。

（一）天然的增稠剂

天然的增稠剂大多数是通过含多糖类黏性物质的植物及海藻类植物制取的，如淀粉、果胶、琼脂、明胶、海藻胶、角叉胶、糊精、黄原胶、多糖素衍生物等。天然的增稠剂根据其来源大致可分为四类：动物性增稠剂（明胶、酪蛋白）、植物性增稠剂（卡拉胶、瓜尔胶）、微生物性增稠剂（黄原胶、结冷胶）和酶处理生成胶。天然的增稠剂的分类见表 1-3-4。

表1-3-4 天然的增稠剂的分类

种类		品种
植物性	种子类胶	瓜尔豆胶、刺槐豆胶、罗望子胶、决明子胶、亚麻子胶、三刺胶
	树脂类胶	阿拉伯胶、黄芪胶、印度树胶、刺梧桐胶、桃胶
	植物提取胶	果胶、魔芋胶、黄蜀葵胶、印度芦荟提取胶、阿拉伯半乳聚糖、微晶纤维胶、微纤维化纤维素
	海藻类胶	卡拉胶、海藻胶、琼脂、红藻胶
动物性		明胶、干酪素、甲壳素、壳聚糖
微生物性		黄原胶、结冷胶、气单胞菌属胶、固氮菌胶、豆豉菌胶、菌核胶
酶处理性		酶处理淀粉-葡萄糖胺、低聚葡萄糖胺、酶水解瓜尔豆胶

（二）化学合成的增稠剂

化学合成的增稠剂以纤维素、淀粉为原料，在酸、碱、盐等化学原料的作用下，经过水解、缩合、提纯等工艺制得。化学合成的增稠剂有甲基纤维素、羧甲基纤维素等纤维素衍生物、淀粉衍生物、干酪素、聚丙烯酸钠、聚氧化乙烯、聚乙烯吡咯烷酮、聚乙烯醇、低分子聚乙烯蜡、聚丙烯酰胺等。

三、增稠剂的基本特性、特点、机理、作用及影响因素

（一）基本特性

大多数增稠剂都属于大分子物质，它们的基本化学组成是单糖及其衍生物。常见的单糖包括葡萄糖、葡萄糖醛酸、甘露糖醛酸、鼠李糖、吡喃半乳糖，古洛糖醛酸、半乳精、半乳精醛酸等。绝大多数增稠剂进入人体后不被人体消化吸收，如果胶、瓜尔胶、卡拉胶等，其作用与膳食纤维类似。少数增稠剂如明胶，能够被人体消化，但明胶的主要成分是蛋白质，经过消化会分解为氨基酸，继而参与人体代谢，是能被吸收利用的营养物质。

增稠剂为亲水性高分子胶体物质，分子中有许多亲水基，如—OH、—COOH、—NH$_2$等，能与水产生水合即强烈的吸水作用，水合后以分子状态分散于水中。在水合物中，胶体物质分子相互交织形成立体网状结构，介质与溶质被包围在网眼中间，不能自由流动，使水合物体系成为黏稠态的流体（酱状物）或凝胶（半固态或固态）。由于构成网架的高分子化合物或线性胶粒仍具有一定的柔顺性，所以整个凝胶还具有一定的弹性。胶体水合物中的水分蒸发比较困难，且吸附其上的水分蒸发后会出现成膜现象。

（二）特点

增稠剂一般具有以下特点：第一，在水中有一定的溶解度；第二，能在水中溶胀，在一定的温度范围内迅速溶解或糊化；第三，其水溶液有较大的黏度；第四，在一定条件下能形成凝胶体和薄膜。

（三）机理

1. 分子间作用力

增稠剂通过其分子间的化学键，如氢键、离子键和共价键等，形成三维网状结构，从而阻碍液体分子的自由运动，以提高体系的黏度。

2. 物理作用

增稠剂通过阻止颗粒间的相互作用和流体间的摩擦来提高黏度。

3. 空间排列

某些增稠剂通过调整分子结构和排列方式来改变液态的流体性质。例如，纤维素类增稠剂通过疏水主链与周围水分子通过氢键缔合，可增大聚合物本身的流体体积，减小颗粒自由活动的空间，从而提高体系黏度。

4. 化学结构

增稠剂的化学结构也会影响其增稠效果。例如，聚丙烯酸类增稠剂通过羧酸根离子的同性静电斥力，将分子链由螺旋状伸展为棒状，从而提高了水相的黏度。

此外，增稠剂的种类繁多，包括凝胶、胶体、聚合物等，它们在水中形成不同的结构，如高分子凝胶、无机凝胶、微胶囊凝胶等，从而提高体系的黏度。

（四）作用及影响因素

1. 作用效果

由于增稠剂能起到提高黏稠度的作用，所以它在食品加工中主要有以下几个作用：第一，解决了含有固态不溶物的液体食物的"视觉变质"问题；第二，具有上光、挂味作用；第三，使食品获得所需各种形状和硬、软、脆、黏、稠等各种口感，为原料的利用范围及品种的扩展提供了保障。常用增稠剂的作用及其用途见表1-3-5。

表1-3-5 常用增稠剂的作用及其用途

作用	用途	常用增稠剂
胶黏、保胶、成模作用	糕点糖衣、香肠、粉末固定香料及调味料、糖衣	琼脂、角豆胶、鹿角藻胶、果胶、CMC、海藻酸钠
膨松、膨化作用	疗效食品、加工肉制品	阿拉伯胶、瓜尔豆胶
结晶控制	冰制品、糖浆	CMC、海藻酸钠
澄清作用	啤酒、果酒	琼脂、海藻酸钠、CMC、瓜尔豆胶
混浊作用	饮料、调味料、香精	CMC、鹿角藻胶
乳化作用	饮料、调味料、香精	丙二醇藻蛋白酸酯
凝胶作用	布丁、甜点心、果冻	海藻酸钠、果胶、琼脂
脱膜、润滑作用	橡皮糖、糖衣、软糖	CMC、阿拉伯胶、鹿角藻胶
保护性作用	乳、色素	松胶、CMC
稳定、悬浮作用	饮料、汽酒、啤酒、奶油、蛋黄酱等	丙二醇藻蛋白酸酯、鹿角藻胶、果胶、瓜尔豆胶
防缩剂	奶酪、冰冻食品	瓜尔豆胶等
发泡剂	糕点、甜食	CMC、果胶

2. 影响因素

（1）结构及分子量对黏度的影响。一般增稠剂是在溶液中容易形成网状结构或具有较多亲水基团的物质，具有较高的黏度。随着分子量的增加，形成网状结构的概率也增加，故增稠剂的分子量越大，黏度越高。

（2）浓度对黏度的影响。增稠剂浓度增高，相互作用的概率增加，附着的水分子增多，黏度增高。

（3）pH 对黏度的影响。介质的 pH 与增稠剂的黏度及其稳定性的关系极为密切：在酸度较高的汽水、酸奶等食品中，宜选用侧链较大或较多，且位阻较大，又不易发生水解的藻酸丙二醇酯和黄原胶等；海藻酸钠和 CMC 等则宜在豆奶等接近中性的食品中使用。

（4）温度对黏度的影响。一般增稠剂随着温度升高，溶液的黏度降低；黄原胶的黏度随着温度的变化不明显，当少量氯化钠存在时，黄原胶的黏度在 −4～93℃ 温度范围内变化很小。

（5）食品添加剂的协同效应。两种或两种以上的增稠剂配合使用会提高增稠剂应用效果。较好的增稠剂配合组合是：卡拉胶、瓜尔豆胶与 CMC，CMC 与明胶，琼脂与刺槐豆胶，黄原胶与刺槐豆胶等。

四、常用的增稠剂

增稠剂种类繁多，按来源可分为动物性增稠剂，如明胶、酪朊酸钠等；植物性增稠剂，如树胶（阿拉伯胶等）、种子胶（瓜儿豆胶、罗望子多糖胶等）、海藻胶（琼脂、海藻酸钠、卡拉胶等）及其他植物胶（果胶等）；微生物性增稠剂，如黄原胶、结冷胶等。此外，还有化学合成的增稠剂，如羧甲基纤维素类、改性淀粉类等。其中，改性淀粉是一大类物质，由淀粉经不同处理后制得，如酸处理淀粉、碱处理淀粉、酶处理淀粉和氧化淀粉等，它们在凝胶强度、流动性、颜色、透明度和稳定性方面均有不同特性。我国将淀粉作为食品，但是将改性淀粉列为食品添加剂加以管理。

（一）动物性增稠剂

1. 明胶（CNS 编码：20.002）

明胶又称为食用明胶、全力丁、白明胶，为动物胶原蛋白经部分水解的衍生物，为非均匀的水溶性高分子多肽聚合物质，其分子式为 $C_{102}H_{151}N_{31}O_{39}$，分子量为 $10\,000～150\,000$，含有 18 种氨基酸，其中 7 种为人体所必需。明胶的主要成分为 83% 以上的蛋白质，15% 以下的水分和 2% 以下的无机灰分，一般通过碱法和酶法制成。碱法是将原料碎皮浸灰（氢氧化钙溶液），用盐酸中和后水洗，在 60～70℃ 熬制成胶水，再经过防腐、漂白、凝冻、刨片和烘干等工序制成。酶法是用蛋白酶将原料加工后再用石灰处理 24h，经过中和、熬胶、凝冻、烘干等工序制成。

（1）性状。明胶为无色或淡黄色透明、脆性、几乎无臭、无味的薄片或粗粉末。在 5～10 倍量冷水中膨润，可溶于热水、甘油和醋酸，不溶于醚、乙醇等有机溶剂。明胶不溶于冷水，但能吸收 5 倍量的冷水而膨胀软化；溶于热水，冷却后形成凝胶；可溶于乙酸、甘油、丙二醇等多元醇的水溶液；不溶于乙醇、乙醚、氯仿及其他多数非极性有机溶剂。

（2）性能。明胶有吸水性与凝胶性，是两性电解质，有保护胶体的作用，在溶液中可将带电的微粒凝聚，利用这种特性可作为酒类的澄清剂。溶于热水时成为非常黏的溶胶，浓度在 5% 以下时不形成凝胶，浓度为 10%～15% 时可形成凝胶。明胶溶液黏度主要依其分子量而不同，其黏度与凝胶强度还受 pH 值、温度、电解质等因素影响。

明胶在溶液中能发生水解，使分子量变小，黏度和凝胶能力也变弱。当水解平均分子量降至 10 000 ~ 15 000 时，则失去凝胶能力。当 pH 值为 5 ~ 10 时，明胶水解能力减弱，凝胶性能变化不大；当 pH 值小于 3 时，胶凝性能变差。当明胶溶液长时间煮沸，或在强酸、强碱条件下加热时，其凝胶作用下降。在凝胶中加入大量的无机盐（三价铝盐），可使凝胶从溶液中析出，成为不可逆凝胶。

凝胶化温度与其浓度和共存盐的种类、浓度以及溶液 pH 值有关。明胶在 30℃ 左右液化，在 20 ~ 25℃ 形成凝胶。明胶溶液长时间煮沸时其凝胶作用发生变化，冷却后也能成为凝胶，再加热则变为蛋白胨。

（3）毒性。食用明胶是从动物结缔组织或表皮中的胶原蛋白部分水解出来的天然蛋白质，本身无毒性，因此 ADI 不作限制性规定。

（4）应用。GB 2760—2024《食品安全国家标准 食品添加剂使用标准》规定，明胶作为增稠剂，在各类食品（表 A.2 中编号为 1 ~ 68 的食品类别除外）中按生产需要适量使用。食用明胶广泛应用于食品工业的糖果、果冻、果酱、冰淇淋、糕点、各种乳制品、保健食品及肉干、肉松、肉冻、罐头香肠、粉丝、方便面等产品的生产。

2. 甲壳素（CNS 编码：20.018）

甲壳素又称为几丁质、甲壳质、壳多糖等，是法国科学家布拉克诺在 1811 年首次从蘑菇中提取的一种类似植物纤维的六碳糖聚合体，被命名为 Fungine（茸素）。1823 年，法国科学家欧吉尔（Odier）在甲壳动物体外壳中也提取了这种物质，并命名为几丁质和几丁聚糖。甲壳素广泛存在于低等植物菌类和水生藻类细胞中，节肢动物的甲壳，虾、蟹、姜蛆及昆虫的外壳，贝类及头足类软体动物的软骨和高等植物的细胞壁中。

（1）性状。甲壳素的构造类似纤维素，由 1 000 ~ 3 000 个 2 - 乙酰胺 - 2 - 脱氧葡萄糖聚合而成，属于直链氨基多糖，其分子量从几十万到几百万不等，理论含氮量为 6.9%。甲壳素为白色无定形半透明物质，无味无臭，溶于浓盐酸、硫酸、磷酸和冰乙酸，不溶于水、稀酸、碱、醇及其他有机溶剂。

（2）性能。甲壳素是自然界中唯一带正电荷的天然高分子聚合物，它由几丁质与几丁聚糖组成，是天然无毒性高分子，与生物机体细胞有良好的兼容性，并且具有生物活性，因此广泛应用在食品、医药和养殖的饲料等方面。它可作为：①保湿剂和乳化剂；②增稠剂和絮凝剂；③食品保鲜剂；④功能性活化剂；⑤不溶水可食薄膜。

（3）毒性。甲壳素为天然产物，无毒。ADI 不作限制（FAO/WHO）。

（4）应用。甲壳素可作为稳定剂和增稠剂在氢化植物油、植脂末、冷冻饮品、果酱、坚果与籽类的泥（酱）、醋、蛋黄酱、沙拉酱、乳酸菌饮料、啤酒和麦芽饮料中使用。GB 2760—2024《食品安全国家标准 食品添加剂使用标准》规定，甲壳素作为增稠剂和稳定剂的应用范围及最大使用量：在啤酒和麦芽饮料中的最大使用量为 0.4g/kg；在食醋、液体复合调味料为 1.0g/kg；在氢化植物油、其他油脂或油脂制品（仅限植脂末）、冷冻饮品（03.04 食用冰除外）、坚果与籽类的泥（酱）（包括花生酱等及黄豆酱、沙拉酱）中的最大使用量为 2.0g/kg；在乳酸菌饮料（以即饮状态计，相应的固体饮料按稀释倍数增加使用量）中的最大使用量 2.5g/kg；在果酱中的最大使用量 5.0g/kg。

（二）植物性增稠剂

1. 琼脂（CNS 编码：20.001；INS 编码：406）

琼脂是由石花菜提取物制成的，是一种重要的植物胶，通常称为洋菜或洋粉，也叫作石花胶。其基本化学组成是以半乳糖为骨架的多糖，主要包括琼脂糖和琼脂胶。琼脂糖是两个半乳糖组成的双糖。琼脂胶与琼脂糖结构类似，不同之处是可被硫酸酯化。

（1）性状。琼脂依制法不同，有条、片、粒和粉状等，颜色由白至淡黄，无固定形状，但属于固体。琼脂可溶于 80~97℃的热水，不溶于冷水。

（2）性能。琼脂在冷水中浸泡时，吸水膨胀软化，吸水率达 20 倍；0.5%~1.5% 的琼脂溶胶在 32~39℃可以形成坚实而有弹性的凝胶，含水时柔软而带韧性，不易折断，干燥后发脆；浓度低于 0.1% 时，不能形成凝胶而成为黏稠液体。琼脂的凝胶强度在 pH 值为 4~10 时变化不大，当 pH 值小于 4 或大于 10 时其凝胶强度大大下降。琼脂的耐酸性高于明胶和淀粉，低于果胶和海藻酸丙二酯。

（3）毒性。LD_{50} 为每千克体重 11g（大鼠，经口），每千克体重 15g（小鼠，经口），ADI 不作限制规定（FAO/WHO，1994）。FDA 将琼脂列为一般公认安全物质。

（4）应用。GB 2760—2024《食品安全国家标准 食品添加剂使用标准》规定，琼脂作为增稠剂在各类食品（表 A.2 中编号为 1~68 的食品类别除外）中，按生产需要适量使用。

2. 卡拉胶（CNS 编码：20.007；INS 编码：407）

卡拉胶又名鹿角藻胶和角叉胶，是红藻科藻类成分。卡拉胶是由半乳糖及脱水半乳糖组成的多糖类硫酸酯的钙、钾、钠和铵盐。其分子量在 100 万以上。

（1）性状。卡拉胶为白色或淡黄色粉末，无味无臭，在 60℃以上的热水中完全溶解，不溶于有机溶剂。在 pH 值为 9 时稳定性最好，当 pH 值在 6 以上时可以高温加热，当 pH 值在 3.5 以下时加热会发生酸水解。卡拉胶水溶液黏度高于琼脂，相当黏稠，在有钾、钙离子存在时可生成可逆性凝胶，当温度升高时，黏度降低。

（2）性能。卡拉胶水溶液具有高度黏性和胶凝特点，其凝胶具有热可逆性，即加热时溶化，冷却时又形成凝胶。卡拉胶具有与蛋白质类物质作用形成稳定胶体的性质，在牛奶中加入低浓度卡拉胶时，卡拉胶与牛奶蛋白络合形成弱凝胶；当卡拉胶含量达牛奶质量的 0.2% 时，可生成牛奶凝胶。啤酒工业中利用卡拉胶与蛋白质反应的特性沉淀大麦蛋白质，可提高啤酒澄清度。改变卡拉胶的使用条件，可使同一食品的组织状态发生变化。卡拉胶在食品表面成膜后，还可以起到食品保鲜作用。

（3）毒性。LD_{50} 为每千克体重 5.1~6.2g（大鼠，经口），ADI 不作限制规定（FAO/WHO，1994）。

（4）应用。GB 2760—2024《食品安全国家标准 食品添加剂使用标准》规定，卡拉胶作为增稠剂、乳化剂、稳定剂的使用范围及最大使用量：在赤砂糖、原糖、其他糖和糖浆中的最大使用量为 5.0g/kg；在生干面制品中的最大使用量为 8.0g/kg；在婴幼儿配方食品（以即食状态计）中的最大使用量为 0.3g/L；其他各类食品（表 A.2 中编号为 1~4、6~9、11~30、32~49、54~61、63~68 的食品类别除外）中，按生产需要适量使用。

3. 海藻胶及其盐类（CNS 编码：海藻胶钠 20.004，海藻胶钾 20.005；INS 编码：海藻胶钠 401，海藻胶钾 402）

海藻胶又名褐藻酸，是存在于褐藻纲海藻细胞壁中的一种多糖类胶质，为各种不溶性海藻酸盐（钙、镁、钠、钾）的混合物，分子量 32 000~250 000。海藻酸和海藻酸盐是直链糖醛酸聚糖。

（1）性状。白色至浅黄色纤维状或颗粒状粉末，几乎无臭，无味，溶于水形成黏稠糊状胶体溶液，不溶于乙醚，乙醇或氯仿等。其溶液呈中性，与金属盐结合凝固。不溶于pH值小于3的稀酸，1%水溶液的pH值为6～8；在pH值为6～9时黏度稳定，加热至80℃以上时黏度降低。

（2）性能。海藻酸钠与钙离子形成的凝胶，具有耐冻结性和干燥后可吸水膨胀复原等特性。海藻酸钠的黏度影响形成凝胶的脆性，黏度越高，凝胶越脆。提高钙离子和海藻酸钠的浓度而得到的凝胶，其强度增高。

（3）毒性。海藻酸钠：LD_{50}大于每千克体重5g（大鼠，经口），ADI为每千克体重0～0.025g，一般被公认为安全。

海藻酸钾：LD_{50}大于每千克体重5g（大鼠，经口），ADI不作特殊规定。

（4）应用。GB 2760—2024《食品安全国家标准 食品添加剂使用标准》规定，海藻酸钾在各类食品（表A.2中编号为1～68的食品类别除外）中，按生产需要适量使用。海藻酸钠的使用范围和最大使用量：在其他特殊膳食用食品（仅限13～36月龄幼儿特殊医学用途配方食品中氨基酸代谢障碍配方产品）中的最大使用量为1.0g/kg；在赤砂糖、原糖、其他糖和糖浆中的最大使用量为10.0g/kg；在其他特殊膳食用食品（仅限37月龄～10岁人群特殊医学用途配方食品中氨基酸代谢障碍配方产品）和其他各类食品（A.2中编号为1～4、

GB 1886. 243—2016《食品安全国家标准 食品添加剂 海藻酸钠（又名褐藻酸钠）》

6～9、11～30、33～49、54～61、63～68的食品类别除外）中，按生产需要适量使用。

4. 果胶（CNS编码：20.006；INS编码：440）

果胶为线性D-半乳糖醛酸甲酯连接而成的多糖，分子量为50万～300万。果胶上的羧基可被甲醇酯化，其酯化度（DEP）可因提取原料的种类、生长情况和加工方法不同而有差别。一般将DEP为50%～75%的称为高酯果胶（HMP），DEP为20%～50%的称为低酯果胶（LMP）。

（1）性状。果胶为褐色或灰白色的颗粒或粉末，口感黏滑，溶于20倍的水，形成乳白色黏稠液，耐热性好，不溶于有机溶剂。一般甲氧基含量越高，凝胶能力越强。HMP必须在含糖量大于60%、pH值为2.6～3.4时才具有凝胶能力。LMP只要有多价金属离子，如钙、镁、铝等离子存在，即可形成凝胶。

（2）性能。果胶主要作乳化剂、稳定剂、胶凝剂、增稠剂和品质改良剂使用。果胶应用于果汁饮料或固体饮料中，可使饮料增黏，或使精油、果粒等悬浊稳定化。低、高甲氧基果胶的应用见表1-3-6和表1-3-7。

①果胶多用于果酱、果冻、果汁粉等的制作。

②HMP主要用作带酸味的果酱、果冻、果胶聚糖、糖果馅心及乳酸菌饮料等的稳定剂。

③LMP主要用作一般的或低酸味的果酱、果冻、凝胶软糖，以及冷冻甜食，色拉调味酱，冰淇淋，酸奶等的稳定剂。

表1-3-6 低甲氧基果胶的应用

食品	作用	优先选用的类型	选用原因	应用浓度/%
低固体果酱（悬浮物≤55%）	胶凝剂	酰胺化果胶	胶凝不用加钙盐	0.4～1.0

食品	作用	优先选用的类型	选用原因	应用浓度/%
具有天然风味的软糖食果冻	胶凝剂	酸水解果胶（与淀粉配合使用）	承受高可溶性固体（76%~78%）	1.0~2.0
热可逆面包果冻糖衣	胶凝剂	酰胺化果胶	在稍宽的可溶性固体范围内胶凝	1.0~2.0
胶凝酸牛奶制品	胶凝剂	酰胺化果胶	—	0.5~1.0
水果牛奶、水果罐头	胶凝剂	酰胺化或酸水解果胶	需要加牛奶到水果制品中以控制胶凝作用	0.8~1.2
即食布丁粉	胶凝剂	酰胺化果胶	需要在水中快速溶解，以便再加牛奶时能快速胶凝	0.8~1.2
即食巧克力或香草布丁的糖浆基料	胶凝剂	酰胺化果胶	糖浆不需要过分浓稠，必须在pH中性条件下加入牛奶以使之快速胶凝	0.8~1.2

表 1-3-7　高甲氧基果胶的应用

食品	作用	优先选用的类型	选用原因	应用浓度/%
瓶装果酱	胶凝剂	快速凝固	允许在高温（85~95℃）下，果料无漂浮	0.2~0.5
5~10kg瓶装果酱	胶凝剂	中速凝固	采用对热敏感的包装或将果酱装入容量为5~10kg的瓶内任其慢慢冷却，但要求在装料前冷却到70~75℃	0.2~0.6
大容器包装果酱	胶凝剂	慢速凝固	要求装入大容器之前冷却到60℃	0.2~0.7
大容器包装果冻	胶凝剂	慢速凝固	在胶凝前要求所有的气泡从果冻中逸出	0.3~0.5
面包果冻	胶凝剂	特别快速凝固	要求在70℃时装入大容器，在烘烤炉温下凝胶的结构不受干扰，果酱稳定	0.5~1.0
果胶果冻	胶凝剂	最慢速凝固	高固体含量（76%~78%），为了有足够的沉淀时间，要求用凝固速率最低的果胶	1.0~2.5
充气糖食	胶凝剂	特别慢速凝固	高固体含量（70%~78%），加工过程中某些设备的加工温度低，故要求用凝固速率最低的果胶	0.7~2.0
长效巴氏杀菌发酵牛奶饮料及牛奶果汁饮料	牛奶蛋白质稳定剂	特别快速凝固	使酸牛奶在不发生凝乳的情况下进行巴氏灭菌，必须检查果胶的保护胶体效应	0.4~0.7
柠檬浓缩饮料	果肉悬浮液和油乳液的稳定剂	快速凝固	在生产过程中形成凝胶以获得稳定作用，该凝胶必须快速形成	0.1~0.2
果汁、水果饮料	增稠剂	特殊果胶	统一校准到固定黏度	0.05~0.10

（3）毒性。ADI不作特殊规定，实际使用中可认为是无毒的。

（4）应用。GB 2760—2024《食品安全国家标准 食品添加剂使用标准》规定，果胶作为增稠剂、乳化剂、稳定剂的使用范围和最大使用量：在果蔬汁（浆）（以即饮状态计，相应的固体饮料按稀释倍数增加使用量）中的最大使用量为3.0g/kg；在其他各类食品（表A.2中编号为1~4、6~9、11~30、33~46、48~49、54~68的食品类别除外）中，按生产需要适量使用。

（三）微生物性增稠剂

1. 黄原胶（CNS 编码：20.009；INS 编码：415）

黄原胶又名汉生胶、黄杆菌胶，是由非病原性的革兰氏阴性菌黄单胞菌所产生的一种水溶性胞外多糖。

（1）性状。黄原胶为乳白、淡黄色至浅褐色颗粒或粉末，微臭；相对密度为 1.6，加热至 165℃ 褐变；在低浓度（0.5% 以下）时具有天然树胶的最高黏度，可溶于冷水。

（2）性能。黄原胶水溶液具有典型的假塑性流动，在受到剪切力时，黏度逐渐下降，而剪切力降低时，黏度又立即恢复。在 pH 值为 4～10 时，其黏度不受影响，也不受蛋白酶、纤维素酶、果胶酶的影响。其水溶液的黏度在较大温度范围内基本恒定。对于多数树胶而言，温度每升高 5℃，黏度就降低约 15%，而黄原胶仅降低 5% 左右。黄原胶还具有耐盐性，在食盐存在时加热不会盐析。黄原胶与刺槐树胶、瓜尔豆胶等含半乳甘露聚糖的胶类混用有增效作用，如与刺槐树胶组合可明显增稠，与瓜尔豆胶组合可形成凝胶。黄原胶的优越性主要体现在以下几个方面。

①在低浓度时即呈高黏度，对悬浮液和乳化液有很高的稳定性。

②呈假塑性的流变性和低剪切力，易于灌装、泵送，而静置后黏度迅速恢复。

③溶液的黏度受外界影响不大（温度、pH 值和电解质浓度），对酶也有极好的稳定性。

④可改善食品的口感，提高保鲜能力，并延长货架期。

⑤与金属离子（钙、镁、钡、铜、铁）有相容性。

（3）毒性。LD_{50} 大于或等于每千克体重 10g（小鼠，经口），ADI 不作特殊规定（FAO/WHO，1999）。

（4）应用。GB 2760—2024《食品安全国家标准 食品添加剂使用标准》规定，黄原胶可作稳定剂、增稠剂，其使用范围和最大使用量：在生干面制品中的最大使用量为 4.0g/kg；在黄油和浓缩黄油、赤砂糖、原糖、其他糖和糖浆中的最大使用量为 5.0g/kg；在特殊医学用途婴儿配方食品（使用量仅限粉状产品，液态产品按照稀释倍数折算）中的最大使用量为 9.0g/kg；在生湿面制品（如面条、饺子皮、馄饨皮、烧卖皮）中的最大使用量为 10.0g/kg；在其他各类食品（表 A.2 中编号为 1～4、6～49、54～61、63～68 的食品类别除外）中，按生产需要适量使用。

2. 结冷胶（CNS 编码：20.027；INS 编码：418）

结冷胶又称为凯可胶、洁冷胶，是由葡萄糖、葡萄糖醛酸和鼠李糖按 2∶1∶1 的比例组成的线形多聚糖，其中葡萄糖醛酸可被钾、钙、钠、镁中和成混合盐。直接获得的结冷胶产品 4 分子结构上带有乙酰基和甘油基团，即天然结冷胶在第一个葡萄糖基的 C_3 位置上有一个甘油酯基，而在另一半的同一葡萄糖基的 C_6 位置上有一个乙酰基。如果将获得的产品用碱加热处理，可除去分子上的乙酰基和甘油基团，从而得到用途更广的脱乙酰基结冷胶。天然结冷胶（带有乙酰及甘油基团）能形成柔软的弹性胶，黏着力强，与黄原胶和刺槐豆胶的性质类似，而脱乙酰结冷胶则形成结实的脆性胶，类似琼脂、卡拉胶的凝胶特性。

（1）性状。结冷胶是由一种从水百合上分离所得的革兰氏阴性菌——伊乐藻假单胞菌所产生的胞外多糖，经过发酵、调酸、澄清、沉淀、压榨、干燥而成。结冷胶干粉呈米黄色，无特殊的滋味和气味；不溶于非极性有机溶剂，溶于热水及去离子水，水溶液呈中性。

（2）性能。结冷胶多糖的水溶液具有高黏度和热稳定性，在低浓度（0.05%~0.25%）下就可形成热可逆凝胶，在水溶液中形成凝胶的效率、强度、稳定性与聚合物的乙酰化程度及溶液中阳离子的类型和浓度有关。结冷胶对 Ca^{2+}、Mg^{2+} 特别敏感，自成的凝胶比 K^+、Na^+ 等一价离子有效，K^+、Na^+ 也能促使结冷胶形成凝胶，但它们所需浓度比 Ca^{2+}、Mg^{2+} 等二价离子高 25 倍。

结冷胶主要有两种存在形式，即高乙酰结冷胶和低乙酰结冷胶。前者能形成柔软的凝胶，富有弹性且黏着力强，后者所形成的凝胶具有强度高、易脆裂的特点。高乙酰结冷胶经过碱处理并加热后可以脱去乙酰基，经进一步沉淀精制可得到低乙酰结冷胶，两者混合时，高乙酰结冷胶含量越多，保水性和弹性越好。

结冷胶在食品工业中主要用作增稠剂、胶凝剂、悬浮剂和成膜剂等，如可用于冰淇淋、果冻、白糖、饮料、乳制品、果酱制品、面包填料、肉肠、糖果、调味料中。通常结冷胶可与其他食品胶配合，使食品获得最佳感官、质构和稳定性。结冷胶与其他食品胶有较好的相容性，针对不同食品品质要求，通过调节结冷胶与其他食品胶混合比例便可达到令人满意的效果。另外，结冷胶可作为啤酒泡沫稳定剂、酒类澄清剂、人造肠衣成膜剂，还可用于冷冻饮品和糖浆，以防结晶。脱乙酰结冷胶也被用于微生物培养基以代替琼脂，其透明度优于琼脂胶。

（3）毒性。LD_{50} 大于每千克体重 5g（大鼠，经口），ADI 不作特殊规定（FAO/WHO，1990）。

（4）应用。GB 2760—2024《食品安全国家标准 食品添加剂使用标准》规定，结冷胶作为增稠剂在各类食品（表 A.2 中编号为 1~68 的食品类别除外）中，按生产需要适量使用。

（五）化学合成的增稠剂

1. 羧甲基纤维素钠（CNS 编码：20.003；INS 编码：466）

羧甲基纤维素钠（CMC – Na）是葡萄糖聚合度为 100~200 的纤维素衍生物，分子量大于或等于 17 000，通常利用水酶法和溶剂法制成。水酶法用氢氧化钠处理纸浆，与一氯代醋酸钠溶液反应制得。溶剂法以乙醇为溶剂，把短纤维沉浸在一氯代醋酸钠中，再加入碱反应制成。

（1）性状。羧甲基纤维素钠一般为白色或浅黄色的粉末或纤维状物质，无臭，不易溶解于有机溶剂，易分散在水中形成透明的胶体溶液；其溶液呈现中性或微酸性。

（2）性能。羧甲基纤维素钠对热不稳定，其黏度随温度升高而降低。当温度低于 20℃时，黏度随温度的下降而迅速降低；当温度为 20~45℃时，黏度下降缓慢；当温度高于 45℃时，黏度完全消失。pH 值影响其黏度，当 pH 值为 7 时，黏度最高，通常 pH 值为 4~11 较合适；当 pH 值小于 3，易生成游离酸沉淀。

（3）毒性。LD_{50} 为每千克体重 27g（小鼠，经口），ADI 为每千克体重 0~25mg，一般被公认为安全。

（4）应用。GB 2760—2024《食品安全国家标准 食品添加剂使用标准》规定，羧甲基纤维素钠在各类食品（表 A.2 中编号为 1~4、6~68 的食品类别除外）中，按生产需要适量使用。例如，它用于速煮面、方便面，可改善质构和筋力；用于酸性饮料、乳饮料类，可提高稳定性和悬浮性，防止乳饮料脂肪上浮并保护蛋白质的分散性，改善口感；用于果酱、奶酪、巧克力、稀奶油，可作稳定剂，改善涂抹性；常与海藻酸钠、明胶配合，在冰淇淋中改善保水性和组织结构，防止析晶；用于油炸食品（如油炸土豆条、炸鸡块、炸牛排等食品），可保持其嫩度、口感和风味，提高出品率，而且显著减少食品含油量，从而降低成本和产品热值。

2. 甲基纤维素（CNS 编码：20.043；INS 编码：461）

（1）性状。甲基纤维素为纤维素的一种甲基醚；白色或浅黄色或浅灰色小颗粒（95% 过 40 目筛）、纤丝状或粉状固体；无臭无味，有吸湿性；密度为 $0.3 \sim 0.7 g/cm^3$。

（2）性能。甲基纤维素溶液在中性、常温下稳定，高温则产生胶凝作用并沉淀。胶凝温度视溶液的黏度和浓度而定，黏度和浓度高时胶凝温度较低，有无机盐存在时，可使黏度上升。甲基纤维素溶液为非离子型溶液，多价金属离子不能使其沉淀，只有当电解质浓度和其他溶解物质超过一定限度时，才会发生胶凝作用。

（3）毒性。甲基纤维素属于 GRAS 添加剂（FDA，2000），其 ADI 不作特殊规定（FAO/WHO，2001）。

（4）应用。GB 2760—2024《食品安全国家标准 食品添加剂使用标准》规定，甲基纤维素在各类食品（表 A.2 中编号为 1~68 的食品类别除外）中，按生产需要适量使用。

3. 羧甲基淀粉钠（CNS 编码：20.012）

（1）性状。羧甲基淀粉钠简称羧甲基淀粉或 CMS - Na，由淀粉处理制成，为白色或微黄色粉末，无臭，可溶于冷水，形成无色透明的黏稠溶液，不溶于甲醇和乙醇等有机溶剂。

（2）性能。CMS - Na 吸水性强，可膨胀 200~300 倍，其 10g/L 水溶液的 pH 值为 6.5~8.0。CMS - Na 有增稠性，其黏度与产品的分子量及淀粉分子中的羧甲基钠基团的数目有关，性质与羧甲基纤维素钠相近，但易受 α - 淀粉酶的作用。CMS - Na 溶液在碱中较稳定，在酸中稳定性较差，生成不溶于水的游离酸，黏度降低，因此不适用于强酸性食品。CMS - Na 溶液在 80℃以上长时间加热，则黏度降低。CMS - Na 与羧甲基纤维素（CMC）有相似的性能，具有增稠、悬浮、分散、乳化、黏结、保水、保护胶体等多种作用，可作为乳化剂、增稠剂、分散剂、稳定剂、上浆剂、成膜剂、保水剂等。

（3）毒性。LD_{50} 为每千克体重 9.26g（大鼠，经口），ADI 不作特殊限制（FAO/WHO）。

（4）应用。GB 2760—2024《食品安全国家标准 食品添加剂使用标准》规定，CMS - Na 作为增稠剂的使用范围及最大使用量：在面包中的最大使用量为 0.02；在冰淇淋、雪糕类食品中的最大使用量为 0.06g/kg；在果酱、酿造酱、调味酱中的最大使用量为 0.1g/kg；在方便米面制品中的最大使用量为 15.0g/kg。

第三章在线自测

第四章　食品添加剂在肉制品生产中的应用

学习目标

了解护色剂、着色剂和水分保持剂的定义、作用、机理；熟悉护色剂、着色剂和水分保持剂的种类；掌握常用护色剂、着色剂和水分保持剂的性能及应用。

素质目标

通过本章内容学习，加强对学生诚信和职业道德的教育，使学生具有诚信意识，提高职业道德水平，在从事食品相关领域工作时自觉地把人民健康安全放到首位。

食品添加剂安全在线

在肉制品生产加工过程中，不但要保证原材料的选用符合食品安全要求，还应当依法使用各种辅料，其中，食品添加剂是比较重要的辅料，对于肉制品加工生产的整体质量会产生直接影响。硝酸盐、亚硝酸盐作为肉制品发色剂，在腌、腊肉生产制作过程中发挥着重要作用，但是违规使用会导致部分食品中亚硝酸盐含量超标，严重威胁食品安全和人体健康。目前，亚硝酸盐中毒受到了广泛的关注，相关报道屡见不鲜。护色剂亚硝酸盐作为肉制品加工的重要食品添加剂，使用范围广泛，故由其导致的食物中毒事件与性别、年龄无关，也没有季节性、地域性的特点。

2023 年 4 月 4 日，河南省开封市鼓楼区市场监管局依法对辖区内某卤肉店经营的卤制熟食进行抽样检验。经河南中方质量检测技术有限公司检验，当事人经营的卤猪肺中亚硝酸盐（以 $NaNO_2$ 计）残留量为 39mg/kg，超过了 GB 2760—2014《食品安全国家标准 食品添加剂使用标准》（现行标准）中酱卤肉制品类亚硝酸盐残留量不得大于或等于 30mg/kg 的规定，检验结论为不合格。当事人的行为违反了《中华人民共和国食品安全法》第三十四条的规定。2023 年 7 月，河南省开封市鼓楼区市场监管局依据《中华人民共和国食品安全法》第一百二十四条的规定，对当事人给予没收违法所得 27.6 元，罚款 10 000 元的行政处罚。

案例分析：在现代肉制品生产中，亚硝酸盐具有防腐抑菌和发色这两个不可替代的作用，能明显提高肉制品的感官品质，激起人们的食欲和购买欲。但人体吸收过量亚硝酸盐，会影响红细胞的运作，令血液不能运送氧气，严重时会令脑部缺氧，甚至导致死亡。民以食为天，食以安为先，市场监管部门应全力保障人民群众的身体健康和生命安全，严守食品安全红线。

GB 1886.11—2016
《食品安全国家标准
食品添加剂　亚硝酸钠》

我国是肉类生产和消费大国,肉类总产量占世界总产量的 1/3 左右,其中猪肉占到一半以上。因此,正确地使用食品添加剂变得尤为重要,可以说食品添加剂是推动肉制品高速发展的重要支柱。食品添加剂在肉制品中的应用主要体现在以下几个方面:①改善产品色泽的添加剂,如护色剂、护色助剂和着色剂;②赋予产品风味的添加剂,如增味剂、香精;③改进产品质地的添加剂,如增稠剂和水分保持剂;④延长产品保质期的添加剂,如防腐剂等。本章重点介绍护色剂、着色剂和水分保持剂。

第一节　护色剂

在食品加工中,为了改善或保护食品的色泽,除了使用食用着色剂直接对食品着色外,有时还需要使用护色剂。护色剂又称为发色剂,本身无色,但在食品加工中,尤其对肉制品,添加适量的护色剂,可使其与食品中的色素发生反应,形成一种新的物质,这种物质可以增加色素的稳定性,使肉制品产生鲜红色并呈现良好的感官效果。硝酸盐、亚硝

护色剂 PPT

酸盐作为肉制品护色剂,其在腌、腊肉生产制作过程中发挥着重要作用,有利于改善肉制品色泽,使肉制品呈现鲜艳的玫瑰红色,能有效抑制某些腐败菌及致病菌(金黄色葡萄球菌和肉毒梭菌)的生长,但摄入过量对人体健康会产生危害。肉制品加工企业和个人要严格控制硝酸盐/亚硝酸盐的添加量。

一、定义

护色剂是指能与肉及肉制品中的呈色物质作用,使之在肉制品加工、保藏等过程中不致被分解、破坏,呈现良好色泽的物质。其功能分类代码为 09,CNS 编码为 09.◇◇◇。

二、护色剂与护色助剂

(一)护色剂

护色剂主要用于肉制品,在肉类腌制品中最常使用的护色剂是:硝酸钠、亚硝酸钠、硝酸钾、亚硝酸钾。

(二)护色助剂

在食品加工过程中,添加适量的化学物质,与食品中的某些成分作用,使食品呈现良好的色泽,这类能促使发色的物质称为护色助剂。护色剂助剂可提高护色剂的效果,一般为具有还原作用的有机酸,如抗坏血酸、D - 异抗坏血酸、烟酰胺等。对于护色助剂,根据成本和需求确定投放量,一般不作限量规定。

三、护色剂的机理与作用

(一)肉的颜色

护色剂主要用于肉及其肉制品。肉色是重要的食用品质之一,其主要取决于肉的色素

物质——肌红蛋白（Mb）和血红蛋白（Hb）。血红蛋白存在于血液中，如果放血充分，肌红蛋白在肉中的比例为80%～90%，占主导地位。因此，肌红蛋白的含量多少和化学状态变化造成不同动物、不同部位肌肉的颜色深浅不一，肉色千变万化——从紫红色到鲜红色，从褐色到灰色，有时还会出现绿色。

（二）肌红蛋白与肉色的变化

肌红蛋白是肌肉肌浆中的蛋白质，在肌肉中起着运载氧的功能。肌红蛋白是一种复合蛋白质，由一条多肽链构成的珠蛋白和一个血红素组成。血红素中的铁离子在还原态（Fe^{2+}）时可与O_2结合，被氧化成Fe^{3+}后则失去O_2，氧化与还原是可逆的。畜禽肌肉中肌红蛋白的含量对肉色起决定作用，另外，残留在肌肉中的血液也有一定作用，但肌肉固有的红色是由肌红蛋白决定的。一般说来；肌红蛋白含量越多，肉色越深。

肉色随着肉在空气中放置时间的不同而发生变化，肉色发生由暗红色→鲜红色→褐红色的变化过程，这是肉中的肌红蛋白受空气中氧的作用所引起的。肌红蛋白本身是紫红色，在高氧分压下，其切面暴露于空气中30～40min后，与氧结合可生成氧合肌红蛋白，为鲜红色，是新鲜肉的象征，这种变化的条件是肉保持在大气环境中有充足的氧气供应。这一颜色相对比较稳定，肌红蛋白不易被氧化成褐色的变性肌红蛋白。肌红蛋白和氧合肌红蛋白在氧气供应不足、低氧分压环境下，均可以被氧化生成高铁肌红蛋白（氧化肌红蛋白），呈褐色，使肉色变暗；有硫化物存在时，肌红蛋白还可被氧化生成硫代肌红蛋白，呈绿色，是一种异质肉色；由于肉自身存在的耗氧酶会消耗渗入肉中的氧气，使肉中的氧分压降低，所以一般情况下肉在储存中容易产生褐变。肌红蛋白与亚硝酸盐反应可生成亚硝基肌红蛋白，呈粉红色，是腌肉的典型色泽。肌红蛋白加热后，蛋白质变性形成珠蛋白氧化血色原，呈灰褐色，是熟肉的典型色泽。肌红蛋白不同状态颜色转化关系如图1-4-1所示。

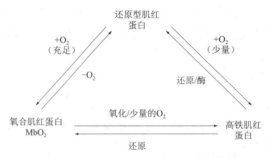

图1-4-1 肌红蛋白不同状态颜色转化关系

上述褐变除与肉的pH值、温度、紫外线，特别是氧分压有关外，还与高铁肌红蛋白的还原活性有关，随肉品储藏时间的延长，其还原活性降低，肉的褐变现象加重。除了与氧结合外，肌红蛋白还与CO^-、NO^-结合。肌红蛋白与NO^-结合生成亚硝基肌红蛋白（MbNO），使肉呈鲜亮的红色，为此，在肉的腌制过程中常需要添加亚硝酸盐。

（三）护色剂的作用

为了使肉制品呈现鲜红的红色，在加工过程中常加入亚硝酸盐和硝酸盐，它们往往是腌制肉类时混合盐的成分。硝酸盐在细菌作用下还原成亚硝酸盐。亚硝酸盐在一定的酸性条件下会生成亚硝酸。

一般屠宰后的肉因含乳酸，pH 值为 5.6 ~ 5.8，因此不需要额外加酸即可生成亚硝酸，见式（1 - 4 - 1）。

$$NaNO_2 + CH_3CHOHCOOH === HNO_2 + CH_3CHOHCOONa \qquad (1 - 4 - 1)$$

亚硝酸很不稳定，即使在常温下也可分解产生 NO，见式（1 - 4 - 2）。

$$3HNO_2 === HNO_3 + 2NO + H_2O \qquad (1 - 4 - 2)$$

NO 会很快与肌红蛋白反应生成鲜艳的、亮红色的亚硝基肌红蛋白，见式（1 - 4 - 3）：

$$Mb + NO === MbNO \qquad (1 - 4 - 3)$$

由式（1 - 4 - 2）可知，亚硝酸可生成 NO 和少量的 HNO_3，而 NO 在空气中还可被氧化成 NO_2，进而与水反应生成硝酸，见式（1 - 4 - 4）和式（1 - 4 - 5）。

$$2NO + O_2 === 2NO_2 \qquad (1 - 4 - 4)$$

$$2NO_2 + H_2O === HNO_3 + HNO_2 \qquad (1 - 4 - 5)$$

硝酸是氧化剂，它能把 NO 氧化，从而抑制亚硝基肌红蛋白的生成，同时也使部分肌红蛋白被氧化成高铁肌红蛋白。因此，在使用硝酸盐和亚硝酸盐的同时添加抗坏血酸、抗坏血酸钠等还原性物质，不但可以防止肌红蛋白氧化，还可以把氧化型的褐色高铁肌红蛋白还原为红色的还原型肌红蛋白，以助发色。若抗坏血酸与烟酰胺并用，则发色效果更好，并保持长时间不褪色。

四、常用的护色剂

（一）亚硝酸钠及亚硝酸钾（CNS 编码：09. 002，09. 004；INS 编码：250，249）

1. 性状

（1）亚硝酸钠。亚硝酸钠分子式为 $NaNO_2$，分子量为 69。商品制剂为白色的粉末，外观和滋味似食盐（常有人因此误食亚硝酸钠而中毒）。其味微咸，易潮解，易溶于水，微溶于乙醇，水溶液呈现碱性反应。

（2）亚硝酸钾。亚硝酸钾分子式为 KNO_2，分子量为 85。商品制剂为白色或微黄色晶体或棒状粉末，在水中极易溶解，在乙醇中微溶，有吸湿性。

2. 性能

亚硝酸盐用于肉品腌制，护色效果良好。亚硝酸盐在肉制品中对抑制微生物的增殖也有一定的作用，其效果受到 pH 值影响。在添加 0.1 ~ 0.2g/kg 亚硝酸盐的试验中，当 pH 值为 6 时，对细菌有显著的抑制作用；当 pH 值为 6.5 时，抑菌作用减弱。亚硝酸盐与食盐并用，可使抑菌作用增强。亚硝酸盐对肉毒梭状芽孢杆菌有抑制作用，还有增强肉制品风味的作用。

3. 毒性

亚硝酸钠 LD_{50} 为每千克体重 220mg（小鼠，经口），亚硝酸钠和亚硝酸钾 ADI 为每千克体重 0 ~ 0.06mg。它们属于食品添加剂中毒性最强的种类。

亚硝酸盐毒性较强，人的中毒量为 0.3g，致死量为 3g。其因外形与粗制食盐相似，易被误食引起中毒，且中毒症状均比较严重。过量食入亚硝酸钠的毒副作用是麻痹血管运动中枢、呼吸中枢及周围血管，形成高铁血红蛋白。急性中毒表现为全身无力、头痛、头晕、恶心、呕吐、腹泻、胸部产生紧迫感以及呼吸困难，检查见皮肤黏膜明显紫绀。中毒严重者血压下降，甚至昏迷、死亡。

研究者们一直试图找到亚硝酸盐的替代物，但令人遗憾的是，至今还未找到一种理想的、能够完全替代亚硝酸盐的物质。鉴于此，以后解决亚硝酸盐安全问题的措施依旧主要集中于两个方面：一是致力于减少肉制品中亚硝酸盐残留量的研究，力求减小亚硝胺生成的可能性；二是继续开发绿色无毒的亚硝酸盐替代物，从肉制品护色剂的价值来看，其突出表现在防止肌红蛋白的氧化（变色）以及抑制肉毒梭状芽孢杆菌等微生物的繁殖。

4. 应用

GB 2760—2024《食品安全国家标准 食品添加剂使用标准》规定，亚硝酸钠、亚硝酸钾的应用范围及最大使用量（以亚硝酸钠计）：在腌、腊肉制品类（如咸肉、腊肉、板鸭、中式火腿、腊肠等），酱卤肉制品类，熏、烧、烤肉类（熏肉、叉烧肉、烤鸭、肉脯等），油炸肉类，肉灌肠类，发酵肉制品类中的最大使用量为 0.15g/kg，残留量小于或等于 30mg/kg；在肉罐头类中的最大使用量为 0.15g/kg，残留量小于或等于 50mg/kg；在西式火腿（熏烤、烟熏、蒸煮火腿）类中的最大使用量为 0.15g/kg，残留量小于或等于 70mg/kg。

亚硝酸盐也可用作防腐剂。

（二）硝酸钠及硝酸钾（CNS 编码：09.001，09.003；INS 编码：251，252）

1. 性状

（1）硝酸钠。硝酸钠分子式为 $NaNO_3$，分子量为 85；无色、无臭，结晶性粉末，味咸并稍苦，易溶于水和液氨，微溶于甘油和乙醇；易潮解，特别是含有极少量氯化钠杂质时，硝酸钠潮解性会大大增加；当溶于水时，温度降低，溶液呈中性。

（2）硝酸钾。硝酸钾分子式为 KNO_3，分子量为 91；无色透明棱柱状或白色颗粒或结晶性粉末，味辛辣而咸，有凉感；微潮解，潮解性比硝酸钠小；易溶于水，溶于水时吸热，溶液温度降低，不溶于无水乙醇、乙醚。

2. 性能

硝酸钾在肉制品中对微生物有一定的抑制作用。在肉制品中，硝酸钾由于细菌作用被还原成亚硝酸钾，从而起护色和抑菌的作用。

3. 毒性

硝酸盐的毒性作用主要是它在食物中、水中或胃肠道内，尤其是在婴儿的胃肠道内被还原成亚硝酸盐所致。硝酸钠 LD_{50} 为每千克体重 3236mg（大鼠，经口），ADI 为每千克体重 0～5mg（硝酸盐总量，以硝酸钠计）。

4. 应用

GB 2760—2024《食品安全国家标准 食品添加剂使用标准》规定，硝酸钠和硝酸钾的应用范围及最大使用量（以亚硝酸钠计）为：在腌、腊肉制品类（如咸肉、腊肉、板鸭、中式火腿、腊肠等），酱卤肉制品类，熏、烧、烤肉类（熏肉、叉烧肉、烤鸭、肉脯等），油炸肉类，西式火腿（熏烤、烟熏、蒸煮火腿）类，肉灌肠类，发酵肉制品类中的最大使用量为 0.5g/kg，残留量小于或等于 30mg/kg。

硝酸盐也可用作防腐剂。

五、常用的护色助剂

（一）抗坏血酸

抗坏血酸是一种还原型抗氧化剂（详见第二章第一节抗氧化剂），在果蔬食品加工和处理过程中，常常作为果蔬切片的护色剂使用。

抗坏血酸在肉制品加工中主要作为护色助剂，可将氧化型的褐色高铁肌红蛋白还原为还原型的肌红蛋白，以帮助发色。虽然抗坏血酸不能完全替代亚硝酸盐使用，但与亚硝酸盐结合使用时，能极大地抑制亚硝胺的产生。其使用量为原料的 0.02%~0.05%，在腌制或斩拌时添加，也可以把原料肉浸在 0.02%~0.1% 的抗坏血酸水溶液中。

通常，可将抗坏血酸与柠檬酸、磷酸盐类同时使用，不仅能提高肉制品的品质，还有很好的护色效果。

（二）烟酰胺

烟酰胺又称为尼克酰胺、维生素 PP。其分子式为 $C_6H_6N_2O$，分子量为 122.13。

1. 性状

烟酰胺为白色结晶性粉末，无臭，味苦，易溶于水、乙醇、甘油，对热、光、空气稳定，在碱性溶液中加热则成为烟酸。

2. 性能

烟酰胺可以作为肉制品护色剂的护色助剂，由于肌红蛋白与烟酰胺结合形成稳定的烟酰胺肌红蛋白，所以烟酰胺性质稳定，难以被氧化。

3. 毒性

LD_{50} 为每千克体重 2 500~3 500mg（大鼠，经口）、1 680mg（大鼠，皮下注射）。FAO（1985）将烟酰胺列为一般公认安全物质。

4. 应用

GB 2760—2024《食品安全国家标准 食品添加剂使用标准》未将烟酰胺列为肉制品的护色助剂，而是作为营养强化剂用于营养强化食品。许多研究报道称，烟酰胺能起到保护肉制品原色和辅助发色的作用。其添加量为 0.01~0.02g/kg 时，肉色良好。

第二节　着色剂

在肉制品生产过程中，为了使肉制品表现出比较理想的肉红色，往往适当添加一定量的着色剂。目前比较常用的着色剂主要包括红曲红、辣椒红与高粱红等，其中红曲红的应用最为广泛。

着色剂 PPT

一、定义

着色剂是指使赋予食品色泽和改善食品色泽的物质。其功能分类代码为 08，CNS 编码为 08. ◇◇◇。

二、分类

（一）按照来源分类

1. 食用天然着色剂

食用天然着色剂主要指从动、植物组织中提取的色素，可分为植物色素、动物色素和微生物色素。常用的天然色素有甜菜红、花青素、玫瑰茄红、辣椒红素、红曲红、姜黄、酱色、β-胡萝卜素（以前是天然的，但现在是合成的，当作食用天然色素使用）等。

（1）分类。

①植物色素：在植物体各部位的色素，如玫瑰茄红（花萼）、叶黄素（花瓣）、紫草红（叶子）、桑椹红（果实）、红米红（种子）等。

②动物色素：在动物体内的色素，如胭脂虫红。

③微生物色素：如红曲霉的红曲红。

（2）优点。

①天然色素多来自动、植物组织，其安全性较高。②有的天然色素具有维生素活性（如类胡萝卜素），因此兼有营养强化作用。③能更好地模仿天然物的颜色，着色时色调比较自然。④有的品种具有特殊的芳香气味，添加到食品中能给人带来愉快的感觉。

（3）缺点。

①成本比合成色素高。②色素含量一般较低，着色力比合成色素差。③稳定性较差，有的品种随 pH 值的不同而色调有变化。④较难用不同色素配出任意色调。⑤在加工及流通过程中，由于外界因素的影响多易劣变。⑥由于共存成分的影响，有的天然色素有异味、异臭。

2. 食用合成着色剂

食用合成着色剂即人工合成的色素，种类繁多，但可用于食品着色的安全无毒的并不多，我国允许使用的包括胭脂红、柠檬黄、日落黄、苋菜红、赤藓红、靛蓝和亮蓝等。

（1）分类。

①合成色素。按化学结构分为偶氮类色素（如苋菜红、柠檬黄等）和非偶氮类色素（赤藓红、亮蓝等）。偶氮类色素按溶解性分为油溶性色素和水溶性色素，油溶性色素不溶于水，进入人体后不易排出，毒性较强，世界各国基本不再使用这类色素；水溶性色素溶于水，易排出体外，毒性弱，使用广泛。

②色淀。色淀是由硫酸铝、氯化铝等铝盐水溶液与氢氧化钠或碳酸钠作用后与适量的相应合成色素溶液混合，使色素完全被吸附在铝盐固体上，再经过滤、干燥、粉碎而得到的改性色素，又称为铝色淀。

我国允许使用的合成色素共有 17 种（合成色素及其铝色淀计为 1 种，其中 β-胡萝卜素和番茄红素为我国合成色素中仅有的两种油溶性天然等同色素）。部分合成色素最大吸收波长和颜色见表 1-4-1。

表 1 - 4 - 1　部分合成色素最大吸收波长和颜色

名称	柠檬黄	日落黄	诱惑红	胭脂红	苋菜红
λ_{max}/nm	428	482	500	508	520
颜色	金黄	橙黄	鲜红	桃红	紫红
名称	新红	赤藓红	酸性红	靛蓝	亮蓝
λ_{max}/nm	525	526	566	610	632
颜色	紫红	紫	紫红	兰	绿兰

注：最大吸收波长 λ_{max} 为区分合成色素的重要指标。

（2）优点。食用合成着色剂具有色彩鲜艳、性质稳定、着色力强、可调配任意色调、成本低廉和使用方便等优点。

（3）缺点。食用合成着色剂存在安全性问题，包括毒性、致泻性和致癌性。这些毒性源于合成色素中的砷、铅、铜、苯酚、苯胺、乙醚、氯化物和硫酸盐，它们对人体均可造成不同程度的危害。

3. 食用天然着色剂与食用合成着色剂的比较

食用天然着色剂与食用合成着色剂的比较见表 1 - 4 - 2。

表 1 - 4 - 2　食用天然着色剂与食用合成着色剂的比较

种类	特点				
	安全性	稳定性	着色性	拼色能力	成本
天然	高	差	差	差	高
合成	差	好	好	宜	低

（二）按照溶解性分类

按照溶解性着色剂可分为脂溶性着色剂和水溶性着色剂。例如：食用合成着色剂胭脂红、柠檬黄、日落黄、苋菜红、赤藓红、靛蓝和亮蓝均为水溶性的；例如：天然着色剂中甜菜红、花青素、玫瑰茄红、越橘红、红花黄色素、叶绿素铜钠等为水溶性的，β - 胡萝卜素、辣椒红素、姜黄、玉米黄、红曲色素等为脂溶性的。

三、作用与机理

着色剂的主要作用是为食品赋予一定的颜色，提高食品的视觉效果和吸引力，其作用与机理涉及多个方面，包括物理、化学和生物学等。

（一）物理作用

着色剂在物理上主要通过吸收或反射光线来产生颜色。光线穿过着色剂分子时，会被着色剂分子中的某些原子或分子团所吸收或反射，从而形成不同的颜色。可通过测量物质对不同波长光线的吸收或反射来确定其化学成分和结构。在着色剂中，不同种类的分子会对不同波长的光线产生不同程度的吸收或反射，从而使食品呈现不同的颜色。

（二）化学作用

着色剂可以通过化学反应来产生颜色。这种化学反应包括氧化还原、酸碱中和、络合等反应。

（1）氧化还原反应。氧化还原反应是指物质在氧化或还原过程中电子发生转移。在着色剂中，一些分子在接受或释放电子时会发生颜色变化。例如，天然黄色素就是一种发生氧化还原反应的着色剂，它在被氧化时会变成红色。

（2）酸碱中和反应。酸碱中和反应是指酸性物质与碱性物质之间的相互作用。在着色剂中，一些分子具有酸性或碱性基团，当它们与对应的酸或碱结合时会发生颜色变化。例如，甲基红就是一种通过酸碱中和反应来产生颜色的着色剂。

（3）络合反应。络合反应是指金属离子与配体分子形成配位键的过程。在着色剂中，一些分子具有能够与金属离子形成络合物的功能基团，当它们与对应的金属离子结合时会发生颜色变化。例如，偶氮染料就是一类通过络合反应来产生颜色的着色剂。

（三）生物学作用

除了物理和化学作用外，着色剂还可以通过生物学反应来产生颜色。这种反应通常涉及酶的作用。酶是一种催化剂，它能够促进化学反应的进行。在着色剂中，一些分子可以通过与特定的酶结合来发生颜色变化。例如，葡萄糖氧化酶就是一种能够将葡萄糖氧化成葡萄糖醛酸，并在此过程中产生紫色化合物的酶。

色素的特性、色调的选择和调配

四、常用的着色剂

（一）合成着色剂

1. 苋菜红及其铝色淀（CNS 编码：08.001；ISN 编码：123）

（1）性状。苋菜红又名蓝光酸性红、杨梅红、苋紫、食用色素红色 2 号，为水溶性偶氮类着色剂。苋菜红为紫红色至红棕色粉末或颗粒，耐细菌性差，耐光性、耐热性、耐盐性、耐酸性良好，对柠檬酸、酒石酸等稳定，遇碱变暗红色，遇铜、铁易褪色。其耐氧化还原性差，不适合在发酵食品及含还原性物质的食品中使用。

（2）性能。苋菜红 0.01% 水溶液为品红色。若制品中苋菜红含量较高，则色素粉末有变黑的倾向。苋菜红的着色力较弱。

（3）毒性。苋菜红多年来被公认为安全性高，并被世界各国普遍使用。LD_{50} 大于或等于每千克体重 10g（小鼠，经口），ADI 为每千克体重 $0 \sim 0.5mg$（FAO/WHO，1994）。

（4）应用。GB 2760—2024《食品安全国家标准 食品添加剂使用标准》规定，苋菜红及其铝色淀的应用范围及最大使用量（以苋菜红计）：在冷冻饮品（03.04 食用冰除外）中的最大使用量为 0.025g/kg；在蜜饯、腌渍的蔬菜、可可制品、巧克力和巧克力制品（包括代可可脂巧克力及制品）以及糖果、糕点上彩装、焙烤食品馅料及表面用挂浆（仅限饼干夹心）、果蔬汁（浆）类饮料、碳酸饮料、固体饮料（最大使用量为按稀释倍数稀释后液体中的量）、风味饮料（仅限果味饮料）、配制酒、果冻（如用于果冻粉，按冲调倍数增加使用量）中的最大使用量为 0.05g/kg；在装饰性果蔬中的最大使用量为 0.1g/kg；在固体汤料中的最大使用量为 0.2g/kg；在果酱、水果调味糖浆中的最大使用量为 0.3g/kg。

2. 胭脂红及其铝色淀（CNS 编码：08.002；ISN 编码：124）

（1）性状。胭脂红又称为丽春红 4R、天红和亮猩红，为水溶性偶氮类着色剂。胭脂红为红色至深红色粉末，耐光性、耐酸性、耐盐性较好，但耐热性、耐还原性相当弱，耐细菌性也较弱，遇碱变色。

（2）性能。胭脂红0.1%水溶液为红色的澄清液，着色力较弱。

（3）毒性。胭脂红经动物试验证明无致癌、致畸作用。LD$_{50}$大于或等于每千克体重19.3g（小鼠，经口）、大于每千克体重8g（大鼠，经口），ADI为每千克体重0～4mg（FAO/WHO，1994）。

（4）应用。GB 2760—2024《食品安全国家标准 食品添加剂使用标准》规定，胭脂红及其铝色的淀应用范围及最大使用量（以胭脂红计）：在蛋卷中的最大使用量为0.01g/kg；在肉制品的可食用动物肠衣类、植物蛋白饮料（以即饮状态计，相应的固体饮料按稀释倍数增加使用量）、胶原蛋白肠衣中的最大使用量为0.025g/kg；在调制乳、风味发酵乳、调制炼乳（包括加糖炼乳及使用了非乳原料的调制炼乳等）、冷冻饮品（03.04食用冰除外）、蜜饯、腌渍的蔬菜、可可制品、巧克力和巧克力制品（包括代可可脂巧克力及制品）以及糖果（05.04装饰糖果、顶饰和甜汁除外）、虾味片、糕点上彩装、焙烤食品馅料及表面用挂浆（仅限饼干夹心、糕点用馅料及表面用挂浆）、果蔬汁（浆）饮料（以即饮状态计，相应的固体饮料按稀释倍数增加使用量）、含乳饮料（以即饮状态计，相应的固体饮料按稀释倍数增加使用量）、碳酸饮料（以即饮状态计，相应的固体饮料按稀释倍数增加使用量）、风味饮料（仅限果味饮料，以即饮状态计，相应的固体饮料按稀释倍数增加使用量）、配制酒、果冻（如用于果冻粉，按冲调倍数增加使用量）、膨化食品中的最大使用量为0.05g/kg；在水果罐头、装饰性果蔬、糖果和巧克力制品包衣中的最大使用量为0.1g/kg；在调制乳粉和调制奶油粉中的最大使用量为0.15g/kg；在鱼子制品（仅限使用胭脂红）中的最大使用量为0.16g/kg；在调味糖浆、蛋黄酱、沙拉酱中的最大使用量为0.2g/kg；在果酱、水果调味糖浆、半固体复合调味料（12.10.02.01蛋黄酱、沙拉酱除外）中的最大使用量为0.5g/kg。

GB 1886.220—2016
《食品安全国家标准
食品添加剂 胭脂红》

3. 赤藓红及其铝色淀（CNS编码：08.003；ISN编码：127）

（1）性状。赤藓红又称为樱桃红、四碘荧光素、食用色素红色3号，为水溶性非偶氮类着色剂。赤藓红为红褐色颗粒或粉末，无臭；着色力强，耐热、耐还原性好，但耐酸性、耐光性很差，吸湿性强。

（2）性能。赤藓红具有良好的着色力，尤其对蛋白质的着色力强。在需高温焙烤的食品和碱性及中性的食品中着色力较其他合成红色素强。

（3）毒性。LD$_{50}$为每千克体重6.8g（小鼠，经口）、1.9g（大鼠，经口），ADI为每千克体重0～0.1mg（FAO/WHO，1994）。

（4）应用。GB 2760—2024《食品安全国家标准 食品添加剂使用标准》规定，赤藓红及其铝色淀的应用范围及最大使用量（以赤藓红计）：在肉灌肠类、肉罐头类中的最大使用量为0.015g/kg；在熟制坚果与籽类（仅限油炸坚果与籽类）、膨化食品中的最大使用量为0.025g/kg；在蜜饯类、凉果类、可可制品、巧克力和巧克力制品（包括代可可脂巧克力及制品），以及糖果（05.01.01可可制品除外）、糕点上彩装、酿造酱、复合调味料、果蔬汁（浆）类饮料（以即饮状态计，相应的固体饮料按稀释倍数增加使用量）、碳酸饮料（以即饮状态计，相应的固体饮料按稀释倍数增加使用量）、风味饮料（仅限果味饮料，以即饮状态计，相应的固体饮料按稀释倍数增加使用量）、配制酒中的最大使用量为0.05g/kg；在装饰性果蔬中的最大使用量为0.1g/kg。

4. 诱惑红及铝色淀（CNS编码：08.012；ISN编码：129）

（1）性状。诱惑红又称为食用赤色40号，为水溶性偶氮类着色剂。诱惑红为深红色均匀粉末，无臭；溶于水，可溶于甘油与丙二醇，微溶于乙醇，不溶于油脂；溶于水呈微带黄色的红色溶液；耐光、耐热性强，耐碱及耐氧化还原性差。

（2）性能。诱惑红稳定性优良，被广泛用于食品、饮料、药品、食品包装材料等的着色。

（3）毒性。LD_{50}为每千克体重10g（小鼠，经口），ADI为每千克体重0~7mg（FAO/WHO，1994）。

（4）应用。GB 2760—2024《食品安全国家标准 食品添加剂使用标准》规定，诱惑红及其铝色淀的应用范围及最大使用量（以诱惑红计）：在肉灌肠类中的最大使用量为0.015g/kg；在西式火腿（熏烤、烟熏、蒸煮火腿）类、果冻（如用于果冻粉，按冲调倍数增加使用量）中的最大使用量为0.025g/kg；在固体复合调味料中的最大使用量为0.04g/kg；在装饰性果蔬、糕点上彩装、肉制品的可食用动物肠衣类、配制酒（仅限使用诱惑红）、胶原蛋白肠衣中的最大使用量为0.05g/kg；在冷冻饮品（03.04食用冰除外）、水果干类（仅限苹果干，用于燕麦片调色调香载体）、即食谷物［包括碾轧燕麦（片）（仅限可可玉米片）］中的最大使用量为0.07g/kg；在熟制豆类、加工坚果与籽类、焙烤食品馅料及表面用挂浆（仅限饼干夹心）、饮料类［14.01包装饮用水、14.02.01果蔬汁（浆）、14.02.02浓缩果蔬汁（浆）除外，以即饮状态计，相应的固体饮料按稀释倍数增加使用量］、膨化食品（仅限使用诱惑红）中的最大使用量为0.1g/kg；在粉圆中的最大使用量为0.2g/kg、在可可制品、巧克力和巧克力制品（包括代可可脂巧克力及制品）以及糖果、调味糖浆中的最大使用量为0.3g/kg；在半固体复合调味料（12.10.02.01蛋黄酱、沙拉酱除外）中的最大使用量为0.5g/kg。

5. 酸性红（CNS编码：08.013；ISN编码：122）

（1）性状。酸性红别名偶氮玉红、二蓝光酸性红、淡红、C.I.食用红色3号，为水溶性偶氮类着色剂。其为红色粉末或颗粒，溶于水，微溶于乙醇；通过重氮化4-氨基萘磺酸和4-羟基萘磺酸之间的偶合反应制得。

（2）性能。酸性红着色性能较好，尤其是着色牢固度非常高。

（3）毒性。LD_{50}大于每千克体重10g（小鼠，经口），ADI为每千克体重0~54mg（FAO/WHO，1994）。

（4）应用。GB 2760—2024《食品安全国家标准 食品添加剂使用标准》规定，酸性的红的应用范围及最大使用量：在冷冻饮品（03.04食用冰除外）、可可制品、巧克力和巧克力制品（包括代可可脂巧克力及制品）以及糖果、焙烤食品馅料及表面用挂浆（仅限饼干夹心）中的最大使用量为0.05g/kg。

6. 柠檬黄及其铝色淀（CNS编码：08.005；ISN编码：102）

（1）性状。柠檬黄又称为酒石黄、酸性淡黄，为水溶性偶氮类着色剂。柠檬黄为橙黄色粉末；耐酸性、耐热性、耐盐性、耐光性均好，但耐氧化还原性较差；遇碱稍变红，还原时褪色。

（2）性能。柠檬黄是着色剂中最稳定的一种，可与其他合成色素复合使用，调色性能优良，易着色，坚牢度高。

（3）毒性。LD$_{50}$为每千克体重 12.75g（小鼠，经口）、2g（大鼠，经口），ADI 为每千克体重 0~7.5mg（FAO/WHO，1994）。

（4）应用。GB 2760—2024《食品安全国家标准 食品添加剂使用标准》规定，柠檬黄及其铝色淀的应用范围及最大使用量（以柠檬黄计）：在蛋卷中的最大使用量为 0.04g/kg；在风味发酵乳、调制炼乳（包括加糖炼乳及用了非乳原料的调制炼乳等）、冷冻饮品（03.04 食用冰除外）、焙烤食品馅料及表面用挂浆（仅限风味派馅料，仅限使用柠檬黄）、焙烤食品馅料及表面用挂浆（仅限饼干夹心）、果冻（如用于果冻粉，按冲调倍数增加使用量）中的最大使用量为 0.05g/kg；在谷类和淀粉类甜品（如米布丁、木薯布丁，如用于布丁粉，则按冲调倍数增加使用量）中的最大使用量为 0.06g/kg；在即食谷物，包括碾轧燕麦（片）中的最大使用量为 0.08g/kg；在蜜饯、装饰性果蔬、腌渍的蔬菜、腌渍的食用菌和藻类、熟制豆类、加工坚果与籽类、可可制品、巧克力和巧克力制品（包括代可可脂巧克力及制品）以及糖果（05.01.01 除外）、虾味片、糕点上彩装、香辛料酱（如芥末酱、青芥酱）、饮料类〔14.01 包装饮用水、14.02.01 果蔬汁（浆）、14.02.02 浓缩果蔬汁（浆）除外，以即饮状态计，相应的固体饮料按稀释倍数增加使用量〕、配制酒、膨化食品（仅限使用柠檬黄）中的最大使用量为 0.1g/kg；在液体复合调味料中的最大使用量为 0.15g/kg；在粉圆、固体复合调味料中的最大使用量为 0.2g/kg；在除胶基糖果以外的其他糖果、面糊（如用于鱼和禽肉的拖面糊）、裹粉、煎炸粉、焙烤食品馅料及表面用挂浆（仅限布丁、糕点用馅料及表面用挂浆）、其他调味糖浆中的最大使用量为 0.3g/kg；在果酱、水果调味糖浆、半固体复合调味料中的最大使用量为 0.5g/kg。

7. 日落黄及其铝色淀（CNS 编码：08.006；ISN 编码：110）

（1）性状。日落黄又称为橘黄、食用色素黄 5 号，为水溶性偶氮类着色剂。日落黄为橙色的颗粒或粉末，对光、热和酸都很稳定，唯遇碱呈红褐色，还原时褪色。

（2）性能。日落黄稳定，可与其他合成色素复合使用，调色性能优良；易着色，着色牢固度高。

（3）毒性。LD$_{50}$为每千克体重 2.0g（小鼠，经口）、大于每千克体重 2.0g（大鼠，经口），ADI 为每千克体重 0~2.5mg（FAO/WHO，1994）。

（4）应用。GB 2760—2024《食品安全国家标准 食品添加剂使用标准》规定，日落黄及其铝色淀的应用范围及最大使用量（以日落黄计）：在谷类和淀粉类甜品（如米布丁、木薯布丁，如用于布丁粉，则按冲调倍数增加使用量）中的最大使用量为 0.02g/kg；在果冻（如用于果冻粉，则按冲调倍数增加使用量）中的最大使用量为 0.025g/kg；在调制乳、风味发酵乳、调制炼乳（包括加糖炼乳及使用了非乳原料的调制炼乳等）、含乳饮料中的最大使用量为 0.05g/kg；在冷冻饮品（03.04 食用冰除外）中的最大使用量为 0.09g/kg；在水果罐头（仅限西瓜酱罐头）、蜜饯、熟制豆类、加工坚果与籽类、可可制品、巧克力和巧克力制品（包括代可可脂巧克力及制品）以及糖果（05.01.01、05.04 除外）、虾味片、糕点上彩装、焙烤食品馅料及表面用挂浆（仅限饼干夹心）、果蔬汁（浆）饮料、乳酸菌饮料、植物蛋白饮料、碳酸饮料、特殊用途饮料、风味饮料、配制酒、膨化食品（仅限使用日落黄）中的最大使用量为 0.1g/kg；在装饰性果蔬、粉圆、鱼子制品（仅限使用日落黄）、复合调味料中的最大使用量为 0.2g/kg；在巧克力和巧克力制品、除 05.01.01 以外的可可制品、除胶基糖果以外的其他糖果、糖果和巧克力制品包衣、面糊（如用于鱼和禽肉的拖面糊）、裹粉、煎炸粉、焙烤食品馅料及表面用挂浆（仅限布丁、糕点用馅料及表面用挂浆）、其他调味糖浆中的最大使用量为 0.3g/kg；在果酱、水果调味糖浆、半固体复合调味料中的最大使用量为 0.5g/kg；在固体饮料中的最大使用量为 0.6g/kg。

8. 靛蓝及其铝色淀（CNS 编码：08.008；ISN 编码：132）

（1）性状。靛蓝又称为酸性靛蓝、磺化靛蓝，为水溶性非偶氮类着色剂。靛蓝为蓝色粉末，无臭，0.05% 水溶液呈深蓝色；对光、热、酸、碱、氧化都很敏感，耐盐性及耐细菌性亦较差，还原时褪色，但着色性能好。靛蓝色泽比亮蓝暗，稳定性、溶解性较差，实际应用较少。

（2）性能。靛蓝易着色，有独特的色调。

（3）毒性。LD_{50} 为每千克体重 2.5g（小鼠，经口）、大于每千克体重 2g（大鼠，经口），ADI 为每千克体重 0 ~ 2.5mg。

（4）应用。GB 2760—2024《食品安全国家标准 食品添加剂使用标准》规定，靛蓝及其铝色淀的应用范围及最大使用量（以靛蓝计）：在腌渍的蔬菜中的最大使用量为 0.01g/kg；在熟制坚果与籽类（仅限油炸坚果与籽类）、膨化食品（仅限使用靛蓝）中的最大使用量为 0.05g/kg；在蜜饯类、凉果类、可可制品、巧克力和巧克力制品（包括代可可脂巧克力及制品），以及糖果（05.01.01 可可制品除外）、糕点上彩装、焙烤食品馅料及表面用挂浆（仅限饼干夹心）、果蔬汁（浆）饮料（以即饮状态计，相应的固体饮料按稀释倍数增加使用量）、碳酸饮料（以即饮状态计，相应的固体饮料按稀释倍数增加使用量）、风味饮料（仅限果味饮料，以即饮状态计，相应的固体饮料按稀释倍数增加使用量）、配制酒中的最大使用量为 0.1g/kg；在装饰性果蔬中的最大使用量为 0.2g/kg；在除胶基糖果以外的其他糖果中的最大使用量为 0.3g/kg。

9. 亮蓝及其铝色淀（CNS 编号：08.007；ISN 编号：133）

（1）性状。亮蓝又称为 C.I. 食用蓝色 2 号，属水溶性非偶氮类着色剂。亮蓝为有金属光泽的深紫色至青铜色颗粒或粉末，无臭；耐光性、耐热性、耐酸性、耐盐性和耐微生物性均很好，耐碱性和耐氧化还原性也好。亮蓝因色度极强，故用量小，且通常与其他着色剂并用。

（2）性能。亮蓝的色度极强，通常与其他着色剂配合使用。

（3）毒性。LD_{50} 大于每千克体重 2.0g（大鼠，经口），ADI 为每千克体重 0 ~ 12.5mg（FAO/WHO，1994）。

GB 1886.217—2016
《食品安全国家标准
食品添加剂 亮蓝》

（4）应用。GB 2760—2024《食品安全国家标准 食品添加剂使用标准》规定，亮蓝及其铝色淀的应用范围及最大使用量（以亮蓝计）：在香辛料及粉、香辛料酱（如芥末酱、青芥酱）中的最大使用量为 0.01g/kg；在即食谷物，包括碾轧燕麦（片）（仅限可可玉米片）中的最大使用量为 0.015g/kg；在饮料类〔14.01 包装饮用水、14.02.01 果蔬汁（浆）、14.02.02 浓缩果蔬汁（浆）除外〕中的最大使用量为 0.02g/kg；在风味发酵乳、调制炼乳（包括加糖炼乳及使用了非乳原料的调制炼乳等）、冷冻饮品（03.04 食用冰除外）、蜜饯类、凉果类、腌渍的蔬菜、腌渍的食用菌和藻类、熟制豆类、加工坚果与籽类、虾味片、糕点上彩装、焙烤食品馅料及表面用挂浆（仅限饼干夹心）、调味糖浆、果蔬汁（浆）饮料、含乳饮料、碳酸饮料、风味饮料（仅限果味饮料）、配制酒、果冻（如用于果冻粉，按冲调倍数增加使用量）中的最大使用量为 0.025g/kg；在熟制坚果与籽类（仅限油炸坚果与籽类）、焙烤食品馅料及表面用挂浆（仅限风味派馅料，仅限使用亮蓝）、膨化食品（仅限使用亮蓝）中的最大使用量为 0.05g/kg；装饰性果蔬、粉圆中的最大使用量为 0.1g/kg；在鱼子制品（仅限使用亮蓝）、固体饮料中的最大使用量为 0.2g/kg；在可可制品、巧克力和巧克力制品（包括代可可脂巧克力及制品）以及糖果中的最大使用量为 0.3g/kg；在果酱、水果调味糖浆、半固体复合调味料中的最大使用量为 0.5g/kg。

10. 二氧化钛（CNS 编码：08.011；ISN 编码：171）

（1）性状。二氧化钛又称钛为白、C.I. 食用白色 6 号，属水溶性非偶氮类着色剂。二氧化钛是白色无定形粉末，无臭、无味；不溶于水、盐酸、稀硫酸、乙醇及其他有机溶剂，缓慢溶于氢氟酸和热浓硫酸。

（2）性能。食品级二氧化钛与其他食用色素调配，可让色泽更柔和；用于食品增白和调色，主要作用是提高食品的光泽度和白度。

（3）毒性。LD_{50} 大于每千克体重 12g（大鼠，经口），FDA 将其列为 GRAS 物质。食品级二氧化钛经动物试验证明安全性高，ADI 未作规定。

（4）应用。GB 2760—2024《食品安全国家标准 食品添加剂使用标准》规定，二氧化钛的应用范围及最大使用量：在其他杂粮制品（仅限脱水马铃薯制品）、蛋黄酱、沙拉酱中的最大使用量为 0.5g/kg；在可可制品、巧克力和巧克力制品，包括代可可脂巧克力及制品中的最大使用量为 2.0g/kg；在其他制品（仅限魔芋凝胶制品）中的最大使用量为 2.5g/kg；在果酱、胶基糖果、装饰糖果（如工艺造型，或用于蛋糕装饰）、顶饰（非水果材料）和甜汁、调味糖浆中的最大使用量为 5.0g/kg；在蜜饯类、凉果类、话化类、熟制坚果与籽类（仅限油炸坚果与籽类）、除胶基糖果以外的其他糖果、果冻（如用于果冻粉，则按冲调倍数增加使用量）、膨化食品中的最大使用量为 10.0g/kg；在糖果和巧克力制品包衣、固体饮料、胶原蛋白肠衣中按生产需要适量使用。

（二）天然色素

1. 焦糖色（普通法、亚硫酸铵法、加氨生产、苛性硫酸盐；CNS 编码：08.108，08.109，08.110，08.151；INS 编码：150a，150d，150c，150b）

（1）性状。焦糖色又称为焦糖或酱色，由糖类物质在高温下脱水、分解和聚合而成，为许多不同化合物的复杂混合物。其为深褐色或黑色液体或固体，稀释一定浓度的水溶液为红棕色；溶于水；有特殊的甜香气和愉快的焦苦味；对光和热稳定；具有胶体性质，在一般条件下带有少量电荷，使用时应特别注意与加用食品的关系，选用不当可产生浑浊，影响使用效果。其 pH 值依制造方法不同而异，等电点一般为 3～4.5。用于饮料的焦糖色，等电点为 2.5～3.5；用于酱油、醋等的焦糖色，等电点为 3.5～5。由于所用催化剂不同，可将焦糖色分为 4 种不同产品。

①普通焦糖色：用或不用酸或碱加热制得的焦糖色。所用酸是硫酸、亚硫酸、磷酸、乙酸或柠檬酸，所用碱是氢氧化钠、氢氧化钾、氢氧化钙等。

②苛性硫酸盐焦糖色：在有亚硫酸盐而无铵盐的条件下，用碱加热制得的焦糖色。

③氨法焦糖色：在有氨类化合物而无亚硫酸盐的条件下，用或不用酸或碱加热制得的焦糖色。

④亚硫酸铵焦糖色：在亚硫酸盐和铵类化合物二者的作用下，用或不用酸或碱制得的焦糖色。我国批准使用①②④这三种。

（2）性能。焦糖色色调受 pH 值、大气影响。

（3）毒性。普通焦糖色安全性高，其 ADI 不作限制规定（FAO/WHO，1994）；苛性硫酸盐焦糖色 ADI 为每千克体重 0～160mg（FAO/WHO，2000）；氨法焦糖色和亚硫酸铵焦糖色 LD_{50} 大于或等于每千克体重 1.9g（大鼠，经口），ADI 为每千克体重 0～200mg（FAO/WHO，1994）。

（4）应用。GB 2760—2024《食品安全国家标准 食品添加剂使用标准》规定，焦糖色的应用范围及最大使用量如下。

①焦糖色（普通法）：在果酱中的最大使用量为 1.5g/kg；在膨化食品中的最大使用量 2.5g/kg；在调制炼乳（包括加糖炼乳及使用了非乳原料的调制炼乳等）、冷冻饮品（03.04 食用冰除外）、豆干再制品、可可制品、巧克力和巧克力制品（包括代可可脂巧克力及制品）以及糖果、即食谷物，包括碾轧燕麦（片）、面糊（如用于鱼和禽肉的拖面糊）、裹粉、煎炸粉、饼干、焙烤食品馅料及表面用挂浆（仅限风味派馅料）、调理肉制品（生肉添加调理料）、调味糖浆、食醋、酱油、酿造酱、复合调味料、果蔬汁（浆）类饮料（相应的固体饮料也可使用）、含乳饮料（相应的固体饮料也可使用）、其他蛋白饮料（相应的固体饮料也可使用）、风味饮料（仅限果味饮料，相应的固体饮料也可使用）、白兰地、配制酒、调香葡萄酒、黄酒、啤酒和麦芽饮料、果冻（也可用于果冻粉）中，均按生产需要适量使用。

在其他蒸馏酒（仅限龙舌兰酒）中的最大使用量为 1.0g/L；在威士忌、朗姆酒中的最大使用量为 6.0g/L。

②焦糖色（苛性硫酸盐）：在白兰地、威士忌、朗姆酒、配制酒中的最大使用量为 6.0g/L。

③焦糖色（加氨生产）：在食醋中的最大使用量为 1.0g/kg；在果酱中的最大使用量为 1.5g/kg；调制炼乳（包括加糖炼乳及使用了非乳原料的调制炼乳等）、冷冻饮品（03.04 食用冰除外）、含乳饮料（以即饮状态计，相应的固体饮料按稀释倍数增加使用量）中的最大使用量为 2.0g/kg；在风味饮料（仅限果味饮料，以即饮状态计，相应的固体饮料按稀释倍数增加使用量）中的最大使用量为 5.0g/kg；在面糊（如用于鱼和禽肉的拖面糊）、裹粉、煎炸粉中的最大使用量为 12.0g/kg；在果冻（如用于果冻粉，按冲调倍数增加使用量）中的最大使用量为 50.0g/kg。

在其他蒸馏酒（仅限龙舌兰酒）中的最大使用量为 1.0g/L；在威士忌、朗姆酒中的最大使用量为 6.0g/L；在黄酒中的最大使用量为 30.0g/L；在白兰地、配制酒、调香葡萄酒、啤酒和麦芽饮料中的最大使用量为 50.0g/L。

在可可制品、巧克力和巧克力制品（包括代可可脂巧克力及制品）及糖果、粉圆、即食谷物［包括碾轧燕麦（片）］、饼干、调味糖浆、酱油、酿造酱、复合调味料、果蔬汁（浆）类饮料（相应的固体饮料也可使用）中，均按生产需要适量使用。

④焦糖色（亚硫酸铵法）：在咖啡（类）饮料、植物饮料中的最大使用量为 0.1g/kg；

在调制炼乳（包括加糖炼乳及使用了非乳原料的调制炼乳等）中的最大使用量为 1.0g/kg；在冷冻饮品（03.04 食用冰除外）、含乳饮料中的最大使用量为 2.0g/kg；在面糊（如用于鱼和禽肉的拖面糊）、裹粉、煎炸粉、即食谷物 ［包括碾轧燕麦（片）］中的最大使用量为 2.5g/kg；在焙烤食品馅料及表面用挂浆（仅限风味派馅料）中的最大使用量为 7.5g/kg；在酿造酱、料酒及制品、茶（类）饮料中的最大使用量为 10.0g/kg；在饼干、复合调味料中的最大使用量为 50.0g/kg。

在其他蒸馏酒（仅限龙舌兰酒）中的最大使用量为 1.0g/L；在威士忌、朗姆酒中的最大使用量为 6.0g/L；在黄酒中的最大使用量为 30.0g/L；在白兰地、配制酒、调香葡萄酒、啤酒和麦芽饮料中的最大使用量为 50.0g/L。

在可可制品、巧克力和巧克力制品（包括代可可脂巧克力及制品）以及糖果、酱油、果蔬汁（浆）类饮料、碳酸饮料、风味饮料（仅限果味饮料）、固体饮料类中，按生产需要适量使用。

2. 红曲米，红曲红（CNS 编号：08.119，08.120）

（1）性状。红曲红又称为红曲色素，属于聚酮类色素，目前共发现 10 余种已知结构的红曲色素成分，具有应用价值的主要是其中的 6 种醇溶性色素，分为红色（红曲斑素、红曲红素）、黄色（红曲素、红曲黄素）、紫色（红斑胺、红曲红胺）。红曲米为棕红色不规则碎末或整粒米，断面呈粉红色，质轻而脆，稍有酸味气，可溶于热水、酸、碱溶液；对酸、碱、盐等稳定；经阳光直射可褪色；水溶液最大吸收波长为 490nm，乙醇溶液最大吸收波长为 470nm。

（2）性能。红曲红对蛋白质着色性能极好，一旦染着，虽经水洗仍不掉色。

（3）毒性。LD_{50} 大于每千克体重 10g（小鼠，经口）（粉末状色素）、大于每千克体重 20g（大鼠，经口）（结晶状色素）。红曲红安全性高，无致突变作用，其 ADI 无须规定。

（3）应用。GB 2760—2024《食品安全国家标准 食品添加剂使用标准》规定，红曲米/红曲红的应用范围及最大使用量：在风味发酵乳中的最大使用量为 0.8g/kg；在糕点中的最大使用量为 0.9g/kg；在焙烤食品馅料及表面用挂浆中的最大使用量为 1.0g/kg；在调制乳、调制炼乳（包括加糖炼乳及使用了非乳原料的调制炼乳等）、冷冻饮品（03.04 食用冰除外）、果酱、腌渍的蔬菜、蔬菜泥（酱），番茄沙司除外、新型豆制品（大豆蛋白及其膨化食品、大豆素肉等）、腐乳类、熟制坚果与籽类（仅限油炸坚果与籽类）、糖果、装饰糖果（如工艺造型，或用于蛋糕装饰）、顶饰（非水果材料）和甜汁、方便米面制品、粮食制品馅料、饼干、腌腊肉制品类（如咸肉、腊肉、板鸭、中式火腿、腊肠）、熟肉制品、蛋制品（改变其物理性状）［10.03.01 脱水蛋制品（如蛋白粉、蛋黄粉、蛋白片）、10.03.03 蛋液与液态蛋除外］、其他蛋制品、调味糖浆、调味品（12.01 盐及代盐制品、12.09 香辛料类除外）、果蔬汁（浆）类饮料、蛋白饮料、碳酸饮料、固体饮料、风味饮料（仅限果味饮料）、配制酒、果冻（也可用于果冻粉）、膨化食品中，按生产需要适量使用。

3. 姜黄素 ［CNS 编码：08.132；ISN 编码：100（i）］

（1）性状。姜黄素又称为姜黄色素，是多年生草本植物姜黄的块茎中所含的黄色色素，为植物界稀少的具有二酮结构的化合物色素，占姜黄的 3% ~6% 。姜黄素为橙黄色结晶性粉末，具有姜黄特有的香辛气味；溶于水，使用时先用少量 95% 乙醇溶解后，再加水配制成所需浓度溶液，如要用于透明饮料，可先将本品乳化后再使用；中性或酸性条件下呈黄色，碱性条件下呈红褐色；对光敏感，应注意避光保存，日光照射使黄色迅速变浅，但不影响色调；对热稳定；与金属离子，尤其是铁离子可以结合成螯合物，导致变色；易受氧化而变色；耐氧化还原性好；着色力强，尤其对蛋白质着色力强。

（2）性能。姜黄素具有着色力强、色泽鲜艳、热稳定性好的特点。

（3）毒性。LD_{50} 大于每千克体重 2g（小鼠，经口），ADI 暂定为每千克体重 0 ~ 3mg（JECFA，2003）。

（4）应用。GB 2760—2024《食品安全国家标准 食品添加剂使用标准》规定，姜黄素素的应用范围及最大使用量：在可可制品、巧克力和巧克力制品（包括代可可脂巧克力及制品）以及糖果、碳酸饮料（以即饮状态计，相应的固体饮料按稀释倍数增加使用量）、果冻（如用于果冻粉，按冲调倍数增加使用量）中的最大使用量为 0.01g/kg；在复合调味料中的最大使用量为 0.1g/kg；在冷冻饮品（03.04 食用冰除外）中的最大使用量为 0.15g/kg；在面糊（如用于鱼和禽肉的拖面糊）、裹粉、煎炸粉中的最大使用量为 0.3g/kg；在装饰糖果（如工艺造型，或用于蛋糕装饰）、顶饰（非水果材料）和甜汁、方便米面制品、调味糖浆中的最大使用量为 0.5g/kg；在糖果中的最大使用量为 0.7g/kg；在熟制坚果与籽类（仅限油炸坚果与籽类）、粮食制品馅料、膨化食品中，按生产需要适量使用。

4. β-胡萝卜素 ［CNS 编码：08.010；ISN 编码：160a（ⅰ），160a（ⅲ），160a（ⅳ）］

（1）性状。β-胡萝卜素是胡萝卜素中的一种最普通的异构体，除作为着色剂使用外，还具有食品营养强化作用。其以异戊二烯残基为单元组成的共轭双键，属多烯色素；为紫红色或暗红色晶体粉末；不溶于水，溶于乙醇溶液；对光、热、氧不稳定，不耐酸，但对弱碱性比较稳定，不受抗坏血酸等还原剂的影响，重金属离子，尤其是铁离子可促使褪色。

（2）性能。β-胡萝卜素稀溶液呈橙黄或黄色，浓度增高时呈橙色至橙红色；对油脂性食品的着色性良好，但容易氧化，应密闭置于冷处保存。

（3）毒性。LD_{50} 为每千克体重 21.5g（小鼠，经口）、大于每千克体重 8g（油溶液，狗，经口），ADI 无特殊规定（FAO/WHO，1994），属于 GRAS 产品（FDA，2000）。

（4）应用。GB 2760—2024《食品安全国家标准 食品添加剂使用标准》规定，β-胡萝卜素的应用范围及最大使用量：在稀奶油（淡奶油）及其类似品（01.05.01 稀奶油除外）、调理肉制品（生肉添加调理料）、熟肉制品中的最大使用量为 0.02g/kg；在调味糖浆中的最大使用量为 0.05g/kg；在其他油脂或油脂制品（仅限植脂末）中的最大使用量为 0.065g/kg；在膨化食品、可可制品、巧克力和巧克力制品（包括代可可脂巧克力及制品）、装饰性果蔬中的最大使用量为 0.1g/kg；在腌渍的食用菌和藻类、腌渍的蔬菜中的最大使用量为 0.132g/kg；在其他蛋制品中的最大使用量为 0.15g/kg；在食用菌和藻类罐头、蔬菜罐头、发酵的水果制品、干制蔬菜中的最大使用量为 0.2g/kg；在即食谷物，包括碾轧燕麦（片）中的最大使用量为 0.4g/kg；在除 04.01.02.05 以外的果酱（如印度酸辣酱）、水产品罐头、糖果中的最大使用量为 0.5g/kg；在发酵酒（15.03.01 葡萄酒除外）、非熟化干酪中的最大使用量为 0.6g/kg；在调制乳、风味发酵乳、调制乳粉和调制奶油粉、熟化干酪、再制干酪及干酪制品、干酪类似品、以乳为主要配料的即食风味食品或其预制产品（不包括冰淇淋和风味发酵乳）、水油状脂肪乳化制品（02.02.01.01 黄油和浓缩黄油除外）、02.02 类以外的脂肪乳化制品［包括混合的和（或）调味的脂肪乳化制品］、脂肪类甜品、冷冻饮品（03.04 食用冰除外）、醋、油或盐渍水果、水果罐头、果酱、蜜饯、水果甜品（包括果味液体甜品）、蔬菜泥（酱）（番茄沙司除外）、其他加工蔬菜、其他加工食用菌和藻类、加工坚果与籽类、油炸面制品、杂粮罐头、方便米面制品、冷冻米面制品、谷类和淀粉类甜品（如米布丁、木薯布丁）、粮食制品馅料、面糊（如用于鱼和禽肉的拖面糊）、裹粉、煎炸粉、焙烤食品、冷冻水产糜及其制品（包括冷冻丸类产品等）、预制水产品（半成品）、熟制水产品（可直接食用）、蛋制品（改变其物理性状）［10.03.01 脱水蛋制品（如蛋白粉、蛋黄粉、蛋白片）、10.03.03 蛋液与液态蛋除外］、液体复合调味料、植物饮料（以即饮状态计，相应的固体饮料按稀释倍数增加使用量）、果冻（如用于果冻粉，则按冲调倍数增加使用量）中的最大使用量为 1.0g/kg；在固体复合调味料、半固体复合调味料、果蔬汁（浆）类饮料（以即饮状态计，相应的固体饮料按稀释倍数增加使用量）、蛋白饮料类（以即饮状态计，相应的固体饮料按稀释倍数增加使用量）、碳酸饮料（以即饮状态计，相应的固体饮料按稀释倍数增加使用量）、茶（类）饮料（以即饮状态计，相应的固体饮料按稀释倍数增加使用量）、咖啡（类）饮料（以即饮状态计，相应的固体饮料按稀释倍数增加使用量）、特殊用途饮料（以即饮状态计，相应的固体饮料按稀释倍数增加使用量）、风味饮料（以即饮状态计，相应的固体饮料按稀释倍数增加使用量）中的最大使用量为 2.0g/kg；在肉制品的可食用动物肠衣类中的最大使用量为 5.0g/kg；在装饰糖果（如工艺造型，或用于蛋糕装饰）、顶饰（非水果材料）和甜汁、糖果和巧克力制品包衣中的最大使用量为 20.0g/kg。

5. 辣椒红［CNS 编码：08.106；ISN 编码：160c（ii）］

（1）性状。辣椒红又名辣椒红色素，其主要着色成分是呈紫红色的辣椒红素和呈橙红色的辣椒玉红素，一般混合后可采用一定的分离方法将其分离开来，属于类胡萝卜素。辣椒红为深红色黏性油状液体或晶体粉末；不溶于水，可任意溶于食用油中；耐光性差，紫外光可促进其褪色，应尽量避光；Fe^{3+}、Cu^{2+}、Co^{2+} 等重金属可使其褪色；着色力强，色调随稀释浓度不同而呈浅黄色至橙红色。

（2）性能。辣椒红耐酸性好，乳化分散性好，耐热性好；应用于经高温处理的肉类食品时具有良好的着色效果。

（3）毒性。LD_{50} 大于或等于每千克体重 75mL（小鼠，经口，雄性，油溶性色素）、大于或等于每千克体重 50mL（小鼠，腹腔注射，雄性，油溶性色素）。ADI 未作规定。

（4）应用。GB 2760—2024《食品安全国家标准 食品添加剂使用标准》规定，辣椒红的应用范围及最大使用量：在糕点中的最大使用量为 0.9g/kg；在焙烤食品馅料及表面用挂浆中的最大使用量为 1.0g/kg；在冷冻米面制品中的最大使用量为 2.0g/kg；在冷冻饮品（03.04 食用冰除外）、腌渍的蔬菜、腌渍的食用菌和藻类、豆干类、豆干再制品、新型豆制品（大豆蛋白及其膨化食品、大豆素肉等）、熟制坚果与籽类（仅限油炸坚果与籽类）、可可制品、巧克力和巧克力制品（包括代可可脂巧克力及制品）、糖果、方便米面制品、粮食制品馅料、调理肉制品（生肉添加调理料）、面糊（如用于鱼和禽肉的拖面糊）、裹粉、煎炸粉、糕点上彩装、饼干、腌腊肉制品类（如咸肉、腊肉、板鸭、中式火腿、腊肠）、熟肉制品、冷冻鱼糜制品（包括冷冻丸类产品等）、熟制水产品（可直接食用）、调味品〔12.01 盐及代盐制品、12.09.01 香辛料及粉、12.09.03 香辛料酱（如芥末酱、青芥酱）、12.09.04 其他香辛料加工品类除外〕、果蔬汁（浆）类饮料（相应的固体饮料也可使用）、蛋白饮料（相应的固体饮料也可使用）、果冻（也可用于果冻粉）、膨化食品、其他（仅限魔芋凝胶制品）中，按生产需要适量使用。

6. 栀子黄（CNS 编码：08.112；ISN 编码：164）

（1）性状。栀子黄属类胡萝卜素系列，又称为黄栀子、藏花素、藏花酸，是从茜草科植物栀子的果实中用水或乙醇提取的黄色色素，其主要着色物质为藏红花素，是一种罕见的水溶性胡萝卜素。栀子黄为黄色至橙黄色结晶粉末；易溶于水，不溶于油脂；色调不随 pH 值的变化而变化；应避免在酸性条件下使用，否则可能发生褐变等；耐金属离子、耐光性、耐热性、耐盐性、耐氧化还原性、耐微生物性均较好，但是与铁离子会变黑，因此应避免使用铁容器，以免变黑。

（2）性能。栀子黄在偏碱性环境中黄色色调鲜明，对蛋白质及淀粉着色效果好，对亲水性食品有良好的染着力。

（3）毒性。LD_{50} 为每千克体重 22g（小鼠，经口，日本大阪工业试验所，1947）、4.64g（大鼠，经口，雄性）、3.16g（大鼠，经口，雌性）大于每千克体重 2g（小鼠，经口，南京野生植物综合利用研究所，1986）。ADI 未作规定。栀子黄有弱蓄积性，无致突变性。

（4）应用。GB 2760—2024《食品安全国家标准 食品添加剂使用标准》规定，栀子黄的应用范围及最大使用量：在冷冻饮品（03.04 食用冰除外）、蜜饯类、凉果类、坚果与籽类罐头、可可制品、巧克力和巧克力制品（包括代可可脂巧克力及制品），以及糖果、生干面制品、果蔬汁（浆）类饮料、风味饮料（仅限果味饮料）、配制酒、果冻（如用于果冻粉，按冲调倍数增加使用量）、膨化食品中的最大使用量为 0.3g/kg；在糕点中的最大使用量为 0.9g/kg；在生湿面制品（如面条、饺子皮、馄饨皮、烧卖皮）、焙烤食品馅料及表面用挂浆中的最大使用量为 1.0g/kg；在人造黄油（人造奶油）及其类似制品（如黄油和人造黄油混合品）、腌渍的蔬菜、熟制坚果与籽类（仅限油炸坚果与籽类）、方便米面制品、粮食制品馅料、饼干、熟肉制品（仅限禽肉熟制品）、调味品（12.01 盐及代盐制品、12.09 香辛料类除外）、固体饮料中的最大使用量为 1.5g/kg。

7. 甜菜红（CNS 编码：08.101；ISN 编码：162）

（1）性状。甜菜红又名甜菜根红，是从食用甜菜根中提取的红色素。其由红色的甜菜花青（主要成分为甜菜红苷，占红色素的 75%～95%）和黄色的甜菜花黄素组成；为紫红色粉末；易溶于水，水溶液呈红色至红紫色，在波长 535nm 附近有最大吸收；中性偏酸性稳定，在 pH 值为 3.0～7.0 时较稳定，其中在 pH 值为 4.0～5.0 时稳定性最好；在碱性条件下呈黄色；耐热性差，不宜用于高温加工食品，用于冰淇淋等冷食较好；光和氧可促进降解，金属离子影响一般较小，但 Fe^{3+}、Cu^{2+} 含量高时可发生褐变。抗坏血酸对甜菜红有一定的保护作用。

（2）性能。甜菜红对食品的着色性能好，较稳定，主要用于高蛋白食品，如家禽肉肠、大豆蛋白产品、明胶点心和乳制品。

（3）毒性。LD_{50} 大于每千克体重 10g（大鼠，经口），甜菜红安全性高，ADI 无须规定（FAO/WHO，1994）。

（4）应用。GB 2760—2024《食品安全国家标准 食品添加剂使用标准》规定，甜菜红色素在各类食品（表 A. 2 中编号为 1~68 的食品类别除外）中，按生产需要适量使用。

8. 红花黄（CNS 编码：08. 103）

（1）性状。红花黄中所含的黄色色素是从菊科植物红花的花瓣中提取、浓缩干燥而得；为黄色或棕黄色粉末；易溶于水，0.02% 水溶液呈鲜艳黄色，随色素浓度增加，色调由黄色转向橙黄色；在酸性溶液中为黄色，在碱性溶液中为橙黄色；水溶液的耐热性、耐氧化还原性、耐盐性、耐细菌性等均较好，但耐光性较差；水溶液遇钙、锡、镁、铜、铅等离子会褪色或变色，遇铁离子可变黑；对淀粉的着色性能好，对蛋白质的着色能力较差；用于液体饮料时，可与抗坏血酸合用，以提高色素的耐光和耐热性。

（2）性能。红花黄的稳定性主要表现在其水溶性好、热稳定性好、金属离子对其的影响等方面；尤其适合酸性食品的着色加工，可用作清凉饮料、冷饮、色酒、蜜饯的着色剂。

（3）毒性。LD_{50} 大于或等于每千克体重 20g/kg 体重（小鼠，经口），安全性高，ADI 无须规定。

（4）应用。GB 2760—2024《食品安全国家标准 食品添加剂使用标准》规定，红花黄的应用范围及最大使用量：在水果罐头、蜜饯、装饰性果蔬、蔬菜罐头、糖果、杂粮罐头、糕点上彩装、果蔬汁（浆）类饮料（以即饮状态计，相应的固体饮料按稀释倍数增加使用量）、碳酸饮料（以即饮状态计，相应的固体饮料按稀释倍数增加使用量）、风味饮料（仅限果味饮料，以即饮状态计，相应的固体饮料按稀释倍数增加使用量）、配制酒、果冻（如用于果冻粉，则按冲调倍数增加使用量）中的最大使用量为 0.2g/kg；在冷冻饮品（03.04 食用冰除外）、腌渍的蔬菜、熟制坚果与籽类（仅限油炸坚果与籽类）、方便米面制品、粮食制品馅料、腌腊肉制品类（如咸肉、腊肉、板鸭、中式火腿、腊肠）、调味品（12.01 盐及代盐制品、12.09 香辛料类除外）、膨化食品中的最大使用量为 0.5g/kg。

9. 紫胶红（CNS 编码：08. 104）

（1）性状。紫胶红又称为虫胶红、紫胶红色素，属于植物色素。紫胶红为鲜红色或紫红色粉末或液体；微溶于水；色调随环境 pH 值的变化而变化，pH 值小于 4.0 时呈橙黄色，pH 值为 4.0~5.0 时呈橙红色，pH 值大于 6.0 时呈紫红色；在酸性条件下对热、光都稳定，在强碱性溶液中褪色；对维生素 C 稳定；易受金属离子的影响，特别易受铁离子的影响（变黑）。

（2）性能。色性随 pH 值变化，酸性较好，接近中性较差；适用于不含蛋白质、淀粉的饮料、糖果、果冻等。此外，其对人的口腔黏膜着色力强，会染红口腔及消化道黏膜。

（3）毒性。LD_{50} 为每千克体重 1.8g（大鼠，经口），紫胶红安全性高，ADI 无须规定。

（4）应用。GB 2760—2024《食品安全国家标准 食品添加剂使用标准》规定，紫红胶的应用范围及最大使用量：在果酱、可可制品、巧克力和巧克力制品（包括代可可脂巧克力及制品），以及糖果、焙烤食品馅料及表面用挂浆（仅限风味派馅料）、复合调味料、果蔬汁（浆）类饮料（以即饮状态计，相应的固体饮料按稀释倍数增加使用量）、碳酸饮料（以即饮状态计，相应的固体饮料按稀释倍数增加使用量）、风味饮料（仅限果味饮料，以即饮状态计，相应的固体饮料按稀释倍数增加使用量）、配制酒中的最大使用量为0.5g/kg。

第三节　水分保持剂

水分保持剂 PPT

肉制品的持水性属于十分重要的一项品质指标，因此选择合理的水分保持剂，有效提升肉制品的持水能力也就十分必要。目前，磷酸盐属于比较理想的水分保持剂，在改善肉制品保水性能、提高肉制品稳定性和持水性等方面均发挥着十分重要的作用。

一、定义

水分保持剂是指为了保持食品中的水分而加入的物质。其功能分类代码为15，CNS编码为15.◇◇◇。

二、分类

在食品工业中，磷酸盐是应用最为广泛的水分保持剂，包括正磷酸盐、聚磷酸盐和偏磷酸盐三大类。

三、作用

磷酸盐在肉制品中可保持肉的持水性，增强结着力，保持肉的营养成分及柔嫩性，提高肉的持水性。

（一）pH 值改变作用

添加磷酸盐可提高肉的 pH 值，使其偏离肉蛋白质的等电点（pH5.5），高于肉的等电点，从而使肉的持水性得到提高。

（二）螯合作用

磷酸盐可螯合钙、镁、铁、铜等离子，使肌肉组织中蛋白质与钙、镁离子螯合。

（三）pH 值调节、缓冲作用

各种磷酸盐的 pH 值各不相同（4~12），各种磷酸盐按一定的比例配合可以得到不同 pH 值的缓冲剂，以满足各类食品的酸度调节和稳定需求，其中正磷酸盐的缓冲作用最强。

（四）阴离子效应

磷酸盐中的阴离子为磷酸根离子，能使蛋白质的水溶胶质在脂肪球上形成一种胶膜，还能参与构成蛋白质分子间的离子桥，因此既可防止凝胶形成，又具有极强的分散、胶溶和乳化作用。

（五）其他

磷酸盐还有防止啤酒、饮料混浊的作用；用于鸡蛋外壳的清洗，可防止鸡蛋因清洗而变质；在蒸煮果蔬时，可以稳定果蔬中的天然色素。使用磷酸盐时，应注意钙、磷比例为 1:1.2 较好。

四、常用的水分保持剂

（一）正磷酸盐

常用的正磷酸盐有磷酸钾和磷酸钠。此外，磷酸氢二钠（钾）和磷酸二氢钠（钾）不属于正磷酸盐，但亦在此介绍。

1. 磷酸三钠 [CNS 编码：15.001；ISN 编码：339（iii）]

磷酸三钠别名磷酸钠、正磷酸钠，分子式为 Na_3PO_4。

（1）性状。磷酸三钠为无水物或含 1～12 分子的水合物；结晶品的分子式为 $Na_3PO_4 \cdot 12H_2O \cdot NaOH$；为无色至白色晶体颗粒或粉末；易溶于水，不溶于乙醇；1% 水溶液 pH 值为 11.5～12.0；十二水合物加热至 55～65℃成为十水合物，加热至 65～100℃成为六水合物，加热至 100～212℃成为半水合物，加热至 212℃以上成为无水物。

（2）性能。磷酸三钠在食品中可用作水分保持剂，具有持水、缓冲、乳化、络合金属离子、改善色泽、调整 pH 值和组织结构等作用。磷酸三钠用于肉、鱼等制品能使食品保持新鲜、富有弹性；用于面包、点心，可增强制品的韧性，防止酥条、断条，爽滑润口；还可防止海藻酸等增稠剂脱水收缩或金属离子引起胶凝。此外，磷酸三钠还具有缓冲、乳化作用。

（3）毒性。ADI 为每千克体重 0～70mg，FDA 将其列为 GRAS 物质。

（4）应用。GB 2760—2024《食品安全国家标准 食品添加剂使用标准》规定，磷酸三钠用作水分保持剂、膨松剂、酸度调节剂、稳定剂、凝固剂、抗结剂，其使用范围及最大使用量 [以磷酸根（PO_4^{3-}）计]：在米粉（包括汤圆粉等）、谷类和淀粉类甜品（如米布丁、木薯布丁）（仅限谷类甜品罐头）、预制水产品（半成品）、水产品罐头（可单独或混合使用）中的最大使用量为 1.0g/kg；在杂粮罐头、其他杂粮制品（仅限冷冻薯类制品）中的最大使用量为 1.5g/kg；在熟制坚果与籽类（仅限油炸坚果与籽类）、膨化食品（可单独或混合使用）中的最大使用量为 2.0g/kg；在乳及乳制品（13.0 特殊膳食用食品涉及品种除外）（01.01.01 巴氏杀菌乳、01.01.02 灭菌乳和高温杀菌乳、01.02.01 发酵乳和 01.03.01 乳粉和奶油粉除外）、水油状脂肪乳化制品（02.02.01.01 黄油和浓缩黄油除外）、02.02 类以外的脂肪乳化制品 [包括混合的和（或）调味的脂肪乳化制品]、冷冻饮品（03.04 食用冰除外）、蔬菜罐头、可可制品、巧克力和巧克力制品（包括代可可脂巧克力及制品），以及糖果、小麦粉及其制品（06.03.02.02 生干面制品除外）、杂粮粉、食用淀粉、即食谷物，包括碾轧燕麦（片）、方便米面制品、冷冻米面制品、面糊（如用于鱼和禽肉的拖面糊）、裹粉、煎炸粉、预制肉制品、熟肉制品、冷冻水产品、冷冻水产糜及其制品（包括冷冻丸类产品）、熟制水产品（可直接食用）、热凝固蛋制品（如蛋黄酪、皮蛋肠）、配制酒（可单独或混合使用）中的最大使用量为 5.0g/kg；在饮料类 [14.01 包装饮用水、14.02.01 果蔬汁（浆）、14.02.02 浓缩果蔬汁（浆）除外]（可单独或混合使用，以即饮状态计，相应的固体饮料按稀释倍数增加使用量）中的最大使用量为 5.0g/kg；在果冻（可单独或混合使用，如用于果冻粉，则按冲调倍数增加使用量）中的最大使用量为5.0g/kg；在乳粉和奶油粉、调味糖浆（可单独或混合使用）中的最大使用量为10.0g/kg；在再制干酪及干酪制品（可单独或混合使用）中的最大使用量为14.0g/kg；在焙烤食品（可单独或混合使用）中的最大使用量为15.0g/kg；在其他油脂或油脂制品（仅限植脂末）、复合调味料（可单独或混合使用）中的最大使用量为20.0g/kg；其他固体复合调味料（仅限方便湿面调味料包，可单独或混合使用）中的最大使用量为80.0g/kg。

磷酸三钠在饮料加工工艺的水处理工艺、发酵工艺中具有絮凝剂、发酵用营养物质的功能。

2. 磷酸氢二钠［CNS 编码：15.006；ISN 编码：339（ii）］

磷酸氢二钠的分子式为 $Na_2HPO_4 \cdot nH_2O$。

（1）性状。磷酸氢二钠分为二水合物和无水物。二水合物为无色至白色结晶或结晶性粉末，相对密度为1.52，熔点为34.6℃；易溶于水，不溶于乙醇；水溶液（3.5%）pH值为9.0～9.4；在250℃时分解成焦磷酸钠。无水物为白色粉末，具吸湿性，置于空气中可逐渐成为七水盐。

（2）性能。无水磷酸氢二钠在空气中逐渐吸湿形成七水合物或者与二氧化碳和水反应，生成磷酸二氢钠和磷酸钠。由于其水溶液呈碱性，所以磷酸氢二钠可用于调节乳制品和肉制品的 pH 值以及结着性能，提高乳制品的热稳定性。

（3）毒性。ADI 规定为每千克体重 0～70mg。

（4）应用。GB 2760—2024《食品安全国家标准 食品添加剂使用标准》规定，磷酸氢二钠用作水分保持剂、膨松剂、酸度调节剂、稳定剂、凝固剂、抗结剂，其使用范围及最大使用量同磷酸三钠。

磷酸氢二钠在饮料加工工艺的水处理工艺、发酵工艺中具有絮凝剂、发酵用营养物质的功能。

3. 磷酸二氢钾［CNS 编码：15.010；ISN 编码：340（i）］

磷酸二氢钾别名磷酸一钾，分子式为 KH_2PO_4。

（1）性状。磷酸二氢钾为无色结晶或白色颗粒或白色结晶性粉末，无臭；在空气中稳定；易溶于水，不溶于乙醇；1%水溶液的 pH 值为4.2～4.7。

（2）性能。磷酸二氢钾可以作为金属离子的螯合剂。

（3）毒性。LD_{50} 为每千克体重 8 290mg（大鼠，经口），ADI 为每千克体重 0～70mg（以磷计，FAO/WHO，1994）。

（4）应用。GB 2760—2024《食品安全国家标准 食品添加剂使用标准》规定，磷酸二氢钾用作水分保持剂、膨松剂、酸度调节剂、稳定剂、凝固剂、抗结剂，其使用范围及最大使用量同磷酸三钠。

磷酸二氢钾在发酵工艺中可作为发酵用营养物质。

4. 磷酸二氢钠［CNS 编码：15.005；ISN 编码：339（i）］

磷酸二氢钠别名酸性磷酸钠，分子式为 $NaH_2PO_4 \cdot nH_2O$（$n=0, 1, 2$）。

（1）性状。磷酸二氢钠分为二水合物与无水物。二水合物为无色至白色结晶或结晶性粉末。无水物为白色粉末或颗粒，易溶于水（25℃，12.14%），几乎不溶于乙醇；水溶液呈酸性，1%水溶液的 pH 值为4.1～4.7；在100℃失去结晶水后继续加热，则生成酸性磷酸钠。

（2）性能。磷酸二氢钠具有络合金属离子、提高离子强度等作用，由此改善食品的结合力和持水性。

（3）毒性。LD_{50}为每千克体重 8 290mg（大鼠，经口），ADI 为每千克体重 0～70mg（FAO/WHO，1994）。

（4）应用。GB 2760—2024《食品安全国家标准 食品添加剂使用标准》规定，磷酸二氢钠用作水分保持剂、膨松剂、酸度调节剂、稳定剂、凝固剂、抗结剂，其使用范围及最大使用量［以磷酸根（PO_4^{3-}）计］：在婴儿配方食品、较大婴儿和幼儿配方食品、婴幼儿辅助食品（仅限使用磷酸氢钙和磷酸二氢钠，可单独或混合使用）中的最大使用量为 1.0g/kg；在特殊医学用途婴儿配方食品（以即食状态计，仅限使用磷酸氢钙、磷酸二氢钠、磷酸，可单独或混合使用）中的最大使用量为 1.0g/kg；其余同磷酸三钠。

（二）聚磷酸盐

1. 焦磷酸钠［CNS 编码：15.004；ISN 编码：450（iii）］

焦磷酸钠别名三磷酸四钠，分子式为 $Na_4P_2O_7 \cdot nH_2O$。

（1）性状。焦磷酸钠有无水物与十水合物之分。$Na_4P_2O_7 \cdot 10H_2O$ 为无色或白色结晶或结晶性粉末；$Na_4P_2O_7$ 为白色粉末，熔点为988℃，相对密度为1.82。焦磷酸钠溶于水，水溶液呈碱性（1% 水溶液的 pH 值为 10.0～10.2），具有较强的 pH 值缓冲作用，溶于乙醇及其他有机溶剂；与 Cu^{2+}、Fe^{3+}、Mn^{2+} 等金属离子络合能力强，易风化，加热至100℃时失去结晶水；水溶液在70℃以下尚稳定，煮沸则水解成磷酸氢二钠。

（2）性能。焦磷酸钠能与碱金属离子形成稳定的水溶性络合物。

（3）毒性。LD_{50} 为每千克体重 4 000mg/kg 体重（大鼠，经口），ADI 为每千克体重 0～70mg（FAO/WHO，1994）。

（4）应用。GB 2760—2024《食品安全国家标准 食品添加剂使用标准》规定，焦磷酸钠用作水分保持剂、膨松剂、酸度调节剂、稳定剂、凝固剂、抗结剂，其使用范围及最大使用量同磷酸三钠。

2. 三聚磷酸钠［CNS 编码：15.003；ISN 编码：451（i）］

三聚磷酸钠别名三磷酸五钠、三磷酸钠，分子式为 $Na_5P_3O_{10}$。

（1）性状。三聚磷酸钠分为无水物或六水合物，为白色玻璃状结晶片或结晶性粉末，有潮解性；易溶于水（25℃为13%），1% 水溶液 pH 值约为 9.5；能与金属离子结合；无水盐熔点为622℃，并呈熔状焦磷酸钠。

（2）性能。三聚磷酸钠能与铁、铜、镍离子及碱金属形成稳定的水溶性络合物。

（3）毒性。LD_{50} 为每千克体重 6 500mg（大鼠，口服），ADI 为每千克体重 0～70mg（FAO/WHO，1994）。

（4）应用。GB 2760—2024《食品安全国家标准 食品添加剂使用标准》规定，三聚磷酸钠用作水分保持剂、膨松剂、酸度调节剂、稳定剂、凝固剂、抗结剂，其使用范围及最大使用量同磷酸三钠。

（三）六偏磷酸钠［CNS 编码：15.002；ISN 编码：452（i）］

1. 性状

六偏磷酸钠别名偏磷酸钠玻璃体、四聚磷酸钠、格兰汉姆盐，为无色透明的玻璃状片或者粉末状；潮解性强，能溶于水，不溶于乙醇及乙醚等有机溶剂；其二价金属离子的络合物较一价离子的络合物稳定；在温水、酸或碱溶液中易水解为正磷酸盐。

2. 性能

六偏磷酸钠的水溶液可与金属离子形成络合物。

3. 毒性

LD_{50} 为每千克体重 7 250mg（大鼠，口服），ADI 的 MTDI 为每千克体重 70mg（FAO/WHO，1994）。

4. 应用

GB 2760—2024《食品安全国家标准 食品添加剂使用标准》规定，六偏磷酸钠用作水分保持剂、膨松剂、酸度调节剂、稳定剂、凝固剂、抗结剂，其使用范围及最大使用量同磷酸三钠。六偏磷酸钠作为螯合剂可用于乳糖加工工艺（残留量为 0.2g/kg）。

多聚磷酸钠（包括六偏磷酸钠）也是被允许使用的食品用天然香料。

第四章在线自测

第五章 食品添加剂在果蔬制品生产中的应用

学习目标

了解食品防腐剂、稳定剂和凝固剂、漂白剂的定义、作用和机理；熟悉食品防腐剂、稳定剂和凝固剂、漂白剂的种类；掌握常用食品防腐剂、稳定剂和凝固剂、漂白剂的性能及应用。

素质目标

通过本章内容学习，对学生进行诚信和职业道德教育，使学生具有诚信意识，提高职业道德水平。

食品添加剂安全在线

食品防腐剂的超标使用主要表现在苯甲酸及其钠盐、脱氢乙酸及其钠盐、乙二胺四乙酸二钠等超范围或超剂量使用，在食品中违规添加苯甲酸类防腐剂的事件屡屡出现。

苯甲酸类产品由于受传统工艺及价格等因素的影响，目前仍是用量最大的食品防腐剂，其在安全方面出现的问题屡见不鲜。例如，重庆市市场监督管理局公布的2023年第28号食品抽检信息显示，在山东百兴食品有限公司委托乐陵市鲁川辣椒调味品有限公司生产的"百久源"鱼香肉丝调味料（生产日期/批号：2022－10－14）［规格型号：120克（60克×2包）/袋］中，食品防腐剂混合使用时各自用量占其最大使用量的比例之和不符合当时实施的GB 2760—2014《食品安全国家标准 食品添加剂使用标准》的规定。该规定中明确指出，食品防腐剂在混合使用时各自用量占其最大使用量的比例之和不应超过1，而本次抽检的这款调味料该指标检测结果为1.12。

案例分析：使用食品防腐剂是行之有效的食品保藏方法，GB 2760—2014《食品安全国家标准 食品添加剂使用标准》严格规定了各种食品防腐剂的使用量，只要按规定使用，它们均是安全的，通常出现的问题主要是在使用过程中超剂量或超范围添加。

食品防腐剂超范围、超剂量使用的原因主要有以下五点：一是缺乏安全意识，某些厂商为了迎合一些消费者认为保质期越长，食品质量越好的错误认识，超剂量使用食品防腐剂，以延长食品保质期；二是缺乏卫生意识，食品防腐剂除了具有抑菌作用外，往往还有一定的杀菌和消毒作用，一些中小型企业，尤其是一些小作坊，将食品防腐剂视为万能药，在原料、生产环境和生产过程卫生不达标的情况下，试图利用食品防腐剂兼具杀菌消毒作用的特点，减少食品中的细菌数，引起超剂量使用食品防腐剂问题；三是硬件不足，有些小作坊设备陈旧，缺乏最基本的计量工具、搅拌设备，造成食品防腐剂用量严重超标；四是追求利润最大化，一些企业为了降低生产成本，往往使用廉价但毒性较强的食品防腐剂；五是不同国家和地区对食品防腐剂的使用标准不同，如中国台湾地区没有制定对羟基苯甲酸甲酯可以用于碳酸饮料的规定，因此，在 2011 年中国台湾地区在一批可口可乐原液中检查出对羟基苯甲酸甲酯并判定违规，但这在中国大陆、美国和欧盟均是合法的。

我国是农业大国，"十四五"规划中多次提出要完善重要农产品供给保障体系和粮食产购储加销体系、高端农产品加工业和农业生产性服务业发展水平等。农产品加工中的果蔬加工就是通过各种加工工艺，使果蔬达到长期保存、经久不坏、随时取用的目的。目前，具有发展前景的果蔬制品有：冻干果蔬；蔬菜汁、发酵蔬菜饮料、乳酸发酵菜汁饮料；净菜；蔬菜膨化食品；果蔬粉；蔬菜脆片；具有特殊功能的花色蔬菜制品。针对目前我国的优势和特色农业产业，积极发展果蔬加工业，不仅能够大幅提高产后附加值，增强出口创汇能力，还能够带动相关产业的快速发展，大量吸纳农村剩余劳动力，增加就业机会，促进地方经济和区域性高效农业产业的健康发展。对实现农民增收，农业增效，促进农村经济与社会的可持续发展，从根本上缓解农业、农民、农村"三农"问题，均具有十分重要的战略意义。果蔬制品加工中用到的食品添加剂包括食品防腐剂、稳定剂和凝固剂、漂白剂、着色剂、增味剂等。本章重点介绍食品防腐剂、稳定剂和凝固剂、漂白剂。

第一节　食品防腐剂

食品防腐剂 PPT

食品变质是指在某些因素（内在、外在）的影响下，食品质量（理化性质）发生变化的过程。食品从收获（屠宰）、制造开始，受环境条件的影响，品质就开始变化，且在绝大多数情况下是向不利的方向变化。变质的食品，其食用价值下降，食用后还可能危害人体健康。食品变质原因如下：①空气的氧化引起的氧化变质，使油脂酸败、维生素损失及连锁产生褐变，以及空气的脱水作用引起食品丧失新鲜和充盈的质感；②食品内部所含氧化酶的作用引起的食品分解，产生热能、水蒸气和二氧化碳，使食品逐渐变质；③微生物的污染、繁殖引起蛋白质、碳水化合物或脂肪分解而产生的腐败、酸败等；④昆虫的侵蚀、繁殖和有害物质的直接或间接污染引起的食品腐败变质等。

为了防止食品的腐败变质或延长食品的储存期，通常有以下三个对策。

（1）传统方法。传统保藏食品的方法主要有晒干、盐渍、糖渍、酒泡、发酵等。此种方法通常效果差，适用范围窄。

（2）现代高科技方法。现代高科技方法包括罐藏、脱水、真空干燥、喷雾干燥、冷冻干燥、速冻冷藏、真空包装、无菌包装、高压杀菌、电阻热杀菌、辐照杀菌、电子束杀菌等。此种方法投资大、能耗高，易影响食品的品质风格。

（3）采用食品防腐剂。在下列情况下考虑采用食品防腐剂：①作为保藏一些不能采用冷、热方法保藏食品的替代手段；②作为物理保藏方法的补充手段以降低处理的强度，同时使产品的质构、感官或其他方面的质量得到提高。

一、定义

食品防腐剂是指防止食品腐败变质、延长食品储存期的物质。其功能分类代码为17，CNS编码为17.◇◇◇。

二、分类

（一）按照作用分类

常用的食品防腐剂按作用可分为杀菌剂和抑菌剂两类。具有杀死微生物作用的食品添加剂称为杀菌剂，能抑制微生物生长繁殖的添加剂称为抑菌剂（又叫作狭义的防腐剂）。但是，二者常因浓度高低、作用时间长短和微生物种类等不同而很难区分，因此多数情况下通称食品防腐剂。

（二）按照来源分类

食品防腐剂按来源主要分为化学类食品防腐剂和天然类食品防腐剂。常见的化学类食品防腐剂有苯甲酸及其钠盐、山梨酸及其钾盐等；常见的天然类食品防腐剂有乳酸链球菌素等。

（三）按照性质分类

食品防腐剂按性质主要分为无机防腐剂、有机防腐剂和生物防腐剂。无机防腐剂主要包括二氧化硫、亚硫酸及其盐类等。有机防腐剂主要包括苯甲酸及其钠盐、山梨酸及其钾盐、丙酸钙、对羟基苯甲酸酯系列。生物防腐剂主要包括乳酸链球菌素、纳他霉素等。

（四）按照机理分类

按照机理，可将食品防腐剂分为酸性防腐剂、酯型防腐剂、无机盐防腐剂。

1. 酸性防腐剂

酸性防腐剂主要包括苯甲酸、山梨酸和丙酸以及它们的盐类。酸性食品防腐剂的特点是体系酸性越大，其防腐效果越好，而在碱性条件下几乎无效。

2. 酯型防腐剂

酯型防腐剂主要包括对羟基苯甲酸酯类、抗坏血酸棕榈酸酯（主要作为抗氧化剂使用）等。酯型食品防腐剂的特点是在很大的pH值范围内都有效，毒性也比较弱。

3. 无机盐防腐剂

无机盐防腐剂又叫作漂白剂，主要包括含硫的亚硫酸盐、焦亚硫酸盐等。其有效成分是亚硫酸分子。亚硫酸的杀菌机理主要是消耗食品中的氧气，使好气性微生物因缺氧而死，并抑制某些微生物生理活动中酶的活性。由于使用这些食品防腐剂后残留的二氧化硫能引起过敏反应，尤其对哮喘病人有害，所以现在一般只将其列入特殊的食品防腐剂。

三、机理

（一）食品防腐剂的机理

关于食品防腐剂的机理，有各种看法和假设。1991年，Glld对食品防腐剂的机理归纳如下：主要作用于遗传物质或遗传微粒结构、细胞壁和细胞膜系统、酶或功能蛋白，破坏微生物的细胞膜，干扰微生物的新陈代谢等。

（二）影响食品防腐剂抑菌效果的因素

使用食品防腐剂一般需要考虑以下几个因素：第一，了解所用食品防腐剂的抗菌谱、最低抑菌浓度和食品所带的腐败菌的大致种类；第二，了解所用食品防腐剂的物理化学性质，如 pH 值等条件，以便正确使用；第三，了解食品本身的物理、化学性质，加工、包装情况，储藏条件及它们对食品防腐剂效果的影响，确定其的投放时机。

1. pH 值

常用的食品防腐剂是有机酸（如苯甲酸、山梨酸和脱氢乙酸），其以分子形式存在并发挥防腐作用，因此只有在 pH 值较小时，有机酸的电离作用才小，有利于食品防腐剂的抑菌。不同食品防腐剂的最适 pH 值范围各不相同，具体见表 1 - 5 - 1。

表 1 - 5 - 1　食品防腐剂的最适 pH 值范围

种类	最适 pH 值范围
苯甲酸及其钠盐	3.0 ~ 5.0
对羟基苯甲酸酯	4.0 ~ 8.0
山梨酸及其钾盐	< 5.5
丙酸及其钠盐、钙盐	< 5.0
脱氢乙酸及其钠	3.0 ~ 9.0
双乙酸钠	—
二氧化碳	< 5.0
乳酸链球菌素	3.0 ~ 7.0
纳他霉素	5.0 ~ 7.0

2. 水分活度

水分活度高有利于细菌和霉菌生长，一般对于细菌在 0.9 以上，对于霉菌在 0.7 以上。降低水分活度有利于食品防腐剂效果的发挥。一般在水中加入电解质或加入其他可溶性物质，当达到一定的浓度时，可降低水分活度，对防腐有增效作用。

3. 溶解度和分布状况

食品防腐剂均匀分布于食品整体之中才能发挥抑菌作用，否则一处微生物大量繁殖就可以污染其他部分，最后导致整个食品腐败变质。因此，对于难溶食品防腐剂可以采取碱溶、醇溶或热溶的方法将其溶解后再加入。

4. 食品防腐剂的配合使用

各种食品防腐剂都有一定的作用范围，没有一种食品防腐剂能够抑制所有微生物，因此将不同作用的食品防腐剂配合使用效果更佳。食品防腐剂的配合使用一般有三种作用：协同作用、增效作用和拮抗作用。协同作用即一种食品防腐剂抑菌效果是有限的，当两种以上的食品防腐剂共同应用时，其抑菌效果会大大增强；增效作用即食品中的一些成分本身无抑菌作用，但它们能增强食品防腐剂的抑菌能力，如异丁酸、葡萄糖酸、维生素 C 等；拮抗作用即降低食品防腐剂的抑菌能力，如 CaO 等。

5. 食品的微生物污染程度

一般来讲，微生物的污染程度较低时食品防腐剂的抑菌效果较好，食品中微生物污染严重时，食品防腐剂的抑制效果较差，甚至完全不起作用，因此应及时加入食品防腐剂并防止食品的二次污染。

6. 食品防腐剂使用的时间

保证食品本身处于良好的卫生条件下，并将食品防腐剂的加入时间选在细菌的诱导期，一般要早加入。

7. 食品的原料和成分的影响

食品防腐剂的作用受到食品的原料和成分的影响，例如：食品中的香味剂、调味剂、乳化剂等具有抗菌作用；食盐、糖类、乙醇可以降低水分活度，有助于防腐。此外，食盐可以干扰微生物中酶的活性，但是会改变食品防腐剂的分配系数，使其分配不均。

8. 和加工工艺同时使用

食品防腐剂与物理保藏工艺如冷藏、加热、辐射等结合使用更能有效地发挥作用，如杀菌处理工艺可以将微生物数量减少，但要注意的是，多数食品防腐剂可随水蒸气一起挥发，故应在加热完成后再加入，以免食品防腐剂损失。

四、常用的食品防腐剂

我国到目前为止已批准了 39 种可使用的食品防腐剂，规定使用的食品防腐剂有苯甲酸及其钠盐、山梨酸及其钾盐、丙酸及其钠盐、钙盐等。

（一）苯甲酸及其钠盐（CNS 编码：17.001，17.002；INS 编码：210，211）

1. 性状

苯甲酸又名安息香酸，分子式为 $C_7H_6O_2$，分子量为 122.12。其钠盐又名安息香酸钠，有的商品试剂用此名，分子式为 $C_7H_5O_2Na$，分子量为 144.11。苯甲酸及其钠盐之间的换算关系如下：1g 苯甲酸相当于 1.18g 苯甲酸钠；1g 苯甲酸钠相当于 0.8479g 苯甲酸。

苯甲酸及其钠盐均为白色颗粒或结晶粉末，无臭或略带安息香的气味。苯甲酸的化学性质稳定，具有吸湿性，在常温下不溶于水，在热空气中微挥发，于 100℃ 左右升华，具体见表 1 - 5 - 2。此外，苯甲酸也溶解于乙醇、氯仿、乙醚、丙酮、二硫化碳，微溶于己烷。苯甲酸的相对密度为 1.255 9，熔点为 122.4℃，沸点为 249.2℃。其水溶液具有酸性，对 225nm 紫外光有强烈的吸收作用。

苯甲酸钠味微甜，易溶于水；属强碱弱酸盐，在酸性条件下出现离析（不易溶解）；在空气中稳定；易溶于水，溶解度为 53.0g/100m（25℃）。其水溶液的 pH 值为 8；溶于乙醇，溶解度为 1.4g/100m（25℃），具体见表 1 - 5 - 2。

表 1 - 5 - 2　苯甲酸及其钠盐的溶解度

溶剂	温度/℃	苯甲酸/ $[g \cdot (100m)^{-1}]$	苯甲酸钠/ $[g \cdot (100m)^{-1}]$
水	25	0.34	50
水	50	0.95	54
水	95	6.8	76.3
乙醇	25	46.1	1.3

2. 性能

苯甲酸及其钠盐之所以可以抑制微生物的生长、繁殖，是因其非选择地抑制了微生物细胞的呼吸酶系的活性（尤其是具有很强的阻碍乙酰辅酶 A 的缩合反应的作用，从而使糖有氧代谢中断）；同时，其对细胞膜的通透性也具有障碍作用。

苯甲酸为一元芳香羧酸，酸性较弱，其水溶液的 pH 值为 2.8，其杀菌、抑菌效果随介质酸度的增高而增强。苯甲酸对细菌的抑制能力较强，对霉菌、酵母菌的抑制能力较弱。

分子态苯甲酸的抑菌活性较离子态高，故在 pH 值小于 4 时，其抑菌活性高，其抑菌的最低浓度为 0.05% ~ 0.1%。但在酸性溶液中其溶解度降低，故不能单靠提高溶液的酸性来提高其抑菌活性。苯甲酸最适抑菌 pH 值为 2.5 ~ 4.0，此 pH 值条件下，抑菌范围广（乳酸菌除外）。当 pH 值在 5.5 以上时，苯甲酸对霉菌、酵母菌没有抑制作用。因苯甲酸的安全性只相当于山梨酸钾的 1/40，所以日本已全面取缔其在食品中的应用。

由于苯甲酸对水的溶解度比苯甲酸钠低，因此实际生产过程中多使用盐型食品防腐剂。如果必须用苯甲酸，可加适量的碳酸钠或碳酸氢钠，用90℃以上热水溶解，使其转化成苯甲酸钠后再添加到食品中；或者可先用适量乙醇溶解后再应用。忌钠盐的酱油可考虑用乙醇为溶剂，或采用对羟基苯甲酰酯类的食品防腐剂。

3. 毒性

苯甲酸 LD_{50} 为每千克体重 2 530mg（大鼠，经口），ADI 为每千克体重 0 ~ 5mg（苯甲酸及其钠盐的总量，以苯甲酸计）。苯甲酸钠 LD_{50} 为每千克体重 4 070mg（大鼠，经口），ADI 为每千克体重 0 ~ 5mg（苯甲酸及其钠盐的总量，以苯甲酸钠计）。

限量的苯甲酸类物质进入机体后，大部分在 9 ~ 15h 内与甘氨酸化合成马尿酸后从尿中排除，剩余部分与葡萄糖醛酸合成糖苷而解毒，苯甲酸不在机体内积蓄。上述两种解毒过程均在肝脏中进行，故婴幼儿（周岁以内）、老年人或肝功能衰弱的成人食用含有苯甲酸类物质的食品是不适宜的。

4. 应用

GB 1886.183—2016
《食品安全国家标准
食品添加剂 苯甲酸》

GB 1886.184—2016
《食品安全国家标准
食品添加剂 苯甲酸钠》

由于苯甲酸及其钠盐的有效成分是未解离的苯甲酸分子，所以其在酸性食品中使用效果好，对酵母菌、霉菌都有效。因有叠加中毒现象的报道，其在使用上有争议，虽各国都允许使用，但应用范围越来越小。在我国，其因价格低廉，仍广泛使用于汽水、果汁类、酱类、罐头和酒类的防腐。

GB 2760—2024《食品安全国家标准 食品添加剂使用标准》规定，苯甲酸及其钠盐的应用范围及最大使用量（以苯甲酸计）：在碳酸饮料、特殊用途饮料中的最大使用量为 0.2g/kg；在配制酒中的最大使用量为 0.4g/kg；在蜜饯凉果中的最大使用量为 0.5g/kg；在复合调味料中的最大使用量为 0.6g/kg；在除胶基糖果以外的其他糖果、果酒中的最大使用量为 0.8g/kg；在风味冰、冰棍类、果酱（罐头除外）、腌渍的蔬菜、调味糖浆、食醋、酱油、酿造酱、半固体复合调味料、液体复合调味料、果蔬汁（浆）类饮料、蛋白饮料、茶、咖啡、植物（类）饮料、风味饮料中的最大使用量为 1.0g/kg；在胶基糖果中的最大使用量为 1.5g/kg；在浓缩果蔬汁（浆）（仅限食品工业用）中的最大使用量为 2.0g/kg。其中,碳酸饮料、特殊用途饮料、果蔬汁(浆)类饮料、蛋白饮料、茶、咖啡、植物(类)饮料、风味饮料,以即饮状态计,相应的固体饮料按稀释倍数增加使用量。

(二)山梨酸及其钾盐(CNS 编码:17.003,17.004;INS 编码:200,202)

1. 性状

山梨酸又名 2,4-己二烯酸、花楸酸,分子式为 $C_6H_8O_2$,分子量为 112.13。山梨酸钾又名 2,4-己二烯酸钾,分子式为 $C_6H_7KO_2$,分子量为 150.22。山梨酸及其钾盐之间的换算关系如下:1g 山梨酸相当于 1.34g 山梨酸钾;1g 山梨酸钾相当于 0.746g 山梨酸。

山梨酸为无色单斜晶体或结晶性粉末,无臭或稍带刺激性臭味;对光、热是稳定的,但在空气中长期放置易被氧化着色。山梨酸在水溶液中加热时可随同水蒸气一起挥发。其熔点为 134.5℃,沸点为 228℃(分解)。其饱和水溶液 pH 值为 3.6。山梨酸微溶于水,溶于有机溶剂。

山梨酸钾为无色至浅黄色鳞片状结晶或结晶性粉末,无臭或稍具臭味,在空气中露置能被氧化而着色,有吸湿性,相对密度为 1.363,约在 270℃ 熔化并分解。1g 山梨酸钾约溶于 1.7mL 水(20℃)、16.1mL95% 乙醇和 1 000mL 乙醚。

2. 性能

山梨酸是不饱和脂肪酸,其抑菌机理是透过细胞壁进入微生物细胞,利用自身的双键与微生物细胞中酶的巯基形成共价键,使其丧失活性,破坏含有硫氢基的酶类,从而抑制微生物的生长。山梨酸具有良好的防霉性能,它对霉菌、酵母菌和好气性细菌的生长发育起抑制作用,其抑菌效力是苯甲酸的 3~5 倍。山梨酸是目前国际上公认最安全的化学防腐剂之一,属于酸性防腐剂,在酸性介质中对微生物有良好的抑制作用,对嫌气性芽孢形成菌与嗜酸乳杆菌几乎无效。随着 pH 值增大,山梨酸的防腐效果减弱,当 pH 值为 8 时,丧失防腐作用,因此适用于 pH 值在 5.5 以下的条件,但最低浓度不能低于 0.2%。

山梨酸对水的溶解度低,使用前要先将山梨酸溶解在乙醇、碳酸氢钠或碳酸钠的溶液中,随后再加入食品,详见表 1-5-3。溶解时注意不要使用铜、铁容器。溶液应随用随配,并防止加碱过多而使溶液呈碱性,影响抑菌效果。在实际生产中应多用山梨酸钾。在使用的过程中要特别注意食品卫生问题,若食品被微生物严重污染,山梨酸也会被污染,成为微生物的营养物质,不但不能抑制微生物的繁殖,反而会加速食品腐败变质,因此它适用于有良好卫生条件和微生物数量较少的食品,目前主要用于高端食品。通常,山梨酸与其他食品防腐剂复合使用会提高防腐效果。此外,在使用山梨酸或其钾盐时,要注意勿使其溅入眼中,一旦进入眼中应尽快以水冲洗,及时就医。

表 1-5-3 1 000mL 山梨酸溶液的配制

山梨酸浓度/%	1	2	3	4	5	6	7	8	9
山梨酸/g	10	20	30	40	50	60	70	80	90
碳酸氢钠/g	7.5	15.13	22.69	30.26	37.83	45.39	52.46	60.52	68.09

3. 毒性

山梨酸 LD_{50} 为每千克体重 7 360mg(大鼠,经口),ADI 为每千克体重 0~25mg。山梨

酸钾 LD_{50} 为每千克体重 4 920mg（大鼠，经口），ADI 为每千克体重 0～25mg。

山梨酸是一种不饱和脂肪酸，在机体内可正常地参加新陈代谢，基本上可和天然不饱和脂肪酸一样在机体内分解产生二氧化碳和水，故山梨酸可看成食品的成分。按照目前的资料可以认为山梨酸对人体是无害的，可用于婴幼儿、老年、肝脏弱等人群食物的防腐。

4. 应用

GB 1886.39—2015
《食品安全国家标准
食品添加剂 山梨酸钾》

GB 1886.186—2016
《食品安全国家标准
食品添加剂 山梨酸》

山梨酸及其钾盐由于毒性弱，相当于食盐的一半，毒性比尼泊金酯还要小，因此使用范围扩大了近 3 倍之多。GB 2760—2024《食品安全国家标准 食品添加剂使用标准》规定，山梨酸及其钾盐的应用范围及最大使用量（以山梨酸汁）：在熟肉制品（肉罐头类除外）、预制水产品（半成品）中的最大使用量为 0.075g/kg；在葡萄酒中的最大使用量为 0.2g/kg；在配制酒中的最大使用量为 0.4g/kg；在风味冰，冰棍类，经表面处理的鲜水果，蜜饯，经表面处理的新鲜蔬菜，加工食用菌和藻类（冷冻食用菌和藻类、食用菌和藻类罐头除外），酿造酱，饮料类类［包装饮用水、果蔬汁（浆）除外］，果冻、胶原蛋白肠衣中的最大使用量为 0.5g/kg；在配制酒（仅限青稞干酒）、果酒中的最大使用量为 0.6g/kg；在干酪、再制干酪、干酪制品及干酪类似品，氢化植物油，人造黄油（人造奶油）及其类似制品（如黄油和人造黄油混合品），脂肪含量 80% 以下的乳化制品，果酱（罐头除外），腌渍的蔬菜，豆干再制品、新型豆制品（大豆蛋白及其膨化食品、大豆素肉等），除胶基糖果以外的其他糖果，面包、糕点、焙烤食品馅料及表面用挂浆，腌制水产品（仅限即食海蜇），风干、烘干、压干等水产品，熟制水产品（可直接食用）、其他水产品及其制品，调味糖浆，食醋，酱油，复合调味料，乳酸菌饮料中的最大使用量为 1.0g/kg；在胶基糖果、其他杂粮制品（仅限杂粮灌肠制品）、方便米面制品（仅限米面灌肠制品）、肉灌肠类、蛋制品（改变其物理性质）［脱水蛋制品（如蛋白粉、蛋黄粉、蛋白片）、蛋液与液态蛋除外］中的最大使用量为 1.5g/kg；在浓缩果蔬汁（浆）（仅限食品工业用）中的最大使用量为 2.0g/kg。

（三）对羟基苯甲酸酯系列（对羟基苯甲酸甲酯钠，对羟基苯甲酸乙酯及其钠盐）（CNS 编码：17.032，17.007，17.036；INS 编码：219，214，215）

1. 性状

对羟基苯甲酸酯类（即尼泊金酯类）产品有对羟基苯甲酸甲酯、乙酯、丙酯、丁酯等。其中，对羟基苯甲酸丁酯防腐效果最好。我国主要使用对羟基苯甲酸乙酯和丙酯。日本使用最多的是对羟基苯甲酸丁酯。一般对羟基苯甲酸酯类物质为无色结晶或白色结晶粉末，初始无味，后稍有涩味，易溶于乙醇，难溶于水，因此通常都将其先溶于氢氧化钠、乙酸、乙醇中后备用。为了更好地发挥防腐作用，最好将两种以上的该酯类物质混合使用。

几种常见的对羟基苯甲酸酯类物质的溶解度和性状见表 1 - 5 - 4 和表 1 - 5 - 5。

表 1-5-4　几种常见的对羟基苯甲酸酯类物质的溶解度

%

名称	水	乙醇	丙二醇	丙酮
对羟基苯甲酸甲酯	0.25	40	25	—
对羟基苯甲酸乙酯	0.17	79	25	84
对羟基苯甲酸丙酯	0.05	95	26	105
对羟基苯甲酸丁酯	0.02	210	110	240

表 1-5-5　几种常见的对羟基苯甲酸酯类物质的性状

性状	对羟基苯甲酸乙酯	对羟基苯甲酸丙酯	对羟基苯甲酸丁酯
颜色	无色或白色细小结晶粉末		
气味	无臭，稍有麻舌感涩味	无臭无味，稍有涩味	无臭，最初无味，稍有涩味
熔点/℃	116～118	95～98	69～72

2. 性能

由于对羟基苯甲酸酯类物质具有酚羟基，所以其抗菌性能比苯甲酸、山梨酸都强。与其他食品防腐剂不同，对羟基苯甲酸酯类物质的抑菌作用不受 pH 值的影响，在 pH 值为 4～8 时均有很好的抑菌效果。对羟基苯甲酸酯类物质对霉菌、酵母菌有较强的抑制作用，但对细菌，特别是对革兰氏阴性杆菌及乳酸菌的抑制作用较差。

对羟基苯甲酸酯类物质的防腐机理是：破坏微生物的细胞膜，使细胞内的蛋白质变性，并抑制细胞的呼吸酶系活性。尼泊金酯的抗菌活性主要是分子态起作用，由于其分子内的羟基已被酯化，不再电离，所以在 pH 值为 8 时仍有 60% 的分子存在。

对羟基苯甲酸丁酯的防腐性能优于丙酯，对羟基苯甲酸丙酯的防腐性能优于乙酯。

对羟基苯甲酯类物质用于酱油和醋时，一般配成 10% 丙二醇溶液后再加到酱油和醋中。酱油中如果含有酯酶，会分解对羟基苯甲酸酯类。为了避免其分解，可先将酱油经 75℃、30min 的热处理后添加。对羟基苯甲酸酯类物质用于果酱时，一般先将其溶于乙醇后，再与果酱混合。有些对羟基苯甲酸酯盐类物质在饮料和果蔬汁中使用时容易析出白色沉淀，这是因为对羟基苯甲酸酯根离子在酸性或弱酸性条件下容易结合溶液中的氢离子，重新形成对羟基苯甲酸酯，在局部浓度过高的情况下，析出对羟基苯甲酸酯沉淀。因此，在酸性或弱酸性食品中使用时，应配成浓度为 20% 左右的溶液，并且要在搅拌中缓慢加入，以防止局部浓度过高而析出沉淀。在使用中，应特别注意避免先加入酸度调节剂，或者同时加入对羟基苯甲酸酯钠和酸度调节剂。对羟基苯甲酸酯钠溶于水后不能长时间放置，否则会发生酯水解而降低其防腐性能，一般要求现用现配，避免过夜。

3. 毒性

对羟基苯甲酸酯类物质的 LD_{50} 和 ADI 见表 1-5-6。小鼠发生对羟基苯甲酸乙酯中毒后，出现动作失调、麻痹现象，约 30min 恢复正常。对羟基苯甲酸乙酯的毒性强于对羟基苯甲酸丙酯，但弱于苯甲酸。对羟基苯甲酸丁酯对小鼠有抑制体重增加的作用，对人会引起急性皮炎中毒的现象。

表 1 - 5 - 6　对羟基苯甲酸酯类物质的 LD_{50} 和 ADI

名称	LD_{50}/ [g·kg^{-1}（体重）]	ADI/ [g·kg^{-1}（体重）]
对羟基苯甲酸乙酯	5.0	0～0.01
对羟基苯甲酸丙酯	3.7	0～0.01
对羟基苯甲酸丁酯	17.1	0～0.01

备注：LD_{50} 为小鼠经口；ADI 为 FAO/WHO（1985）。

4. 应用

由于尼泊金酯在 pH 值为 4～8 的范围内均有良好的效果且不随 pH 值的变化而变化，性能稳定且毒性弱于苯甲酸，所以是一种广谱型食品防腐剂。对羟基苯甲酸乙酯、对羟基苯甲酸丙酯一般都用于水果饮料中。

GB 2760—2024《食品安全国家标准 食品添加剂使用标准》规定，对羟基苯甲酸酯类及其钠盐的应用范围及最大使用量（以对羟基苯甲酸计）：在经表面处理的新鲜水果、经表面处理的新鲜蔬菜中的最大使用量为 0.012g/kg；在热凝固蛋制品（如蛋黄酪、皮蛋肠）、碳酸饮料中的最大使用量为 0.2g/kg；在果酱（罐头除外）、食醋、酱油、酿造酱、调味酱、液体复合调味料、果蔬汁（浆）类饮料、风味饮料（仅限果味饮料）中的最大使用量为 0.25g/kg；在焙烤食品馅料及表面用挂浆（仅限糕点馅）中的最大使用量为 0.5g/kg。

（四）丙酸及其钠、钙盐（CNS 编码：17.029，17.006，17.005；INS 编码：280，281，282）

丙酸钠的分子式为 CH_3CH_2COONa，分子量为 96.06；丙酸钙的分子式为 $C_6H_{10}Ca·nH_2O$（$n=0$，1），分子量为 204.24（单水合物）、186.23（无水物）。

1. 性状

丙酸钠为白色结晶性粉末或颗粒，无臭或具轻微特异臭；为单斜板状结晶，可溶于水，溶解度为 100g/100mL（20℃），溶于乙醇，微溶于丙酮，在空气中吸潮；在 10% 水溶液中加入同量的稀硫酸，加热后即产生有丙酸臭味气体。

丙酸钙为白色结晶性粉末或颗粒，无臭或带丙酸气味；10% 水溶液的 pH 值为 7.4；对光和热稳定，易溶于水，溶解度为 39.9g/100mL（20℃），不溶于乙醇、醚类。用作食品添加剂的丙酸钙为一水盐。

2. 性能

丙酸盐呈微酸性，起防腐作用的主要是未解离的丙酸，其对各类霉菌、需氧芽孢杆菌有较强的抑制作用。丙酸可抑制微生物合成 β-丙氨酸，而 β-丙氨酸是泛酸的前体物质，所以丙酸使泛酸、辅酶 A（CoA）、酰基载体蛋白（ACP）的合成不能顺利进行，从而导致细菌体内代谢紊乱。丙酸钙对霉菌和能引起面包产生粘丝物质的好气性芽孢杆菌有抑制作用，对酵母菌无抑制作用。

3. 毒性

丙酸是人体内氨基酸和脂肪酸氧化的产物，因此丙酸钙是一种安全性很好的食品防腐剂。其 LD_{50} 为每千克体重 3 340mg（小鼠，经口），ADI 无须规定（FAO/WHO，1994）。

4. 应用

GB 2760—2024《食品安全国家标准 食品添加剂使用标准》规定，丙酸及其钠、钙盐的应用范围及最大使用量（以丙酸计）：在生湿面制品（如面条、饺子皮、馄饨皮、烧麦皮）中的最大使用量为 0.25g/kg；在原粮中的最大使用量为 1.8g/kg；在豆类制品、面包、糕点、食醋、酱油、液体复合调味料中的最大使用量为 2.5g/kg；在调理肉制品（生肉添加调理料），熏、烧、烤肉类中的最大使用量为 3.0g/kg。

（五）乳酸链球菌素（CNS 编码：17.019；INS 编码：234）

乳酸链球菌素是世界公认安全的天然食品防腐剂，可作为营养物质被人体吸收利用。1951 年，Hirsch 等人首先将乳酸链球菌用作食品防腐剂，成功控制了由肉毒梭菌引起的奶酪膨胀腐败。1969 年，JECFA 确认乳酸链球菌素可作为食品防腐剂。1992 年 3 月，中国卫生部批准实施的文件指出："可以科学地认为乳酸链球菌作为食品保藏剂是安全的。"

1. 性状

乳酸链球菌素属于生物防腐剂的一种。乳酸链球菌素又称为乳酸链球菌肽（Nisin），是由多种氨基酸组成的多肽类化合物，分子式为 $C_{148}H_{230}N_{42}O_{37}S_7$，分子量为 3 354.25，其分子是由 34 个氨基酸组成的二聚体或四聚体。目前共发现 A、B、C、D、E、Z6 种类型，其中以 A 和 Z 应用最广泛，后者的溶解度和抗菌能力均高于前者。乳酸链球菌素的溶解度取决于溶液的 pH 值，pH 值为 2.5 时为 12%，pH 值为 5.0 时为 4.0%，在中性和碱性条件不溶，pH 值为 2.5 时稳定，pH 值为 8.0 时易被蛋白酶水解钝化。

2. 性能

乳酸链球菌素主要通过干扰细胞膜的正常功能来起抑菌作用，造成细胞膜的渗透、养分流失和膜电位下降，导致致病菌和腐败菌死亡。它能有效抑制引起食品腐败的许多革兰氏阳性细菌，如肉毒梭菌、金黄色葡萄球菌、溶血链球菌、李斯特氏菌、嗜热脂肪芽孢杆菌的生长和繁殖，尤其对产生孢子的革兰氏阳性细菌有特效。

3. 毒性

乳酸链球菌素是一种无毒的天然防腐剂，ADI 为每千克体重 33 000 国际单位（IU），（其中 1μg 的纯乳酸链球菌素的活力近似为 40IU）。

4. 应用

乳酸链球菌素和溶菌酶具有协同增效作用，可以更有效地防止食品腐败，对食品的色、香、味、口感无不良影响。GB 2760—2024《食品安全国家标准 食品添加剂使用标准》规定，乳酸链球菌素的应用范围及最大使用量：在食醋中的最大使用量为 0.15g/kg；在酱油、酿造酱、复合调味料、饮料类［包装饮用水、果蔬汁（浆）、浓缩果蔬汁（浆）除外］中的最大使用量为 0.2g/kg；在其他杂粮制品（仅限杂粮灌肠制品）、方便米面制品（仅限方便湿面制品）、方便米面制品（仅限米面灌肠制品）、蛋制品（改变其物理性状）［脱水蛋制品（如蛋白粉、蛋黄粉、蛋白片）、蛋液与液态蛋除外］中的最大使用量为 0.25g/kg；在面包、糕点中的最大使用量为 0.3g/kg；在乳及乳制品（特殊膳食用食品涉及品种除外，巴氏杀菌乳、灭菌乳和高温杀菌乳、发酵乳、乳粉和奶油粉和稀奶油除外）、腌渍的蔬菜、加工食用菌和藻类（食用菌和藻类罐头除外）、卤制豆干、预制肉制品、熟肉制品（肉罐头类除外）、熟制水产品（可直接食用）中的最大使用量为 0.5g/kg。其中，饮料类［包装饮用水、果蔬汁（浆）、浓缩果蔬汁（浆）除外］，以即饮状态计，相应的固体饮料按稀释倍数增加使用量。

（六）脱氢乙酸及其钠盐［CNS 编码：17.009（i），17.009（ii）；INS 编码：265，266］

1. 性状

脱氢乙酸的学名为 α，γ-二乙酰基乙酰乙酸，简称 DHA，分子式为 $C_8H_8O_4$，分子量为 168.15；脱氢乙酸钠的分子式为 $C_8H_8NaO_4$，分子量为 208.15。脱氢乙酸及其钠盐均为白色或浅黄色结晶状粉末，易溶于丙酮等有机溶剂，难溶于水，对光和热稳定，在水溶液中降解为醋酸，对人体无毒。

2. 性能

脱氢乙酸及其钠盐是一种广谱型食品防腐剂，其抑制霉菌、酵母菌的作用强于对细菌的抑制作用，尤其对霉菌作用最强，为苯甲酸钠的 2~10 倍。脱氢乙酸及其钠盐的防腐效果受 pH 值的影响，其饱和水溶液 pH 值为 4，在中性溶液中基本无防腐作用。一般只有高剂量的脱氢乙酸才能抑制细菌。

脱氢乙酸钠主要用于干酪、奶油、人造奶油，使用量在 0.61g/kg 以下，为乳制品的主要防腐剂。乳制品放置在空气中成熟时，会出现长霉的现象，此时有必要添加这种防腐剂。脱氢乙酸钠在使用时，一般喷洒在食品表面或在包装材料上，喷洒浓度为 0.1%~0.2% 的水溶液，喷洒量为 20~40mL/kg。

3. 毒性

脱氢乙酸及其钠盐均可安全用于食品（FDA，2000）。

4. 应用

GB 2760—2024《食品安全国家标准 食品添加剂使用标准》规定，脱氢乙酸及其钠盐的应用范围及最大使用量（以脱氢乙酸计）：在腌渍的蔬菜、腌渍的食用菌和藻类、发酵豆制品中的最大使用量为 0.3g/kg；在熟肉制品（肉罐头类除外）、复合调味料中的最大使用量为 0.5g/kg。

（七）双乙酸钠［CNS 编码：17.013；INS 编码：262（ii）］

1. 性状

双乙酸钠（SDA）又名二醋酸钠，是一种新型的食品添加剂，分子式为 $C_4H_7Na \cdot xH_2O$，分子量为 142.9（无水）。双乙酸钠为白色结晶粉末，是双乙酸和双乙酸钠的分子化合物，带有醋酸的气味；易吸湿；极易溶于水（100g/100mL），溶于水时放出 42.25% 的醋酸，10% 水溶液的 pH 值为 4.5~5.0；加热至 150℃ 以上分解，具有可燃性。

2. 性能

双乙酸钠是一种广谱、高效、安全、无毒的食品防腐剂，有很好的防腐效果，在人体内最终分解产物为水和二氧化碳。双乙酸钠对细菌、霉菌、真菌、黑根菌、黄曲霉、李斯特菌等抑制效果明显，常用于酱菜类的防腐剂。其抗菌机理是：双乙酸钠含有分子状态的乙酸，可减小食品的 pH 值，同时未解离的乙酸比离子化的乙酸更能有效渗透霉菌组织的细胞壁，使细胞蛋白质变性，从而起到杀菌作用。

3. 毒性

双乙酸钠作为食品添加剂非常安全。LD_{50} 为每千克体重 3.31g（小鼠，经口）、4.96g（大鼠，经口），ADI 为千克体重 0~0.015g。

4. 应用

双乙酸钠可以应用于粮食、谷物、豆制品等。GB 2760—2024《食品安全国家标准 食品添加剂使用标准》规定，双乙酸钠的应用范围及最大使用量：在豆干类、豆干再制品、原粮、熟制水产品（可直接食用）、膨化食品中的最大使用量为 1.0g/kg；在调味品（盐及代盐制品、香辛料类除外）中的最大使用量为 2.5g/kg；在粉圆、糕点中的最大使用量为 4.0g/kg；在预制肉制品、熟肉制品（肉罐头类除外）中的最大使用量为 3.0g/kg；在复合调味料中的最大使用量为 10.0g/kg。

双乙酸钠使用范围广泛，操作方便灵活，可直接添加也可喷洒或浸渍。除了用于各类食品的防霉、防腐外，其在医药、烟草、造纸、水果保鲜、饲料等行业中也有很广泛的应用。双乙酸钠用于谷物防霉时，应注意控制温度和湿度。在含水量 21.5% 的粮食中加入双乙酸钠，可使粮食储存期由 90d 延至 208d。在生面团中加入 0.2% 的双乙酸钠，在 37℃ 下保存时间由 3h 延至 72h。此外，双乙酸钠也可用作螯合剂，屏蔽食品中引起氧化作用的金属离子。

第二节 稳定剂和凝固剂

一、定义

稳定剂和凝固剂是指使食品结构稳定或使食品组织结构不变，增强黏性固形物的物质。其功能类别代码为 18，CNS 编码为 18. ◇◇◇。

稳定剂和凝固
剂 PPT

二、分类

稳定剂和凝固剂包括使蛋白质凝固的凝固剂和防止新鲜果蔬软化的硬化剂等类食品添加剂。GB 2760—2024《食品安全国家标准 食品添加剂使用标准》中规定的凝固剂有：乳酸钙、硫酸钙、氯化钙、氯化镁、海藻酸钙、丙二醇、乙二胺四乙酸二钠、柠檬酸亚锡二钠、葡萄糖酸 - δ - 内酯、可得然胶、谷氨酰胺转氨酶、聚天冬氨酸钾、三赞胶、纤维素等。按照用途的不同，稳定剂和凝固剂又细分为凝固剂、果蔬硬化剂、螯合剂、罐头除氧剂、保湿剂五个小类。

三、机理

稳定剂和凝固剂的分子中多含有钙盐、镁盐或带多电荷的离子团，在促进蛋白质变性凝固时，可起到破坏蛋白质胶体溶液中的夹电层，使悬浊液形成凝胶或沉淀。

一些稳定剂和凝固剂，如葡萄糖酸 - δ - 内酯，可在水解过程中与蛋白质胶体发生反应后，形成稳定的凝胶聚合体物质。

一些稳定剂和凝固剂，如乳酸钙、氯化钙等盐类，在溶液中可与水溶性的果胶结合，生成难溶的果胶酸钙，从而起到保脆硬化的目的。

四、常用的稳定剂和凝固剂

稳定剂和凝固剂在人们的生活中有比较广泛的应用。常用的稳定剂和凝固剂，如盐卤或卤片（氯化镁），是中国传统的豆腐凝固剂。氯化钙和硫酸钙（石膏）也可用于凝固豆腐，且用硫酸钙所制豆腐的数量可比同体积豆浆加入同量氯化镁多。为了便于豆腐的机械化和连续化生产，可用葡萄糖酸-δ-内酯作为机制豆腐的内凝固剂。它在豆腐的生产过程中逐渐释放出氢离子，使豆腐缓慢凝固。制造干酪时常添加氯化钙、柠檬酸钙和葡萄糖酸钙等助其凝固。此外，氯化钙、碳酸钙及葡萄糖酸钙等还常用于水果和蔬菜，使其中的果胶酸形成果胶酸钙凝胶，防止果蔬软化。

（一）凝固剂

凝固剂的主要作用是使豆浆凝固为不溶性凝胶状的豆腐脑以及制作果冻。常见的凝固剂有：镁盐凝固剂、钙盐凝固剂、氯化钙、酸内酯凝固剂。

1. 氯化镁（CNS 编码：18.003；INS 编码：511）

（1）性状。氯化镁的分子式为 $MgCl_2$，分子量为 95.21。氯化镁凝固剂主要是指含氯化镁为主的两种物质：盐卤和卤片。盐卤，又称卤水，为淡黄色液体，味涩、苦。卤片为无色至白色结晶或粉末，无臭，味苦，极易溶于水和乙醇，常温下为六水合物，加热到 100℃时失去 2 分子结晶水，极易吸潮。其相对密度为 1.569，水溶液呈中性。

（2）性能。氯化镁能使蛋白质溶液凝结成凝胶，多在北豆腐生产中应用，形成的豆腐硬度、弹性和韧性较强。

（3）毒性。ADI 不作特殊规定（FAO/WHO，1994），LD_{50} 为每千克体重 2.8g（大鼠，经口）。FDA 将其列为一般公认安全物质（1994）。

（4）应用。氯化镁在食品中可作稳定剂和凝固剂，盐卤一般用来制作老豆腐（盐卤豆腐、北豆腐）、豆腐干，难于制作嫩豆腐。GB 2760—2024《食品安全国家标准 食品添加剂使用标准》规定，氯化镁的应用范围及最大使用量：在豆类制品、方便米面制品、冷冻米面制品、复合调味品中，按生产需要适量使用。

盐卤豆腐具有独特的豆腐风味，用盐卤点浆时，18.5°Be 盐卤相对豆浆的最适用量为 0.7%~1.2%，以纯 $MgCl_2$ 计，其最适用量为 0.13%~0.22%。

2. 硫酸钙（CNS 编号：18.001；INS 编号：516）

（1）性状。硫酸钙俗称石膏，又称生石膏，分子式为 $CaSO_4 \cdot 2H_2O$，将其加热到 100℃，失水变为烧石膏；又为称熟石膏，分子式为 $CaSO_4 \cdot 0.5H_2O$，加热到 194℃以上，成为无水硫酸钙。钙和硫酸根都是人体中的正常成分，被认为无害。硫酸钙的相对密度为 2.96，微溶于水（0.241g/100mL，18℃），难溶于乙醇，微溶于甘油，溶于强酸；水溶液呈中性；遇水后形成可塑性浆状物，很快固化。

（2）性能。硫酸钙对蛋白质凝固性缓和，所生产的豆腐质地细嫩，持水性好，有弹性，但因其难溶于水，故易残留涩味和杂质。

（3）毒性。硫酸钙几乎无毒（两种离子均为机体成分，溶解度亦低）。ADI 不作特殊规定（FAO/WHO，1994），FDA 将其列为一般公认安全物质（1994）。

（4）应用。硫酸钙在食品中可作凝固剂、稳定剂、增稠剂、面粉处理剂和酸度调节剂。GB 2760—2024《食品安全国家标准 食品添加剂使用标准》规定，硫酸钙的应用范围及最大使用量：在豆类制品中，按生产需要适量使用；在小麦粉制品［生湿面制品（如面条、饺子皮、馄饨皮、烧卖皮）、生干面制品除外］中的最大使用量为 1.5g/kg；在肉灌肠类、冷冻水产糜及其制品（包括冷冻丸类产品等）中的最大使用量为 3.0g/kg；在调理肉制品（生肉添加调理料）、腌腊肉制品（如咸肉、腊肉、板鸭、中式火腿、腊肠等，仅限腊肠）、其他熟肉制品中的最大使用量为 5.0g/kg；在淀粉制品、面包、糕点、饼干、焙烤食品馅料及表面用挂浆、其他半固体复合调味料、果冻中的最大使用量为 10.0g/kg。如用于果冻粉，按冲调倍数增加使用量。

一般由硫酸钙生产的豆腐是嫩豆腐（南豆腐）。生产豆腐时常用磨细的煅石膏作为凝固剂，最适用量相对豆浆为 0.3% ~0.4%。此外，石膏还可用作钙离子硬化剂，如用作番茄罐头和马铃薯罐头的硬化剂时，可根据配方添加 0.1% ~0.3%。

3. 葡萄糖酸 - δ - 内酯（CNS 编码：18.007；INS 编码：575）

（1）性状。葡萄糖酸 - δ - 内酯又称为 1，5 - 葡萄糖酸内酯、葡萄糖酸内酯，简称 GDL。其分子式为 $C_6H_{10}O_6$，分子量为 178.14。葡萄糖酸 - δ - 内酯为白色结晶或结晶性粉末，几乎无臭，味先甜后酸；易溶于水（60g/100mL），稍溶于乙醇，几乎不溶于乙醚；在水中缓慢水解形成葡萄糖酸及其 δ - 内酯和 γ - 内酯的平衡混合物；新配制 1% 水溶液的 pH 值为 3.5，2h 后变为 2.5；热稳定性低，在 153℃ 左右分解，由于葡萄糖酸内酯有一定的吸水性，所以温度太高会使其发生"糖化"。

（2）性能。葡萄糖酸 - δ - 内酯可作为蛋白质的凝固剂。葡萄糖酸 - δ - 内酯在水溶液中发生水解成为葡萄糖酸，能使蛋白质溶胶凝结而形成蛋白质凝胶。内酯的特点是在水溶液中能缓慢水解，具有特殊的迟效作用，使 pH 值减小。豆腐凝乳是在进入模具后产生的，豆腐因此具有质地细腻、滑嫩可口、保水性好、防腐性好、保存期长等优点，一般在夏季放置 2 ~3d 不变质。其缺点是豆腐稍带酸味。

葡萄糖酸 - δ - 内酯可用作凝固剂制作内酯豆腐，相对豆浆的最适用量为 0.25% ~0.26%。内酯豆腐是当今唯一能连续化生产的豆腐，其生产方法是将煮沸的豆浆冷却到 40℃ 以下，然后加入内酯，用封口机装盒密封，隔水加热至 80℃，保持 15min，即可凝固成豆腐。

葡萄糖酸 - δ - 内酯还具有其他的作用，如可作为防腐剂、酸味剂、螯合剂等使用。葡萄糖酸 - δ - 内酯防腐剂的作用：对霉菌和一般细菌有抑制作用，可用于鱼、肉、禽、虾等的防腐保鲜，使制品外观光泽、不褐变，同时可保持肉质的弹性。葡萄糖酸 - δ - 内酯酸味剂的作用：主要用于果汁饮料、果冻中。葡萄糖酸 - δ - 内酯螯合剂的作用：可用于葡萄汁或其他浆果酒中，能防止生成酒石；用于乳制品中，可防止生成乳石；用于啤酒中，可防止产生啤酒石。

（3）毒性。LD_{50} 为每千克体重 7.63g（兔，静脉注射），ADI 不作特殊规定（FAO/WHO，1994）。FDA 将其列为一般公认安全物质（1994）。

（4）应用。GB 2760—2024《食品安全国家标准 食品添加剂使用标准》规定，葡萄糖酸 - δ - 内酯在各类食品（表 A.2 中编号为 1~4、6~68 的食品类别除外）中，按生产需要适量使用，主要用于豆制品、香肠、鱼糜制品、葡萄汁等产品。

（二）果蔬硬化剂——氯化钙（CNS 编码：18.002；INS 编码：509）

1. 性状

氯化钙为白色坚硬的碎块状结晶，无臭，微苦；分子式为 $CaCl_2$ 或 $CaCl_2 \cdot 2H_2O$，分子量为 147.02；易溶于水，可溶于乙醇；吸湿性强，干燥的氯化钙置于空气中会很快吸收空气中的水分，成为潮解性的 $CaCl_2 \cdot 6H_2O$；5% 水溶液的 pH 值为 4.5~8.5，水溶液的冰点可降至 -55℃，加热至 260℃ 时脱水形成无水物。

2. 性能

氯化钙的主要作用是使果蔬中可溶性的果胶酸与钙离子反应生成凝胶状不溶性果胶酸钙凝胶，加强果胶分子的交联作用，从而保持果蔬加工制品的脆度和硬度。

氯化钙用于制作乳酪，可使牛乳凝固；用于冬瓜硬化处理，可将冬瓜去皮；泡在 0.1% 的 $CaCl_2$ 溶液中抽真空，使 Ca^{2+} 渗入组织内部，渗透 20~25min，经水煮、漂洗后备用；同样可用作什锦菜、番茄、莴苣等的硬化剂。

3. 毒性

LD_{50} 为每千克体重 1g（大鼠，经口），ADI 不作特殊规定（FAO/WHO，1994）。FDA 将其列为一般公认安全物质（1994）。

4. 应用

氯化钙一般不用作豆腐凝固剂，可用作低甲氧基果胶和海藻酸钠的凝固剂。GB 2760—2024《食品安全国家标准 食品添加剂使用标准》规定，氯化钙作为稳定剂和凝固剂、增稠剂、其他，其应用范围及最大使用量：在稀奶油、调制稀奶油、豆类制品中，按生产需要适量使用；在其他类饮用水（自然来源饮用水除外）中的最大使用量为 0.1g/L；在装饰糖果（如工艺造型，或用于蛋糕装饰）、顶饰（非水果材料）和甜汁、调味糖浆中的最大使用量为 0.4g/kg；在其他（仅限畜禽血制品）中的最大使用量为 0.5g/kg；在水果罐头、果酱、蔬菜罐头中的最大使用量为 1.0g/kg。

（三）螯合剂——乙二胺四乙酸二钠（EDTA）（CNS 编码：18.005；INS 编码：386）

食品螯合剂主要指 EDTA 盐，包括乙二胺四乙酸二钠和乙二胺四乙酸二钠钙，具有螯合金属离子的作用，并且是钙营养强化剂。

1. 性状

乙二胺四乙酸二钠的分子式为 $C_{10}H_{14}N_2Na_2O_8 \cdot 2H_2O$，其为白色结晶性颗粒和粉末，无臭，无味；易溶于水，微溶于乙醇，不溶于乙醚；2% 水溶液的 pH 值为 4.7，在常温下稳定，在 100℃ 时结晶水开始挥发，在 120℃ 时失去结晶水而成为无水物；有吸湿性，熔点为 240℃（分解）。

2. 性能

乙二胺四乙酸二钠可用作稳定剂、凝固剂、螯合剂、防腐剂和抗氧化剂。乙二胺四乙酸二钠对重金属有很强的络合能力，形成稳定的水溶性络合物，可与铁、铜、钙、镁等多价离子形成稳定的水溶性螯合物，可消除重金属离子或由其引起的有害作用，防止由金属引起的变色、变质、变浊及防止维生素 C 因氧化而损失，提高食品的质量。

3. 毒性

FDA（1985）将本品列为一般公认安全物质。LD_{50} 为每千克体重 2g，ADI 为每千克体重 0~0.25mg（FDA/WHO，1994）。

4. 应用

GB 2760—2024《食品安全国家标准 食品添加剂使用标准》规定，乙二胺四乙酸二钠的应用范围及最大使用量：在饮料类［包装饮用水、果蔬汁（浆）、浓缩果蔬汁（浆）除外］中的最大使用量为 0.03g/kg；在果酱、蔬菜泥（酱）（番茄沙司除外）中的最大使用量为 0.07g/kg；在复合调味料中的最大使用量为 0.075g/kg；在腌渍的食用菌和藻类中的最大使用量为 0.2g/kg；在果脯类（仅限地瓜果脯）、腌渍的蔬菜、蔬菜罐头、坚果与籽类罐头、杂粮罐头中的最大使用量为 0.25g/kg。其中，饮料类以即饮状态计，相应的固体饮料，按稀释倍数增加使用量。另外，乙二胺四乙酸二钠可作为吸附剂、螯合剂用于熟制坚果与籽类、啤酒和配制酒的加工工艺、发酵工艺、饮料的加工工艺中。

（四）罐头除氧剂——柠檬酸亚锡二钠（CNS 编码：18.006）

1. 性状

柠檬酸亚锡二钠为白色结晶，极易溶于水，易吸湿潮解，极易氧化；加热至 250℃时开始分解，至 260℃时开始变黄，至 283℃时变成棕色。

2. 性能

柠檬酸亚锡二钠有一定的氧化还原性，适用于蘑菇、苹果、柠檬、板栗、银杏、青梅、百合、柑橘、核桃、芦笋、青豆、荔枝、椰子汁等果蔬罐头食品。由于在罐头中能逐渐与罐中的残留氧发生作用，将 Sn^{2+} 氧化成 Sn^{4+}，消耗残余氧气，表现出良好的抗氧化性能，起到抗氧防腐作用，保持食品的品质与风味，所以被广泛用作罐头食品的护色剂。

3. 毒性

LD_{50} 为每千克体重 2.7g（小鼠，经口）。

4. 应用

柠檬酸亚锡二钠作为稳定剂和凝固剂，主要用于果蔬、食用菌罐头，可起到保护食品色泽、抗氧化、防腐蚀的作用，并且不影响食品的风味。

GB 2760—2024《食品安全国家标准 食品添加剂使用标准》规定，柠檬酸亚锡二钠的应用范围及最大使用量：在水果罐头、蔬菜罐头、食用菌和藻类罐头中的最大使用量为 0.3g/kg。

（五）保湿剂——丙二醇（CNS 编码：18.004；INS 编码：1520）。

1. 性状

丙二醇为无色、清亮、透明黏稠液体，外观与甘油相似，有吸湿性，无臭，略有辛辣味和甜味，能与水、醇等多数有机溶剂任意混合；对光、热稳定，有可燃性，沸点为 187.3℃，凝固点为 -56℃，黏度为 60.5mPa·s（20℃），相对密度为 1.04；20℃时蒸汽压为 106Pa，闪点为 104℃，自燃温度为 421.1℃。

2. 性能

丙二醇作为食品中许可使用的有机溶剂，主要用作难溶于水的食品添加剂的溶剂；用于糕点中，能增加糕点的柔软性、光泽和保水性；可用作糖果、包装肉类、干酪等的保湿剂、柔软剂；用于加工面条，能增加弹性，防止面条干燥崩裂，增加光泽，添加量为面粉的 2%；用作抗冻液，对食品有防冻作用。

3. 毒性

LD$_{50}$为每千克体重20g（大鼠，经口），ADI为每千克体重0~25mg（FAO/WHO，2000）。

4. 应用

GB 2760—2024《食品安全国家标准 食品添加剂使用标准》规定，丙二醇的应用范围及最大使用量：在生湿面制品（如面条、饺子皮、馄饨皮、烧麦皮）中的最大使用量为1.5g/kg；在糕点中的最大使用量为3.0g/kg。

第三节　漂白剂

漂白剂 PPT

一、定义

漂白剂是指能够破坏、抑制食品的发色因素，使其褪色或使食品免于褐变的物质。其功能分类代码为05，CNS编码为05. ◇◇◇

二、分类

漂白剂按作用方式可分为氧化型漂白剂、还原型漂白剂。氧化型漂白剂主要包括高锰酸钾、过氧化氢等；还原型漂白剂以亚硫酸制剂为主，主要包括硫黄、二氧化硫、亚硫酸钠、亚硫酸氢钠、偏重亚硫酸盐、低亚硫酸盐。

由于氧化型漂白剂会破坏食品中的营养成分，且残留量较大，所以其在食品中应用较少。其中，高锰酸钾仅在淀粉生产中使用；过氧化氢主要作为加工助剂中的脱硫剂、脱色剂、去碘剂，在淀粉糖和淀粉加工工艺、油脂加工工艺、海藻加工工艺、胶原蛋白肠衣加工工艺、乳清粉和乳清蛋白粉的加工工艺中使用。还原型漂白剂主要用于各类果蔬食品中，对花青色素苷褪色作用明显；类胡萝卜素次之；对叶绿素则几乎不褪色；对红、紫色褪色效果最好，黄色次之，绿色最差。

三、机理、方法、应用和作用

（一）漂白剂的机理

氧化型漂白剂主要通过释放或引入氧气，抑或引入其他氧化剂发生氧化反应来漂白物质。氧化型漂白剂作用较强烈，食品中的色素受氧化作用变为无色或色泽淡化。

还原型漂白剂的亚硫酸盐能产生还原性亚硫酸，食品中的色素在亚硫酸的作用下，能通过将有色物质还原成无色物质而呈现漂白作用，但被其漂白的色素物质一旦再被氧化，可能重新显色。还原型漂白剂作用比较缓和，具有一定的还原能力。

（二）漂白方法

还原型漂白剂的漂白有效成分为SO_2。常用的漂白方法有气熏法（SO_2）、加入法、浸渍法等。

1. 气熏法

气熏法即我国从古至今所用的"熏硫"漂白，采用硫黄（S）加热的方法产生二氧化硫，见式（1-5-1）。

$$S + O_2 \longrightarrow SO_2 \uparrow \qquad (1-5-1)$$

熏硫时应注意以下几点。

（1）要熏硫的食品应切成片再置于密闭室内，以增加熏硫时接触的表面积。

（2）掌握合适的硫黄用量。用量与熏硫室的大小有关，通常情况下为 0.1% ~ 0.4%，即 1kg 食品需用要 1 ~ 4g 硫黄。

（3）掌握合适的温度。温度过高时，硫会直接升华，附着在食品表面，使食品有很重的硫黄味，并呈黄色外观。

（4）掌握合适的时间。熏硫时间依果实品种、成熟度、熏房的大小及熏硫物多少而定，一般为 30 ~ 60min，最长可达 3h。

（5）熏硫室要严密，但要求通风良好。二氧化硫是一种有害气体，在空气中浓度较高时，对眼睛和呼吸道黏膜有强烈的刺激性。

2. 加入法

常采用盐类，即焦亚硫酸钾、亚硫酸氢钠、低亚硫酸钠、焦亚硫酸钠、亚硫酸钠等。

3. 浸渍法

浸渍法需要将 SO_2 通入浸泡液体。这种方法主要用于糖制品、蔬菜罐头（蘑菇、竹笋）、果冻的原料、果酱、果酒、粉丝、菜干（杏干、蜜饯、葡萄干）、水产品（速冻小虾、对虾、龙虾）等。

（三）应用

漂白剂的应用以还原型漂白剂为主，主要用于蜜饯、干果、干菜、果汁、竹笋、蘑菇、果酒、啤酒、糖品和粉丝等的漂白，用量不能过多，残留二氧化硫的量不得超标。高残留量有臭味，影响口感和产品性状，可采用加热、通风等方法去除。

使用还原型漂白剂时需注意以下几点。

（1）还原型漂白剂是亚硫酸类物质，各种亚硫酸类物质中有效二氧化硫的含量不同，见表 1-5-7 所示。

表 1-5-7　各种亚硫酸类物质中有效二氧化硫的含量

%

名称	分子式	有效二氧化硫含量
液态二氧化硫	SO_2	100
亚硫酸（6%溶液）	H_2SO_3	6.0
亚硫酸钠	$Na_2SO_3 \cdot 7H_2O$	25.42
无水亚硫酸钠	Na_2SO_3	50.84
亚硫酸氢钠	$NaHSO_3$	61.59
焦亚硫酸钠	$Na_2S_2O_5$	57.65
低亚硫酸钠	$Na_2S_2O_4$	73.56

备注：现配现用，以防亚硫酸盐因不稳定而挥发。

（2）食品中存在金属离子时，可将残留的亚硫酸氧化，还能使还原的色素氧化变色，从而降低漂白剂的效力。因此，在生产时要同时使用金属离子螯合剂。

（3）用亚硫酸盐类漂白的物质，会因二氧化硫消失而容易复色，因此通常在食品中残留一定量的二氧化硫，但残留量不得超过标准。

（4）亚硫酸不能抑制果胶酶的活性，会损害果胶的凝聚力。

此外，亚硫酸渗入水果组织后，加工时破碎水果才能除尽二氧化硫，因此用亚硫酸保藏的水果只适于制作果酱、干果、果酒、蜜饯等，不能作为整形罐头的原料。

（5）亚硫酸盐能破坏硫胺素，故不宜用于鱼类食品。

（6）亚硫酸盐易与醛、酮、蛋白质等反应。

（四）漂白剂的其他作用

除漂白作用以外，漂白剂还有以下几方面作用。

1. 防褐变作用

酶促褐变常发生于水果、薯类食品中，亚硫酸是一种强还原剂，对多酚氧化酶的活性有很强的抑制作用，0.0001% 的二氧化硫就能降低 20% 的酶活性，0.001% 的二氧化硫就能完全抑制酶活性，可以防止酶促褐变。

另外，亚硫酸盐可以消耗食品组织中的氧，起到脱氧作用；亚硫酸还能与葡萄糖进行加成反应，阻止食品中的葡萄糖与氨基酸进行羰氨反应，从而具有防褐变作用。

2. 防腐作用

亚硫酸可以起到酸性防腐剂的作用，未解离的亚硫酸被认为可抑制酵母菌、真菌、细菌。据报道，未解离的亚硫酸比亚硫酸氢根的抑菌作用强，其中对大肠埃希菌的抑制作用强 1 000 倍，对啤酒酵母的抑制作用强 100~500 倍，对真菌的抑制作用强 100 倍。二氧化硫在酸性时，抗微生物的作用最强。

3. 疏松剂作用

漂白剂可作为发酵粉中的酸性成分。

四、常用的漂白剂

（一）氧化型漂白剂——高锰酸钾（CNS 编码：00.001）

1. 性状

高锰酸钾（$KMnO_4$，分子量为 158.04）为无机化合物，紫黑色针状结晶，溶解度为 6.38g/100mL（20℃）。

2. 毒性

LD_{50} 为每千克体重 1 090mg（大鼠，经口）。

3. 应用

GB 2760—2024《食品安全国家标准 食品添加剂使用标准》规定，高锰酸钾的应用范围及最大使用量：在食用淀粉中的最大使用量为 0.5g/kg。

（二）还原型漂白剂

1. 硫黄（CNS 编码：05.007）

硫黄的分子式为 S，分子量为 32。

（1）性状。黄色或浅黄色晶粒、片状或粉末；容易燃烧，燃烧时产生二氧化硫；不溶于水，稍溶于乙醇和乙醚，溶于二硫化碳、四氯化碳和苯等有机溶剂。

（2）毒性。硫黄燃烧产生 SO_2，毒性与 SO_2 相同。

（3）应用。GB 2760—2024《食品安全国家标准 食品添加剂使用标准》规定，硫黄只限于熏蒸，应用范围及最大使用量（以二氧化硫残留量计）：在白砂糖及白砂糖制品、绵白糖、红糖、冰片糖中的最大使用量为 0.03g/kg；在水果干类、赤砂糖、原糖、其他糖和糖浆中的最大使用量为 0.1g/kg；在香辛料及粉（仅限八角）中的最大使用量为 0.15g/kg；在干制蔬菜中的最大使用量为 0.2g/kg；在蜜饯中的最大使用量为 0.35g/kg；在经表面处理的鲜食用菌和藻类中的最大使用量为 0.4g/kg；在其他（仅限魔芋粉）中的最大使用量为 0.9g/kg。硫黄作为漂白剂是通过燃烧产生的二氧化硫气体来使用的。使用时在密闭的房间内燃烧，对蜜饯类、干果、干菜、粉丝进行熏蒸，达到漂白与防腐的目的。

熏硫可使果片表面细胞破坏，促进干燥，同时二氧化硫的还原作用可破坏酶的氧化系统，阻止氧化作用，使果实中单宁物质不致被氧化而变成棕褐色。对果脯、蜜饯来说，熏硫可以使成品保持浅黄色或金黄色；对一般果蔬干制品，可同样防止褐变。熏硫还可以保存果实中的维生素 C。

此外，二氧化硫溶于水成为亚硫酸，有抑制微生物的作用，同时达到防腐的目的。熏硫室中二氧化硫的浓度一般为 1% ~ 2%，有时高达 3%。一般熏硫时间为 30 ~ 60min，最长可达 3h，主要由果实的大小和性质决定。

2. 二氧化硫（CNS 编码：05.001；INS 编码：220）

（1）性状。二氧化硫又叫作亚硫酸酐，分子式为 SO_2；有强烈的刺激臭，有窒息性；熔点为 -75.5℃，沸点为 -10℃；在 -10℃ 时冷凝成无色液体，易溶于水、甲醇、乙醇。二氧化硫溶于水，一部分与水化合成亚硫酸。亚硫酸不稳定，即使在常温下，如不密封，亦容易分解；在加热时会迅速地分解并放出二氧化硫。

（2）毒性。二氧化硫是一种有害气体，在空气中浓度较高时，对于眼和呼吸道黏膜有强刺激性。如 1L 空气中含数毫克二氧化硫便会导致人因声门痉挛窒息而死。ADI 为每千克体重 0 ~ 0.7mg（以 SO_2 计，FAO/WHO，2001）。

（3）应用。GB 2760—2024《食品安全国家标准 食品添加剂使用标准》规定，二氧化硫的应用范围及最大使用量（以二氧化硫残留量计）：在啤酒和麦芽饮料中的最大使用量为 0.01g/kg；在食用淀粉、白砂糖及白砂糖制品、绵白糖、红糖、冰片糖中的最大使用量为 0.03g/kg；在淀粉糖（食用葡萄糖、低聚异麦芽糖、果葡糖浆、麦芽糖、麦芽糊精、葡萄糖浆等）中的最大使用量为 0.04g/kg；在经表面处理的鲜水果、蔬菜罐头、干制的食用菌和藻类、食用菌和藻类罐头（仅限蘑菇罐头）、坚果与籽类罐头、生湿面制品［如面条（仅限拉面）、饺子皮、馄饨皮、烧卖皮］、其他焙烤食品（仅限风味派）、调味糖浆、半固体复合调味料、果蔬汁（浆）、果蔬汁（浆）类饮料中的最大使用量为 0.05g/kg；在水果干类、果酱、腌渍的蔬菜、可可制品、巧克力和巧克力制品（包括代可可脂巧克力及制品），以及糖果、饼干、鲜水产（仅限于海水虾蟹类）、冷冻水产品及其制品（仅限于海水虾蟹类及其制品）、赤砂糖、原糖、其他糖和糖浆中的最大使用量为 0.1g/kg；在干制蔬菜、蔬菜罐头（仅限银条菜）、腐竹类（包括腐竹、油皮等）中的最大使用量为 0.2g/kg；在配制酒、葡萄酒、果酒中的最大使用量为 0.25g/L；在蜜饯中的最大使用量为 0.35g/kg；

在其他杂粮制品（仅限脱水马铃薯制品）中的最大使用量为 0.4g/kg。其中，果蔬汁（浆）和果蔬汁（浆）类饮料，以即饮状态计，浓缩果蔬汁（浆）按浓缩倍数折算，相应的固体饮料按稀释倍数增加使用量。在甜型葡萄酒、甜型果酒中的最大使用量为 0.4g/L。

3. 亚硫酸钠（CNS 编码：05.004；INS 编码：221）

（1）性状。结晶亚硫酸钠分子式为 $Na_2SO_3 \cdot 7H_2O$；溶于水，微溶于乙醇；在空气中缓慢氧化成硫酸盐；水溶液呈碱性，1% 水溶液的 pH 值为 8.3 ~ 9.3。

（2）毒性。亚硫酸钠的毒性与二氧化硫相同。

（3）应用。亚硫酸钠的应用范围及最大使用量同二氧化硫。

浸渍法：将果实或蔬菜浸在 0.2% ~ 0.6% 的亚硫酸钠溶液中，然后干制，可防止果蔬的褐变。添加法：在果汁中添加 0.05% 的亚硫酸钠，即可防止果汁颜色的变化。

4. 低亚硫酸钠（CNS 编码：05.006）

（1）性状。低亚硫酸钠又名保险粉、连二亚硫酸钠、次亚硫酸钠；分子式为 $Na_2S_2O_4$；稍有二氧化硫特异臭；极不稳定，易氧化分解，受潮或露置空气中会失效，并可能燃烧；加热更易分解，至 190℃ 时可发生爆炸；易溶于水，不溶于乙醇。低亚硫酸钠是亚硫酸盐中还原、漂白力最强的。

（2）毒性。低亚硫酸钠的毒性与二氧化硫相同。

（3）应用。低亚硫酸钠的应用范围及最大使用量同二氧化硫。

第五章在线自测

第六章 食品添加剂在饮料生产中的应用

◎ 学习目标

了解酸度调节剂、甜味剂和香料香精的定义、作用和机理；了解甜味剂的作用，构建应用各类食品甜味剂的理论基础；了解香料香精的组成及使用原则；熟悉酸度调节剂、甜味剂和香料香精的分类；掌握香料香精的概念；掌握常用酸度调节剂、甜味剂和香料香精的应用。

◎ 素质目标

通过本章内容的学习，加强食品安全意识的教育，提高自我保护能力，培养良好的饮食习惯和饮食安全意识，确保自己和家人的健康。引导学生树立正确的观念，不盲目相信食品广告，对于食品安全问题做到理性认识。培养学生的社会责任感，让学生了解作为消费者，应该对自己所食用的食品负责，要善于学习和获取食品安全知识，勇于维护自己的权益，保护自己的健康；了解企业在食品添加剂使用上应该遵循的道德和法律规范，多方面提高学生对食品添加剂相关问题的社会责任感。

◎ 食品添加剂安全在线

2023 年 7 月 14 日，国际癌症研究机构、世界卫生组织和联合国粮食及农业组织食品添加剂联合专家委员会正式宣布：阿斯巴甜可能对人类致癌。阿斯巴甜是一种人工（化学）甜味剂，自 20 世纪 80 年代以来广泛用于各种食品和饮料产品，包括减肥饮料、口香糖、明胶、冰淇淋、乳制品（例如酸奶、早餐麦片、牙膏）以及药物（例如止咳药水和咀嚼片）和维生素中。阿斯巴甜属于比较低端的人工甜味剂。现在很多企业为了迎合消费者的需求，更多地选择天然甜味剂。目前使用阿斯巴甜的食品包括：可口可乐旗下的可口可乐零度、可口可乐纤维＋、雪碧纤维＋、芬达零卡；百事可乐旗下的百事可乐零度、百事轻怡可乐；玛氏旗下箭牌的部分无糖口香糖、薄荷糖等。

GB 5009.263—2016《食品安全国家标准 食品中阿斯巴甜和阿力甜的测定》规定，碳酸饮料、含乳饮料、冷冻饮品、液态乳制品中阿斯巴甜的检出限值为 1mg/kg。目前市场上的这些产品虽都符合中国现行的标准，但作为饮料生产企业，不能用最低的标准要求自己，而应该主动引领行业向更高品质、更高要求发展。功能性甜味剂的使用日益成为趋势，其在许多食品生产中用来代替蔗糖。新一代的代糖研究表明低聚糖被用作功能性甜味剂，发展迅速。低聚糖能活化肠道双歧杆菌的繁殖，改善肠道菌群，增强肠道免疫功能，帮助消化，防止便秘；还能预防龋齿、调节血脂和胆固醇代谢、增强机体免疫能力。

案例分析：科学技术的贡献显著增加是饮料产业新发展的重要特征，新科学、新技术不断应用到饮料研发、生产、市场销售等多领域和多环节。科学技术不仅改变了饮料产业发展的外部环境，更在改变着饮料产业的发展模式和饮料企业的管理模式。特别需要指出的是，科学技术的发展与应用具有渐进性，是一个不断丰富完善的过程，消费者的认知对新技术的推广应用具有重要作用。

随着中国经济的快速发展和人民生活水平的提高，消费者对饮料的需求日益增长，对饮料质量和安全性的要求也越来越高，促使饮料加工行业不断进行技术创新和产品升级，以满足市场需求。饮料加工行业是国民经济的重要组成部分，与人们的生活息息相关。饮料加工是中国的重要产业之一，涵盖了从原材料加工到成品制造的各个环节。饮料可大致分为碳酸饮料、果蔬汁饮料、保健饮料、茶饮料和含乳饮料等。食品添加剂是为了改善食品的品质及色、香、味或为了防腐和加工工艺的需要而加入食品的化学或天然物质。饮料生产中常用的食品添加剂主要有甜味剂、酸度调节剂、香料香精、色素、防腐剂、抗氧化剂、增稠剂等。本章重点介绍酸度调节剂、甜味剂和香料香精。

第一节　酸度调节剂

酸度调节剂 PPT

一般来讲，食品进入口腔引起人的味觉是判断食品风味的重要指标。食品的风味是指食物进入口腔咀嚼时或者饮用时，通过口腔内的味道受体细胞所感受的一种综合感觉，主要取决于舌头表面的味蕾组织。各国对味觉的分类并不一致，我国分为酸、甜、苦、咸、鲜，近年来鲜味已被列为第五种基本味道。

酸味通常是由氢离子（H^+），在化学上更准确地说是酸的水合氢离子（H_3O^+）引起的，然而单独的 H^+ 不能带给人酸味感觉。感觉上的酸味并不总是正比于化学法测量的酸性（pH），酸的分子结构对酸味的感觉起着非常重要的作用。在许多食品中，酸味主要来自其中的有机酸（如柠檬酸、乳酸、酒石酸或乙酸等）。磷酸是唯一一个对食品酸味起重要作用的无机酸类酸味剂（多用于软饮料中）。

一、定义

酸度调节剂又称为酸味剂、酸化剂、pH 调节剂，是指用于维持或改变食品酸碱度的物质。其功能分类代码为 01，CNS 编码为 01. ◇◇◇。

二、分类

（一）按照化学性质分类

酸度调节剂按化学性质可分为：①无机酸：磷酸、盐酸；②无机碱：氢氧化钙、氢氧化钾；③有机酸：柠檬酸、酒石酸、L－苹果酸、DL－苹果酸、富马酸、抗坏血酸、乳酸、冰乙酸；④无机盐：碳酸钾、碳酸钠、碳酸氢钾、碳酸氢钠等；⑤有机盐：DL－苹果酸钠、柠檬酸钾、柠檬酸钠、葡萄糖酸钠、乳酸钠、乳酸钙、富马酸一钠等。

（二）按照酸味分类

不同酸度调节剂的化学结构不同，其产生的酸味、敏锐度和呈味速度也不同。①柠檬酸、维生素 C、L – 苹果酸：令人愉快的、兼有清凉感的酸味，但酸味消失迅速；②乳酸：酸味柔和，具后酸味，可提供柔和的风味；③醋酸和丁酸：较强刺激味，有强化食欲的功能；④酒石酸：较强葡萄、柠檬风味，比柠檬酸感强 10%，较弱涩味；⑤琥珀酸：兼有海贝类和豆酱类风味；⑥磷酸：无机酸，但其解离度不比有机酸高多少，所产生的酸味强度约为柠檬酸和苹果酸的 2～2.5 倍，较弱涩味。

三、作用和影响酸味的因素

（一）作用

酸味给人爽快的刺激，一般人虽多喜甜食，但是纯甜的糖果、饮料、果酱等食品的甜味平淡，食多则腻，若能以适当酸甜比配合，则可明显地改善并掩盖某些不好的风味。

食品的酸味除与游离氢离子浓度有关外，还受酸度调节剂阴离子的影响。有机酸的阴离子容易吸附在舌黏膜上，中和舌黏膜中的正电荷，使氢离子更易与舌面的味蕾接触；无机酸的阴离子易与口腔黏膜蛋白质结合，对酸味的感觉有钝化作用，因此在 pH 值相同时，有机酸的酸味强度一般会高于无机酸。由于不同有机酸的阴离子在舌黏膜上的吸附能力有差别，所以酸味强度也不同。

日常生活中的大多数食品 pH 值为 5～6.5，一般无酸味感觉，如果 pH 值小于 3，则酸味感较强。在同一 pH 值下，有机酸比无机酸的酸感强，但酸味感的时间长短并不与 pH 值成正比。解离速率低的有机酸的酸味感维持时间久，而解离速率快的无机酸的酸味会很快消失。

酸度调节剂除了调味作用外还具有以下作用。

1. 防腐作用

微生物生存需要一定的 pH 值，多数细菌的 pH 值为 6.5～7.5，少数耐受 pH 值为 3～4（酵母菌、霉菌）。因此，调整酸度调节剂的酸度可起到防腐作用，还能增加苯甲酸、山梨酸等食品防腐剂的抗菌效果。

2. 抗氧化作用

Fe、Cu 离子是油脂氧化、蔬菜褐变、色素褪色的催化剂，对此，加入金属螯合剂是可行的方法。酸度调节剂也具有螯合作用，可使金属离子络合而失去催化活性。

3. 缓冲作用

食品加工保存过程需要稳定的 pH 值，要求 pH 值变动范围很小，单纯进行酸碱含量调整时 pH 值往往失去平衡，用有机酸及其盐类配成缓冲系统，可起到不致因原料调配及加工过程中酸碱含量变化而引起 pH 值过度波动的作用。

4. 其他作用

酸度调节剂与 $NaHCO_3$ 可配制成膨松剂；高酯果胶在胶凝时需要用酸度调节剂调整 pH 值；酸度调节剂对解脂酶有钝化作用。

在食品中，酸度调节剂在饮料中的应用是最广泛的，其作用如下：①使饮料产生特定的酸味；②改进饮料的风味与促进蔗糖的转化；③通过刺激产生唾液以加强饮料的酸味，形成食品的风味，且与其他味觉有协调作用，位于几大风味之首。酸度调节剂除风味调节作用外，还有抗氧化、防腐、防褐变、软化纤维素、溶解钙和磷等促进消化吸收的功能。因此，酸度调节剂是食品添加剂中比较重要、用量较大（与乳化剂不分伯仲）的种类。

酸度调节剂在使用时还须注意由酸度调节剂电离出的 H^+ 对食品加工的影响，如对纤维素、淀粉等食品原料的降解作用以及同其他食品添加剂的相互影响。因此，在食品加工中需要考虑加入酸度调节剂的程序和时间，否则会产生不良后果。当使用固体酸度调节剂时，要考虑它的吸湿性和溶解性，因此，必须采用适当的包装材料和包装容器。阴离子除了影响酸度调节剂的风味之外，还能影响食品风味，如前所述的盐酸、磷酸具有苦涩味，会使食品风味变劣，而酸度调节剂的阴离子常常使食品产生另一种味，这种味称为副味，一般有机酸具有爽快的酸味，而无机酸的味道不很适口。酸度调节剂还有一定的刺激性，能引起消化系统的疾病。

（二）影响酸味的因素

影响酸味的因素，包括酸味的强度与刺激阈值、温度和其他味觉。

1. 酸味的强度与刺激阈

酸味是味蕾受到 H^+ 刺激的一种感觉。酸味的强弱不能仅用 pH 值表示。弱酸所具有的未解离的氢离子（与 pH 值无关）与酸味也有关系。在相同浓度下，各种酸度调节剂的酸味强度不同，这主要是酸度调节剂解离的阴离子对味觉产生的影响所致。因此，一种酸的酸味不能完全以相等质量或浓度的另一种酸代替。在同一浓度下比较不同酸的酸味强度，其顺序为：盐酸 > 硝酸 > 硫酸 > 甲酸 > 乙酸 > 柠檬酸 > 苹果酸 > 乳酸 > 丁酸。如果在相同浓度下把柠檬酸的酸味强度定为100，则酒石酸的比较强度为 120 ~ 130，磷酸为 200 ~ 300，延胡索酸为263，抗坏血酸为50。

酸味的刺激阈值，是指味觉器官能尝出酸味的最低浓度。例如用浓度表达时，柠檬酸的刺激阈值为 25 ~ 80ppm。用 pH 值表达，无机酸的刺激阈值为 pH = 3.4 ~ 3.5，有机酸为 pH = 3.7 ~ 3.9。而对缓冲溶液来说，即便离子浓度更低也可感觉到酸味。

比较酸味的强弱通常以柠檬酸为标准，将柠檬酸的酸度确定为100，其他酸度调节剂在相同浓度条件下与其比较，酸味强于柠檬酸，则其相对酸度超过100，反之则低于100。以无水柠檬酸的酸味强度为100，其他酸接近无水柠檬酸酸味强度的用量（经验值）为：富马酸 67% ~ 73%，酒石酸 80% ~ 85%，L－苹果酸 78% ~ 83%，己二酸 110% ~ 115%，磷酸（浓度为85%）55% ~ 60%。

2. 温度

酸味与甜味、咸味及苦味相比，受温度的影响最小。酸以外的各种味觉在常温与 0℃ 时的刺激阈值相比，各种味觉变钝。例如，盐酸奎宁的苦味约减少97%；食盐的咸味减少80%；蔗糖的甜味减少75%；柠檬酸的酸味仅减少17%。

3. 其他味觉

甜味与酸味易互相抵消。酸味与苦味、咸味一般无消杀现象。酸度调节剂与涩味物质或收敛性物质（如单宁）混合，会使酸味增强。

另外，酸度调节剂分子根据羟基、羧基、氨基的有无、数目的多少、在分子结构中所处的位置不同等而产生不同的风味，使酸度调节剂不仅有酸味，有时还带有苦味、涩味等，如柠檬酸、抗坏血酸、葡萄糖酸有缓和圆润的酸味，苹果酸稍带苦涩味，盐酸、磷酸、乳酸、酒石酸、延胡索酸稍带涩味，乙酸、丙酸稍带刺激臭，琥珀酸、谷氨酸带鲜味。

如何在食品中应用酸度调节剂，需要考虑食品种类、加工特性和酸度调节剂的浓度、风味特征等诸多因素。就酸度调节剂本身而言，化学结构不同导致其产生的酸味强度、刺激阈值和呈味速度有明显差异，如柠檬酸、抗坏血酸和葡萄糖醛酸所产生的是一种令人愉快的、兼有清凉感的酸味，但味觉消失迅速；苹果酸产生的是一种略带苦味的酸味，这使其在某些软饮料及番茄制品中较受欢迎，其酸味的产生和消失都比柠檬酸慢；富马酸有较强的涩味，其酸味比柠檬酸强，但低温时溶解度较小；磷酸和酒石酸兼有较弱的涩味，酒石酸还带有较强的水果风味，适用于乳饮料、碳酸饮料和葡萄、菠萝类产品中；乙酸和丁酸有较强的刺激性，泡菜、醋等含有的乙酸/丁酸有增强食欲的功能；琥珀酸兼有贝类和豆酱类的风味，常用于一些复合调味品中；乳酸的酸味柔和，有后酸味。目前尚未有用一种酸替代另一种酸以获得同样酸味强度的规则，食品中的酸度调节剂，半数以上选用柠檬酸，其次是苹果酸、乳酸、酒石酸及磷酸。

四、常用的酸度调节剂

（一）柠檬酸（CNS 编号：01.101；INS 编号：330）

柠檬酸也称为枸橼酸，化学名称为 3 - 羟基 - 3 - 羧基戊二酸，柠檬酸一水合物的分子式是 $C_6H_8O_7 \cdot H_2O$，分子量为 210.14。

1. 性状

柠檬酸是一种应用广泛的酸味剂，为无色透明结晶或白色颗粒、白色结晶性粉末，无臭，味极酸，酸味爽快可口。柠檬酸有无水和单水合物两种，有强酸味；溶点为 153℃（无水）和 135℃（单水）；水合物在干燥空气中易风化，无水物在潮湿空气中可吸湿；易溶于水、乙醇，也可溶于乙醚；1% 水溶液的 pH 值为 2.31，pK_1 值为 3.14，pK_2 值为 4.77，pK_3 值为 6.39；在干燥空气中可失去结晶水而风化，在潮湿空气中缓慢潮解；极易溶于水，也易溶于甲醇、乙醇，略溶于乙醚；相对密度为 1.542。

2. 性能

柠檬酸水溶液呈酸性，酸味柔和、爽快，入口即可达到最高酸感，但后味延续时间较短。20℃时在水中的溶解度为 59%，其 2% 水液的 pH 值为 2.1。柠檬酸易溶于水，使用方便，酸味纯正、温和、芳香可口。其刺激阈值的最大值为 0.08%，最小值为 0.02%。柠檬酸易与多种香料配合而产生清爽的酸味，适用于各类食品的酸化。柠檬酸与柠檬酸钠复合使用，可缓和它的锐利酸感，酸味更好。

柠檬酸有较好的防腐作用，特别是抑制细菌繁殖的效果较好。它螯合金属离子的能力较强，作为金属封锁剂，其作用之强居有机酸之首，能与本身质量的 20% 的金属离子整合。柠檬酸可作为抗氧化增强剂，延缓油脂酸败，也可作为色素稳定剂，防止果蔬褐变。

柠檬酸与柠檬酸钠或钾盐等配成缓冲液，可与碳酸氢钠配成起泡剂及 pH 调节剂等，用于改善冰淇淋质量，制作干酪时容易成形和切开；柠檬酸主要用于香料或作为饮料的酸度调节剂，在食品和医学上用作多价螯合剂，也是重要的化学中间体；在碳酸饮料中柠檬酸是最主要的酸度调节剂之一，赋予饮料强烈的柑橘味道。它还可作为抗氧化剂的增效剂和褐变反应的延缓剂。在粉状食品中，柠檬酸的吸湿作用比己二酸或富马酸强，因此会带来一定的储藏问题。在一些常见食品中，柠檬酸和乳酸发酵会产生双乙酰化合物及其他风味成分。

3. 毒性

LD_{50} 为每千克体重 6.73g（大鼠，经口），ADI 不作限制性规定。柠檬酸是人体三羧酸循环的重要中间体，无蓄积作用，正常的使用量被认为是无害的。许多试验结果表明，柠檬酸及其钾盐、钠盐对人体没有明显危害。

GB 1886.235—2016
《食品安全国家标准
食品添加剂 柠檬酸》

4. 应用

GB 2760—2024《食品安全国家标准 食品添加剂使用标准》规定，柠檬酸作为酸度调节剂，在各类食品（表 A.2 编号为 1~15、17~53、59~62、64~68 的食品类别除外）中，按生产需要适量使用。柠檬酸钠盐、钾盐也可作为酸度调节剂。柠檬酸钠在各类食品（表 A.2 编号为 1~53、59~62、64~68 的食品类别除外）中，按生产需要适量使用。柠檬酸钾在各类食品中（表 A.2 编号为 1~53、59~62、64~68 的食品类别除外）中，按生产需要适量使用。

（二）乳酸（CNS 编码：01.102；INS 编码：270）

乳酸（学名：2-羟基丙酸）是一种化合物，在多种生物化学过程中起作用。它的分子式是 $C_3H_6O_3$，分子量为 90.08。它是一个含有羟基的羧酸，因此是一个 α-羟酸（AHA）。在水溶液中，它的羧基释放出一个质子，从而产生乳酸根离子 $CH_3CHOHCOO^-$。其分子结构中含有一个不对称碳原子，因此具有旋光性。按其构型及旋光性可分为 L-乳酸、D-乳酸和 DL-外消旋乳酸三类，但人体只代谢 L-乳酸的 L-乳酸脱氢酶，因此只有 L-乳酸能被人体完全代谢，且不产生任何有毒、副作用的代谢产物，D-乳酸或 DL-乳酸的过量摄入有可能引起代谢紊乱，甚至导致中毒。

1. 性状

乳酸制剂多为乳酸与乳酸酐的混合物，其乳酸含量大于 85.0%。高纯度的乳酸外观为白色晶体，微带杂质的乳酸通常为淡黄色或无色透明液体，略带脂肪酸臭味。乳酸的相对密度约为 1.206（25℃），常压下沸点为 190℃。乳酸与水可以互溶，易溶于乙醇、甘油、丙酮等有机溶剂，但不溶于氯仿、二硫化碳等。

2. 性能

乳酸具有柔和的酸味，酸味度为 1.1~1.2，50% 的乳酸 180mL 与 100g 柠檬酸的酸味相当，刺激阈值为 0.004%。乳酸的 α 型与 β 型作为光学活性体和外消旋体存在，其发酵法、合成法产品都是外消旋体。

乳酸可用作防腐剂、pH 调节剂、酸洗剂、风味增强剂、加工助剂、溶剂和载体。乳酸有很强的防腐保鲜功效，可用于果酒、饮料、肉类、食品、糕点制作、蔬菜（橄榄、小黄瓜、珍珠洋葱）腌制，以及罐头加工、粮食加工、水果的储藏，具有调节 pH 值、抑菌、延长保质期、调味、保持食品色泽、提高产品质量等作用。乳酸独特的酸味可增加食物的美味：在色拉酱、酱油、醋等调味品中加入一定量的乳酸，可保持产品中微生物的稳定性、安全性，同时使风味更加柔和；在酿造啤酒时，加入适量乳酸既能调整 pH 值而促进糖化，有利于酵母发酵，提高啤酒质量，又能增加啤酒风味，延长保质期；乳酸在白酒、清酒和果酒中用于调节 pH 值，防止杂菌生长，增强酸味和清爽口感；乳酸还可应用于硬糖、水果糖及其他糖果产品中，酸味适中且糖转化率低。乳酸粉可用于各类糖果的上粉，作为粉状的酸味剂。天然乳酸是乳制品中的天然固有成分，它具有乳制品的风味和良好的抗微生物作用，已广泛用于调配型酸干酪、冰淇淋等食品中，成为备受青睐的乳制品酸度调节剂。乳酸是一种天然发酵酸，因此可令面包具有独特风味。乳酸作为天然的酸度调节剂，在面包、蛋糕、饼干等焙烤食品中用于调味和抑菌，并能改进食品的品质，保持色泽，延长保质期。乳酸在医药、皮革、纺织、烟草、化妆品、农业等领域都有广泛的应用。

3. 毒性

LD_{50} 为每千克体重 3 730mg（大鼠，经口）。乳酸是食品中的一种正常组成成分，也是人体内的一种中间代谢产物，因此其 ADI 未作限制性规定。

4. 应用

GB 2760—2024《食品安全国家标准 食品添加剂使用标准》规定，乳酸在各类食品（表 A.2 中编号为 1~4、6~53、57~68 的食品类别除外）中，按生产需要适量使用。

（三）L-苹果酸（CNS 编码：01.104）、DL-苹果酸（CNS 编码：01.309；ISN 编码：296）、DL-苹果酸钠〔CNS 编码：01.309；ISN 编码：350（ii）〕

苹果酸又称为羟基琥珀酸，化学名称为羟基丁二酸，分子式为 $C_4H_6O_5$，分子量为 134.09，广泛存在于未成熟的水果如苹果、葡萄、樱桃、菠萝、番茄中。

1. 性状

苹果酸为白色的结晶或结晶性粉末，有特殊的酸味。其分子中有一个不对称碳原子，有两种立体异构体，因此在大自然中通常以三种形式存在：L-苹果酸、D-苹果酸、DL-苹果酸（三种异构体），天然存在的苹果酸都是 L-型的。苹果酸带有特殊的令愉快的酸味，较枸橼酸强约 20%，呈味缓慢，保留时间较长，酸味爽口，但稍有苦涩感。其相对密度为 1.601，熔点约为 100℃，沸点为 140℃（分解）；易溶于水，可溶于乙醇，微溶于乙醚；有吸湿性，1% 水溶液的 pH 值为 2.4。

2. 性能

苹果酸酸味圆润，刺激缓慢但持久，正好与枸橼酸呈味特性互补，可增强酸味。另外，苹果酸在水果中使用时有很好的抗褐变作用，高浓度时对皮肤黏膜有刺激作用。

苹果酸天然存在于食品中，是三羧酸循环的中间体，可参与机体正常代谢。L-苹果酸是人体必需的一种有机酸，口感接近天然苹果的酸味，与柠檬酸相比，具有酸度高、味道柔和、滞留时间长、香味特殊、不损害口腔与牙齿、代谢上有利于氨基酸吸收、不积累脂肪等特点。其酸味刺激效果优于柠檬酸，口感更自然、谐调、丰满，目前已广泛用于饮料和食品的生产，成为继柠檬酸、乳酸之后用量排第三位的食品酸度调节剂。用 L-苹果酸配制的饮料酸甜可口，更加接近天然果汁的风味。苹果酸与柠檬酸复合使用，可呈现强烈的天然果实风味。

苹果酸可以参与微生物的发酵过程，能作为微生物生长的碳源，因此可以用作食品发酵剂，可控制食品体系的 pH 值，减少果蔬发生变色，起护色作用，另外，苹果酸的整合作用还可以抑制酚酶的活性，防止果蔬酶促褐变。苹果酸可用作食品保鲜剂，还可广泛应用于食品、化妆品、医疗用品和保健品等领域。苹果酸作为风味增强剂、香料、加工助剂和酸度调节剂，在饮料、冰淇淋、糖果、焙烤食品、罐装食品、果酱、果冻、蜜饯等食品中被广泛应用。

3. 毒性

LD_{50} 为每千克体重 1.6 ~ 3.2g（大鼠，经口），ADI 不作规定。

4. 应用

GB 2760—2024《食品安全国家标准 食品添加剂使用标准》规定，L - 苹果酸、DL - 苹果酸、DL - 苹果酸钠在各类食品（表 A.2 中编号为 1 ~ 68 的食品类别除外）中，按生产需要适量使用。

（四）L（+）- 酒石酸（CNS 编码：01.111；INS 编码：334）、DL - 酒石酸（CNS 编码：01.313）

其化学名称为 2,3 - 二羟基丁二酸、2,3 - 二羟基琥珀酸；分子式为 $C_4H_6O_6$，分子量为 150.09。

1. 性状

酒石酸分子结构中有两个不对称碳原子，存在 D - 酒石酸、L - 酒石酸、DL - 酒石酸（内消旋体）三种光学异构体。L - 酒石酸为无色透明棱柱状晶体或白色细至粗结晶粉末，有类似葡萄和白柠檬的香气，味酸，在空气中稳定；易溶于水（139.44g/100mL，20℃）、乙醇（33g/100mL），难溶于乙醚、氯仿；熔点为 168 ~ 170℃；在空气中稳定，无吸湿性；刺激阈值为 0.002 5%，酸味较强，酸味强度为枸橼酸的 1.2 ~ 1.3 倍，是酸度调节剂中酸味最强烈的；0.3% 水溶液的 pH 值 2.4；在口中保持时间最短，酸味爽口，但稍有涩感。

2. 性能

酒石酸有很强烈的酸味，在葡萄、酸橙饮料中广泛用作风味增强剂以调节饮料酸度。酒石酸还可作为抗氧化剂的增效剂。酒石酸与柠檬酸类似，可用于食品工业，如饮料制造。酒石酸也是一种抗氧化剂，可在食品工业中应用。

酒石酸主要用作酸度调节剂、发酵剂和风味物质，其抑菌功能的应用很少。酒石酸在食品中可用作固化剂、风味物质、风味增强剂、润湿剂以及酸度调节剂。酒石酸及其钠、钾盐和酒石酸二氢胆碱可按照生产需要适量添加，一般被公认为安全。酒石酸衍生物可以用作风味物质，如酒石酸钾可作为发酵剂、抗菌剂、酸度调节剂、润湿剂、稳定剂、增稠剂及表面活性剂。酒石酸钠在干酪、脂肪、植物油、果酱和果冻中的使用量不受限制。酒石酸二氢胆碱可作为一种膳食补充剂和营养强化剂。在食用油或由脂肪形成的脂肪酸中，二乙酰酒石酸单酯或二酯可用作乳化剂。

3. 毒性

LD_{50} 为每千克体重 4.36g（小鼠，经口），ADI 为每千克体重 0 ~ 30mg。

4. 应用

GB 2760—2024《食品安全国家标准 食品添加剂使用标准》规定，酒石酸的应用范围及最大使用量（以酒石酸计）：在粉丝、粉条中的最大使用量为 2.0g/kg；在腌渍的蔬菜中的最大使用量为 3.0g/kg；在葡萄酒中的最大使用量为 4.0g/L；在果蔬汁（浆）类饮料、植物蛋白饮料、复合蛋白饮料、碳酸饮料、茶、咖啡、植物（类）饮料、特殊用途饮料和风味饮料（以即饮状态计，相应的固体饮料按稀释倍数增加使用量）中的最大使用量为5.0g/kg；在油炸面制品、面糊（如用于鱼和禽肉的拖面糊）、裹粉、煎炸粉、固体复合调味料中的最大使用量为10.0g/kg；在糖果中的最大使用量为30.0g/kg。

（五）磷酸（CNS编码：01.106，INS编码：338）

磷酸又称为正磷酸，化学式为H_3PO_4，分子量为98.00。

1. 性状

食品级磷酸通常浓度在85%以上，是无色、无臭的透明浆状液体，其稀溶液有令人愉快的酸味，酸度是柠檬酸的2.3～2.5倍，有强烈的收敛味与涩味。磷酸加热至215℃变为焦磷酸，于300℃左右转变为偏磷酸，有毒。磷酸潮解性强，能与水、乙醇混溶，接触有机物则着色。

2. 性能

磷酸可在复合调味料、罐头、可乐型饮料、干酪、果冻中按生产需要适量使用。其具有独特的风味和酸味，可用于可乐香型碳酸饮料，在酿造业中可作pH调节剂，在动物脂肪中可与抗氧化剂并用，在制糖过程中用作蔗糖液澄清剂及在酵母厂用作酵母营养剂等。在美国，磷酸是食品工业中用量仅次于柠檬酸的酸度调节剂。

3. 毒性

LD_{50}为每千克体重1 530mg（大鼠，经口），ADI为每千克体重0～70mg（FAO/WHO，1994）。磷酸可参与机体正常代谢，最终可由肾及肠道排泄。

4. 应用

GB 2760—2024《食品安全国家标准 食品添加剂使用标准》规定，磷酸及磷酸盐可作为水分保持剂、膨松剂、酸度调节剂、稳定剂、凝固剂、抗结剂，其应用范围及最大使用量（可单独或混合使用，以磷酸根PO_4^{3-}计）：在米粉（包括汤圆粉）、谷类和淀粉类甜品（如米布丁、木薯布丁，仅限谷类甜品罐头）、预制水产品（半成品）、水产品罐头、婴幼儿配方食品（仅限使用磷酸氢钙和磷酸二氢钠）、较大婴儿和幼儿配方食品（仅限使用磷酸氢钙和磷酸二氢钠）、特殊医学用途婴儿配方食品（以即食状态计，仅限使用磷酸氢钙、磷酸二氢钠、磷酸）、婴幼儿辅助食品（仅限使用磷酸氢钙和磷酸二氢钠）中的最大使用量为1.0g/kg；在杂粮罐头、其他杂粮制品（仅限冷冻薯类制品）中的最大使用量为1.5g/kg；在熟制坚果与籽类（仅限油炸坚果与籽类）、膨化食品中的最大使用量为2.0g/kg；在乳及乳制品（13.0特殊膳食用食品涉及品种除外，01.01.01巴氏杀菌乳、01.01.02灭菌乳和高温杀菌乳、01.02.01发酵乳和01.03.01乳粉和奶油粉除外）、水油状脂肪乳化制品（02.02.01.01黄油和浓缩黄油除外）、02.02类以外的脂肪乳化制品［包括混合的和（或）调味的脂肪乳化制品］、冷冻饮品（03.04食用冰除外）、蔬菜罐头、可可制品、巧克力和巧克力制品（包括代可可脂巧克力及制品）以及糖果、小麦粉及其制品（06.03.02.02生干面制品除外）、杂粮粉、食用淀粉、即食谷物，包括碾轧燕麦（片）、方便米面制品、冷冻米面制品、面糊（如用于鱼和禽肉的拖面糊）、裹粉、煎炸粉（可按涂裹率增加使用量）、预制肉制品、熟肉制品、冷冻水产品、冷冻水产糜及其制品（包括冷冻丸类产品等）、熟制水产品（可直接食用）、热凝固蛋制品（如蛋黄酪、皮蛋肠）、饮料类类［14.01包装饮用水、14.02.01果蔬汁（浆）、14.02.02浓缩果蔬汁（浆）除外，以即饮状态计，相应的固体饮料按稀释倍数增加使用量］、配制酒、果冻（如用于果冻粉，按冲调倍数增加使用量）中的最大使用量为 5.0g/kg；在乳粉和奶油粉、调味糖浆中的最大使用量为 10.0g/kg；在再制干酪及干酪制品中的最大使用量为 14.0g/kg；在焙烤食品中的最大使用量为 15.0g/kg；在其他油脂或油脂制品（仅限植脂末）、复合调味料中的最大使用量为 20.0g/kg；在其他固体复合调味料（仅限方便湿面调味料包）中的最大使用量为 80.0g/kg。

（六）冰乙酸（CNS 编码：01.107，INS 编码：260）

冰乙酸，也叫作醋酸（36% ~38%），分子量为 60.05。含量 99% 的醋酸称为冰醋酸，化学式为 CH_3COOH，是一种有机一元酸。冰醋酸不能直接使用，稀释后才成为通常所说的醋酸，为食醋内酸味及刺激性气味的来源。

1. 性状

冰乙酸在常温下为无色透明液体，有强刺激性气味，味似醋。冰醋酸因在 16.75℃ 凝固成冰状结晶而得名。纯的无水冰乙酸（冰醋酸）是无色的吸湿性固体，凝固点为 16.6℃（62°F），凝固后为无色晶体。其相对密度为 1.049，沸点为 118℃，折射率为 1.372。冰乙酸可与水、乙醇混溶，水溶液呈酸性，6% 水溶液的 pH 值为 2.4。尽管根据冰乙酸在水溶液中的解离能力规定它是一种弱酸，但是冰乙酸是具有腐蚀性的，其蒸汽对眼和鼻有刺激性作用。液体冰乙酸无色，有刺鼻的醋酸味，能溶于水、乙醇、乙醚、四氯化碳及甘油等有机溶剂。冰乙酸味极酸，在食品中的使用受到限制，其用大量水稀释后仍呈酸性反应。冰乙酸能去除腥臭味。

2. 性能

冰乙酸在食品中主要用作酸度调节剂，其 pH 值小于微生物生长的最适 pH，对细菌和真菌具有广谱抑菌效果。小 pH 值发酵食品中的细菌对酸有较大的耐受力，产乳酸、醋酸、丙酸和丁酸的细菌最能耐受冰乙酸对其生长的抑制作用。冰乙酸对霉菌的抑制效果较差：当 pH 值为 4.5 时，10g/L 冰乙酸钾可抑制曲霉菌的生长和黄曲霉毒素的产生；酸浓度分别为 6g/L 和 8g/L 时，霉菌的生长与毒素的产生可分别减少 70% 和 90%。冰乙酸、生姜、食盐三者混合后，对空气中杂菌和供试的大多数易污染食品的真菌有明显的协同抗菌作用。

冰醋酸按用途分为工业和食用两种。食用冰醋酸可用作酸度调节剂、增香剂。

冰乙酸可用于生产合成食用醋，用水将冰乙酸稀释至 4% ~5% 浓度，添加各种调味剂而得食用醋，其风味与酿造醋相似，常用于番茄调味酱、蛋黄酱、泡菜、干酪、糖食制品等。

3. 毒性

LD_{50} 为每千克体重 4.96g（小鼠，经口），ADI 不作限制性规定。大量服用醋酸能使人中毒，浓醋酸对皮肤有刺激和灼伤作用。

4. 应用

GB 2760—2024《食品安全国家标准 食品添加剂使用标准》规定，冰乙酸在各类食品（12.03 食醋除外，表 A.2 中编号为 1 ~68 的食品类别除外）中，按生产需要适量使用。冰乙酸常用于调味酱、泡菜、罐头、酸黄瓜、饮料等。

第二节 甜味剂

甜味的产生是甜味剂分子刺激味蕾而发生的一种复杂的物理、化学和生理反应。甜味是易被人们接受且最感兴趣的一种基本味，不但能满足人们的饮食需求，还能改进食品的可口性和某些食用性质。

甜味剂 PPT

一、定义

赋予食品甜味的物质称为甜味剂。其功能分类代码为 19，CNS 编码为 19，◇◇◇。

二、分类

甜味剂种类较多，按其来源可分为天然甜味剂和人工合成甜味剂。天然甜味剂有甜菊糖、甘草、甘草酸二钠、甘草酸三钾和三钠等。人工合成甜味剂有糖精、糖精钠、环己基氨基磺酸钠、天冬酰苯丙氨酸甲酯、阿力甜等。

甜味剂按营养价值可分为营养型甜味剂和非营养型甜味剂。当营养型甜味剂与蔗糖甜度相同时，其产生的热量高于蔗糖产生热量的 2%。营养型甜味剂主要包括各种糖类和糖醇类，如葡萄糖、果糖、异构糖、麦芽糖醇等。非营养型甜味剂与蔗糖甜度相同时，其产生的热量低于蔗糖产生热量的 2%。非营养型甜味剂主要包括甘草、甜叶菊、罗汉果等天然甜味剂和糖精钠、甜蜜素、安赛蜜、甜味素等人工合成甜味剂。

甜味剂按其化学结构可分为糖类和非糖类甜味剂。糖类甜味剂（包括木糖醇、山梨糖醇、赤藓糖醇、麦芽糖醇、甘露糖醇、乳糖醇、异麦芽酮糖醇等）多由人工合成，其甜度与蔗糖相差不多，但其热值较小，与葡萄糖有不同的代谢过程，因此具有某些特殊的用途。非糖类甜味剂的甜度很高，用量极少，热值很小，完全区别于蔗糖等糖类，多不参与代谢过程，常称为非营养型或小热值甜味剂，亦称高甜度甜味剂或高倍甜味剂（包括甜菊糖苷、三氯蔗糖、阿斯巴甜、AK 糖、甜蜜素、甘草、甘草酸一钾、甘草酸三钾、甘草酸铵、罗汉果甜苷、糖精、纽甜、双甜、索马甜、阿力甜等）。

衡量甜味剂甜度时，可将其全部甜味特性与标准甜味物质（通常是蔗糖）进行比较，并用一个具体数值表示，因此，某种甜味剂或几种甜味剂混合物的甜度可以表示为相当于等甜度标准糖（通常是葡萄糖或蔗糖）的倍数浓度。相对于蔗糖甜度来说，一般糖醇类的甜度较低，称为低甜度甜味剂，而非糖类的天然甜味剂和人工合成甜味剂的甜度明显超过蔗糖，被称为高甜度或超高甜度甜味剂。

很多人工合成的、非营养型甜味剂具有令人不愉快的后感，这促进了复合甜味剂的发展。复合甜味剂一般将多种甜味剂按不同比例混合，并通过添加其他食品添加剂以消除甜味剂固有的令人不愉快的后感。

三、甜味产生的机理和甜度

目前，甜味的呈味机理尚未为人类完全掌握，许多研究者试图研究简单模式糖类及其脱氧衍生物的立体化学结构来解释甜味呈味理论。Schallenberger 和 Acree 最早提出 AH/B 系统甜味呈味理论假说，认为氢键是甜味产生的根源，这是人类第一次解释各种甜味分子产生甜味的简单基础理论。迄今为止，从不同角度针对甜味的深入研究均未能完全解释人对甜味感知的原理。

（一）甜味产生的机理

甜味是甜味物质与唾液形成的溶液同口腔味蕾的甜味感觉器作用产生的化学刺激，并通过神经传输到大脑而感受到的一种味觉。目前对甜味产生的机理主要有三种解释。

1. AH/B 系统甜味呈味理论假说

甜味感受器存在一个带孤对电子的质子接受基 B 和一个质子供给基 AH，两者相距 0.3nm；甜味剂分子结构中也存在同样的结构。当两者相距 0.25～0.4nm 时，可匹配并形成氢键，产生甜味，甜味强度与形成的氢键强弱有关。

2. 三点接触理论

甜味感受器和甜味分子还可能分别存在一个具有适当立体结构的亲油区域，即在距甜味分子 AH 基质子约 0.35nm、距 B 基团约 0.55nm 的位置有一个疏水基团 X，它能与甜味受体的亲油区域通过疏水键结合产生甜味。

3. 诱导适应甜味受体理论

甜味受体是一种碱性膜表蛋白体，由 A、B、C、D、E 五种氨基酸片段组成，它们形成一个 U 形口袋，甜味物质分子具有与某些氨基酸片结合顺序对应的极性中心匹配且空间构型互补的分子结构，能与甜味受体结合产生甜味。

（二）甜度

1. 相对甜度

甜味的高、低、强、弱称为甜度。到目前为止甜度的测定还只能凭人们的味觉来判断，不能用物理或化学方法来定量测定。一般以蔗糖为标准甜度来得到其他甜味剂的相对甜度。基准如下：在 20℃ 条件下，味觉细胞感觉到 5% 或 10% 蔗糖的甜度为 1（或 100%）。各种甜味剂的相对甜度见表 1-6-1。

表 1-6-1　各种甜味剂的相对甜度

名称	相对甜度	名称	相对甜度
蔗糖	1.0	糖精	200～500
葡萄糖	0.7	甜蜜素	50
果糖	1.03～1.73	1,4,6-三氯代蔗糖	2000
麦芽糖	0.46	甜菊糖苷	300
乳糖	0.16～0.27	甘草素	200～300
鼠李糖	0.3	甘茶素	600～800
棉籽糖	0.23	罗汉果素	300

名称	相对甜度	名称	相对甜度
半乳糖	0.3 ~ 0.6	天冬甜	160 ~ 220
甘露糖	0.3 ~ 0.6	低聚麦芽糖	0.2
木糖	0.4 ~ 0.7	木糖醇	0.6 ~ 1.0
低聚果糖	0.3 ~ 0.6	麦芽糖醇	0.75 ~ 0.95
低聚木糖	0.4	甘露糖醇	0.7
山梨糖醇	0.5 ~ 0.7	赤藓糖醇	0.75

2. 影响甜度的因素

甜味剂的甜度受很多因素的影响，简述如下。

（1）浓度的影响。一般情况下，随着甜味剂浓度的增加，其甜度也增高，但这种增高不呈线性关系，对不同的甜味来说，增高的程度不同。例如，许多糖的甜度随浓度增高的程度比蔗糖大。此外，一些非甜味剂和人工合成甜味剂在低浓度时呈现甜味，在高浓度时往往出现苦味。据研究，这可能是因为其分子在与舌面接触时发生障碍，引起异感。

（2）粒度的影响。粒度不同的同一种甜味剂往往会产生不同甜度的感觉。例如，蔗糖有不同的晶粒，粗砂糖的粒径在 0.5mm 以上，绵白糖的粒径在 0.05mm 以下，当糖与唾液接触时晶粒越细则接触面积越大，糖溶解的速度越快，能很快地达到较高的浓度，因此在口感上绵白糖比砂糖甜一些，实际上，将它们配成相等浓度的溶液时，其甜度是相等的。

（3）温度的影响。温度对甜度也有影响。在 5℃ 时 5% 蔗糖溶液的甜度为 1.0，5% 果糖溶液的甜度为 1.47；至 18℃ 时，果糖溶液的甜度降至 1.29，至 40℃ 时降至 1.0，至 60℃ 时只有 0.79。蔗糖、葡萄糖等溶液的甜度在温度变化时几乎没有变化。其原因是：在较高温度下，果糖溶液中的不同异构体达到一种平衡，较高甜度异构体的相对含量降低。因此，以果糖作为食品甜味剂时，应当考虑到该食品的进食温度。

（4）介质的影响。甜味剂处于不同的介质中，其甜度也会有一些变化。例如，在 5 ~ 40℃ 时，果糖在柠檬汁中的甜度与同等浓度的蔗糖柠檬汁大致相同。在蔗糖中，添加增稠剂（如淀粉或树胶）能使甜度稍有提高。食品中的食盐和酸对糖的甜度也有影响，但没有一定规律。

（5）甜味剂之间的影响。将不同的甜味剂混合，它们有时会互相提高甜度。如果混合糖液中蔗糖和葡萄糖的甜度互不影响，则混合糖液的甜度应当是两者之和，但实际上甜度有所增加。

四、常用的甜味剂

（一）天然甜味剂

1. 甘草酸铵，甘草酸一钾及三钾（CNS 编码：19.012，19.010，19.025；INS 编码：958）

（1）性状。甘草酸铵是从甘草中提取的甘草酸铵盐，为天然甜味剂。甘草酸铵为白色粉末，分子式为 $C_{42}H_{65}NO_{16} \cdot 5H_2O$，甜度约为蔗糖的 200 倍，溶于氨水，不溶于冰乙酸。

甘草酸一钾及三钾类似白色或淡黄色粉末，分子式为 $C_{42}H_{61}O_{16}K$，无臭，有特殊的甜味。甘草酸一钾的甜度约为蔗糖的500倍，甘草酸三钾的甜度为蔗糖的150倍，甜味残留时间长，易溶于水，溶于稀乙醇、甘油、丙二醇，微溶于无水乙醇和乙醚。

（2）性能。与蔗糖相比，甘草酸铵的甜味感觉速度偏慢，带有甘草后余味，温凉感弱。将甘草酸铵直接作为甜味剂应用到食品中，甜味不纯正，一般将其与三氯蔗糖、赤藓糖醇等其他甜味剂复合，使其甜味更接近蔗糖。

（3）毒性。LD_{50}为每千克体重0.805g（小鼠，腹腔）、大于每千克体重10g（小鼠，经口）。FDA将甘草酸铵列为GRAS物质。

（4）应用。GB 2760—2024《食品安全国家标准 食品添加剂使用标准》规定，甘草酸铵、甘草酸一钾及三钾在蜜饯凉果、糖果、饼干、肉罐头类、调味品（12.01 盐及代盐制品、12.09 香辛料类除外）、饮料类［14.01 包装饮用水、14.02.01 果蔬汁（浆）、14.02.02 浓缩果蔬汁（浆）除外］中，按生产需要适量使用。

2. 甜菊糖苷（CNS 编码：19.008；INS 编码：960a）

甜菊糖苷又称为甜菊糖、甜菊苷，是从菊科甜菊属多年生草本植物（中国称为甜叶菊）干叶中提取的一种天然非营养型甜味剂。甜叶菊原产于巴拉圭和巴西，目前在中国、新加坡、马来西亚等国家均有种植。由于植物来源和其应用食品的不同，甜菊糖苷呈现的甜味存在差异。甜菊糖苷具有高甜度、低热能、纯天然的特性，其甜感与蔗糖相似，但刺激缓慢、味觉延绵，浓度较高时略带苦味。

（1）性状。甜菊糖苷为白色至浅黄色晶体粉末，味清凉甘甜；熔点为198～202℃，耐高温；易溶于水、乙醇；与蔗糖、果糖、葡萄糖、麦芽糖等混合使用时，不仅甜味更纯正，还可起到协同增效的效果。甜菊糖苷耐热耐光，在pH值为3～10时十分稳定，易存放；溶液稳定性好，在一般饮料食品的pH值范围内进行加热处理仍很稳定。甜菊糖苷在含有蔗糖的有机酸溶液中存放半年变化不大；在酸碱类介质中不分解，可防止发酵、变色和沉淀。

（2）性能。甜菊糖苷甜味纯正，清凉绵长，味感近似白糖，甜度为蔗糖的150～300倍，残留时间长，后味可口，有轻快凉爽感，对其他甜味剂有改善和增强作用，在酸性和碱性条件下都较稳定。

（3）毒性。LD_{50}大于或等于每千克体重15g（小鼠，经口）。JECFA在第69届年会上对甜菊糖苷的安全性进行了重新评价，新制定的ADI为每千克体重0～4mg（以甜菊醇计，FAO/WHO，2008）。

（4）应用。GB 2760—2024《食品安全国家标准 食品添加剂使用标准》规定，甜菊糖苷的应用范围及最大使用量（以甜菊醇当量计）：在新型豆制品（大豆蛋白及其膨化食品、大豆素肉等）中的最大使用量为0.09g/kg；在膨化食品、即食谷物，包括碾轧燕麦（片）、膨化食品中的最大使用量为0.17g/kg；在调制乳中的最大使用量为0.18g/kg；在风味发酵乳、发酵蔬菜制品、饮料类［14.01 包装饮用水、14.02.01 果蔬汁（浆）、14.02.02 浓缩果蔬汁（浆）除外，以即饮状态计，相应的固体饮料按稀释倍数增加使用量］中的最大使用量为0.2g/kg；在配制酒中的最大使用量为0.21g/kg；在果酱中的最大使用量为0.22g/kg；在腌制的蔬菜中的最大使用量为0.23g/kg；在糕点中的最大使用量为0.33g/kg；在调味品（12.01 盐及代盐制品、12.09 香辛料类除外）中的最大使用量为0.35g/kg；在饼干中的最大使用量为0.43g/kg；在冷冻饮品（03.04 食用冰除外）、果冻

（如用于果冻粉，按冲调倍数增加使用量）中的最大使用量为 0.5g/kg；在可可制品、巧克力和巧克力制品（包括代可可脂巧克力及制品）中的最大使用量为 0.83g/kg；在调味糖浆中的最大使用量为 0.91g/kg；在熟制坚果与籽类中的最大使用量为 1.0g/kg；在蜜饯中的最大使用量为 3.3g/kg；在糖果中的最大使用量为 3.5g/kg；在茶制品（包括调味茶和代用茶）中的最大使用量为 10.0g/kg；在餐桌甜味料中，按生产需要适量使用。

甜菊糖苷是糖尿病、肥胖病患者的良好的天然甜味剂。

3. 木糖醇（CNS 编码：19.007；INS 编码：967）

木糖醇是存在于大多数水果和蔬菜中的一种五碳糖醇，商业生产的木糖醇是用含有木聚糖的植物原料进行酸水解、加氢并进一步纯化，如用玉米芯、甘蔗渣、棉籽壳等原料，加入硫酸使其水解，净化处理后加入氢氧化钠调节 pH 值至 8，通入氢气，加压加热进行氢化反应，然后脱色、浓缩、结晶而成；还可以采用微生物发酵的方法进行生产。

（1）性状。木糖醇的分子式为 $C_5H_{18}O_5$；为白色晶体或结晶性粉末，有吸湿性；易溶于水，微溶于乙醇；10% 水溶液的 pH 值为 5.0~7.0；在 pH 值为 3~8 时稳定，热稳定性好；结构上不具有醛基或酮基，加热不产生美拉德反应。木糖醇的甜度略低于蔗糖（甜度 90~100），是山梨糖醇的 2 倍、甘露糖醇的 3 倍，并且与蔗糖具有相同的热值，直接食用时会有凉爽的口感。

（2）性能。在室温条件下，木糖醇通常可以替代蔗糖，应用于糖果、甜点、巧克力和口香糖的生产，尤其是用于无糖产品及非致龋齿性口香糖的生产。木糖醇用于口香糖、胶姆糖等糖果中，具有润喉、洁齿、防龋齿等特点。木糖醇具有不发酵性，可用于饮料、牛乳、果脯、酸奶、果酱、八宝粥中，使其口感好、甜味持久。

（3）毒性。LD_{50} 为每千克体重 22g（小鼠，经口）。20 世纪 70 年代，JECFA 将木糖醇批准为 A 类食品添加剂，其 ADI 不作限制性规定。

（4）应用。GB 2760—2024《食品安全国家标准 食品添加剂使用标准》规定，木糖醇在各类食品（表 A.2 中编号为 1~68 的食品类别除外）中，按生产需要适量使用。

木糖醇主要作为糖的替代物添加于口香糖、硬糖等中，可作为糖尿病患者的糖类替代品。

（二）人工合成甜味剂

1. 糖精钠［CNS 编码：19.001；INS 编码：954（iv）］

糖精实际上是糖精、糖精钠、糖精钾、糖精铵及糖精钙的统称，人们普遍所称的糖精实际上是糖精的钠盐——糖精钠。

（1）性状。糖精钠的化学名称为邻苯甲酰磺酰亚胺钠，分子式为 $C_7H_7NO_3SNa$。糖精钠为无色结晶或稍带白色的结晶性粉末，一般含有两个结晶水，易失去结晶水而成为无水糖精，呈白色粉末，无臭或微有香气，味浓甜带苦，甜度为蔗糖的 200~500 倍，一般为 300 倍。

（2）性能。将糖精钠水溶液长时间放置，其甜度慢慢降低；耐热及耐碱性弱，在酸性条件下加热甜味渐渐消失。糖精钠具有价格低、不参加代谢、不提供能量、性质稳定等优点，但单独使用会带来令人讨厌的后苦味和金属味，可通过和甜蜜素等其他甜味剂混合来改善不良后味。如这种不良后味可以通过使用乳糖或将糖精钠与阿斯巴甜混合使用的方法加以修饰。同时，糖精钠与阿斯巴甜、甜蜜素等甜味剂复配时，通常具有协同增甜的效果，在减少非营养甜味剂的添加量、节约成本的同时，还能保证产品中甜味剂添加量不超标。

（3）毒性。糖精钠在人体内不能被代谢，不产生热量。LD_{50}为每千克体重 17.5g（小鼠，经口），ADI 为每千克体重 0~2.5mg。

糖精钠不参与人体内代谢，进入人体后几乎全部经由内脏很快随尿液和粪便排出体外。我国也采取了严格限制糖精钠使用的政策，规定婴儿食品中不得使用糖精钠。

（4）应用。GB 2760—2024《食品安全国家标准 食品添加剂使用标准》规定，糖精钠可作为甜味剂、增味剂，其应用范围及最大使用量（以糖精计）：在冷冻饮品（03.04 食用冰除外）、腌渍的蔬菜、复合调味料、配制酒中的最大使用量为 0.15g/kg；在果酱中的最大使用量为 0.2g/kg；在蜜饯、新型豆制品（大豆蛋白及其膨化食品、大豆素肉等）、熟制豆类、脱壳熟制坚果与籽类中的最大使用量为 1.0g/kg；在带壳熟制坚果与籽类中的最大使用量为 1.2g/kg；在水果干类（仅限芒果干、无花果干）、蜜饯类、凉果类、话化类、果糕类中的最大使用量为 5.0g/kg。

2. 天门冬酰苯丙氨酸甲酯（CNS 编码：19.004；INS 编码：951）

天门冬酰苯丙氨酸甲脂又名阿斯巴甜或甜味素、蛋白糖，人工合成品，我国于 1986年批准在食品中应用。

（1）性状。天冬酰苯丙氨酸甲酯为无嗅白色晶体粉末，分子式为 $C_{14}H_{18}N_2O_5$。天冬酰苯丙氨酸甲酯的甜度是蔗糖的 150~200 倍，甜味纯正，并且具有和蔗糖近似的清爽甜味，无令人不愉快苦后味或金属涩味；微溶于水，难溶于酒精，不溶于油脂；对酸、热的稳定性较差。

（2）性能。天冬酰苯丙氨酸甲酯与蔗糖或其他甜味剂混合使用时有协同效应，添加 2%~3%于糖精钠中，可明显掩盖糖精钠的不良口感。此外，其还可增强某些食品的风味。

（3）毒性。LD_{50}大于每千克体重 10g（小鼠，经口），ADI 为每千克体重 0~0.049。天冬酰苯丙氨酸甲酯进入人体后会被小肠内的胰凝乳蛋白酶分解产生甲醇、苯丙氨酸和天冬氨酸。

GB 1886. 47—2016《食品安全国家标准 食品添加剂天冬酰苯丙氨酸甲酯（又名阿斯巴甜）》

（4）应用。GB 2760—2024《食品安全国家标准 食品添加剂使用标准》规定，阿斯巴甜（含苯丙氨酸）的使用范围和最大使用量：在醋、油或盐渍水果、腌渍的蔬菜、盐渍的食用菌和藻类、冷冻挂浆制品、冷冻糜及其制品（包括冷冻丸类产品等）、预制水产品（半成品）、熟制水产品（可直接食用）、水产品罐头中的最大使用量为 0.3g/kg；在加工坚果与籽类、膨化食品中的最大使用量为 0.5g/kg；在调制乳、果蔬汁（浆）类饮料（以即饮状态计，相应的固体饮料按稀释倍数增加使用量）、蛋白饮料（以即饮状态计，相应的固体饮料按稀释倍数增加使用量）、碳酸饮料（以即饮状态计，相应的固体饮料按稀释倍数增加使用量）、茶、咖啡、植物（类）饮料（以即饮状态计，相应的固体饮料按稀释倍数增加使用量）、特殊用途饮料（以即饮状态计，相应的固体饮料按稀释倍数增加使用量）、风味饮料（以即饮状态计，相应的固体饮料按稀释倍数增加使用量）中的最大使用量为 0.6g/kg；在风味发酵乳、稀奶油（淡奶油）及其类似品（01.05.01 稀奶油除外）、非熟化干酪、干酪类似品、以乳为主要配料的即食风味食品或其预制产品（不包括冰淇淋和风味发酵乳）、02.02 类以外的脂肪乳化制品〔包括混合的和（或）调味的脂肪乳化制品〕、脂肪类甜品、冷冻饮品（03.04 食用冰除外）、水果罐头、果酱、果泥、除 04.01.02.05 以外的果酱（如印度酸辣酱）、装饰性果蔬、水果甜品（包括果味液体甜品）、发酵的水果制品、煮熟的或油炸的水果、冷冻蔬菜、干制蔬菜、蔬菜罐头、蔬菜泥（酱）（番茄沙司除外）、经水煮或油炸的蔬菜、食用菌和藻类罐头、经水煮或油炸的藻类、其他加工食用菌和藻类、装饰糖果（如工艺造型，或用于蛋糕装饰）、顶饰（非水果材料）和甜汁、即食谷物，包括碾轧燕麦（片）、谷类和淀粉类甜品（如米布丁、木薯布丁）、焙烤食品馅料及表面用挂浆、其他蛋制品、果冻（如用于果冻粉，按冲调倍数增加使用量）中的最大使用量为 1.0g/kg；在糕点、饼干、其他焙烤食品中的最大使用量为 1.7g/kg；在调制乳粉和调制奶油粉、冷冻水果、水果干类、蜜饯、固体复合调味料、半固体复合调味料中的最大使用量为 2.0g/kg；在发酵蔬菜制品中的最大使用量为 2.5g/kg；在可可制品、巧克力和巧克力制品（包括代可可脂巧克力及制品）、除胶基糖果以外的其他糖果、调味糖浆、食醋、液体复合调味料中的最大使用量为 3.0g/kg；在面包中的最大使用量为 4.0g/kg；在胶基糖果中的最大使用量为 10.0g/kg；在餐桌甜味料中，按生产需要适量使用。

3. 环己基氨基磺酸钠、环己基氨基磺酸钙（CNS 编码：19.002；INS 编码：952）

环己基氨基磺酸钠又称为甜蜜素，分子式为 $C_6H_{12}NNaO_3S$，分子量为 201.23。环己基氨基磺酸钙分子式为 $C_{12}H_{24}CaN_2O_6S_2 \cdot H_2O$，分子量为 396.54。

（1）性状。环己基氨基磺酸钠为白色结晶或白色晶体粉末，无臭，味甜；易溶于水，10% 水溶液的 pH 值为 6.5，难溶于乙醇；对热、光、空气稳定；加热后微有苦味，在酸性条件下略有分解，在碱性条件下稳定溶于亚硝酸盐、亚硫酸盐含量高的水中，产生石油或橡胶样的气味。

环己基氨基磺酸钙为白色结晶或结晶性粉末，几乎无臭，味甜，甜度为蔗糖的 30～50 倍；对热、光、空气均稳定；140℃时加热 2h，可失去结晶水，于 500℃分解；易溶于水，微溶于乙醇，10% 水溶液的 pH 值为 5.5～7.5。

（2）性能。环己基氨基磺酸钠相对于蔗糖，甜味产生得较慢，但持续时间较久。其风味良好，无异味，还能掩盖如糖精钠等所带有的苦涩味。

（3）毒性。环己基氨基磺酸钠：LD_{50} 为每千克体重 18g（小鼠，经口），ADI 为每千克体重 0～0.011g。人口服环己基氨基磺酸钠，无蓄积现象，40% 由尿排出，60% 由粪便排出。摄入过量对人体的肝脏和神经系统可能造成损害。

环己基氨基磺酸钙：LD_{50} 大于每千克体重 10g（小鼠，经口），ADI 为每千克体重 0～11mg（以环己基氨基磺酸计）。

（4）应用。GB 2760—2024《食品安全国家标准 食品添加剂使用标准》规定，环己基氨基磺酸钠、环己基氨基磺酸钙的使用范围及最大使用量（以环己基氨基磺酸计）：在膨化食品（以环乙基氨基磺酸计）中的最大使用量为 0.2g/kg；在冷冻饮品（03.04 食用冰除外）、水果罐头、腐乳类、饼干、复合调味料、饮料类〔14.01 包装饮用水、14.02.01 果蔬汁（浆）、14.02.02 浓缩果蔬汁（浆）除外，以即饮状态计，相应的固体饮料按稀释倍数增加使用量〕、配制酒、果冻（如果

GB 1886.37—2015《食品安全国家标准 食品添加剂 环己基氨基磺酸钠（又名甜蜜素）》

用于果冻粉，按冲调倍数增加使用量）中的最大使用量为 0.65g/kg；在果酱、蜜饯、腌渍的蔬菜、熟制豆类中的最大使用量为 1.0g/kg；在脱壳熟制坚果与籽类中的最大使用量为 1.2g/kg；在焙烤食品馅料及表面用挂浆（仅限焙烤食品馅料，以环己基氨基酸磺酸计）中的最大使用量为 2.0g/kg；在带壳熟制坚果与籽类中的最大使用量为 6.0g/kg；在蜜饯类、凉果类、话化类、果糕类中的最大使用量为 8.0g/kg。

环己基氨基磺酸钙水溶液含钙离子，为免产生沉淀，不宜添加于豆制品和乳制品中，常分别与糖精、甜味素、安赛蜜、阿斯巴甜混合使用，既可增加甜度，又可改善风味。

4. 乙酰磺胺酸钾（CNS 编码：19.011；INS 编码：950）

乙酰磺胺酸钾又名安赛蜜、AK 糖，属于人工合成甜味剂。乙酰磺胺酸钾于 1967 年由 K. Clauss 和 H. Jensen 发明，由叔丁基乙酰乙酸酯和异氰酸氟磺酰加成反应后，在 KOH 作用下环化而成。乙酰磺胺酸钾的分子式为 $C_4H_4NO_4KS$，分子量为 201.2。

（1）性状。乙酰磺胺酸钾纯品为无臭、白色、斜晶型结晶状粉末；易溶于水，溶液呈中性；不易潮解，对光、热稳定，但在高于 235℃ 的高温加工过程中发生分解；pH 值适用范围较广（pH3～7），是稳定性最好的甜味剂之一。室温条件下，乙酰磺胺酸钾甜度较高（为蔗糖的 150～200 倍），无不良后味，甜味持续时间长，与阿斯巴甜 1：1 复配有明显的增效作用。

（2）性能。乙酰磺胺酸钾的甜味感觉快，味觉不延留，可用于增加食品甜味，没有营养、口感好、无热量，具有在人体内不代谢、不吸收（是中老年人、肥胖病人、糖尿病患者理想的甜味剂）、对热和酸稳定性好等特点。乙酰磺胺酸钾和其他甜味剂混合使用能产生很强的协同效应，一般浓度下可增加甜度 30%～50%。

（3）毒性。LD_{50} 为每千克体重 2.2g（大鼠，经口），ADI 为每千克体重 15mg。乙酰磺胺酸钾具有非致遗传突变性和非致癌性。乙酰磺胺酸钾不参与动物和人体内的代谢作用，在体内不分解，在人体组织中不残留。所有受试动物和人体均能很快地吸收乙酰磺胺酸钾，但同时很快通过尿液将之排出体外。

（4）应用。GB 2760—2024《食品安全国家标准 食品添加剂使用标准》规定，乙酰磺胺酸钾的使用范围及最大使用量：在豆干类中的最大使用量为 0.2g/kg；在以乳为主要配料的即食风味食品或其预制产品（不包括冰淇淋和风味发酵乳，仅限乳基甜品罐头）、冷冻饮品（03.04 食用冰除外）、水果罐头、果酱、蜜饯类、凉果类、腌渍的蔬菜、加工食用菌和藻类（04.03.02.01 冷冻食用菌和藻类除外）、杂粮罐头、其他杂粮制品（仅限黑芝麻糊）、谷类和淀粉类甜品（仅限谷类甜品罐头）、焙烤食品、饮料类［14.01 包装饮用水、14.02.01 果蔬汁（浆）、14.02.02 浓缩果蔬汁（浆）除外，以即饮状态计，相应的固体饮料按稀释倍数增加使用量］、果冻（如用于果冻粉，按冲调倍数增加使用量）中的最大使用量为 0.3g/kg；在风味发酵乳、配制酒中的最大使用量为 0.35g/kg；在糕点、调味品（12.01 盐及代盐制品、12.09 香辛料类除外）中的最大使用量为 0.5g/kg；在茶（类）饮料（以即饮状态计，相应的固体饮料按稀释倍数增加使用量）中的最大使用量为 0.58g/kg；在饼干中的最大使用量为 0.6g/kg；在即食谷物［包括碾轧燕麦（片）］中的最大使用量为 0.8g/kg；在酱油、液体复合调味料中的最大使用量为 1.0g/kg；在糖果中的最大使用量为 2.0g/kg；在熟制坚果与籽类中的最大使用量为 3.0g/kg；在胶基糖果中的最大使用量为 4.0g/kg；在餐桌甜味料中，按生产需要适量使用。

第三节　香料香精

香，是食品的几大感官指标之一，能增加人的心理愉悦感，激发人的食欲。作为加工食品的各种原料，其原有的香气会在加工过程中挥发过半，更何况大部分原料本身无味，要想依靠这些物质产生令人愉快的香味是很难实现。因此，人们使用添加香料香精的方法来弥补这一缺陷。

香料香精 PPT

一、香料香精概述

在食品加工过程中，需要添加少量香料香精，用以改善或增强食品的香气和味道，这些香料香精叫作香味剂（增香剂）。食用香料是食品添加剂中品种最多的一类，是添加到食品产品中以产生香味、修饰香味或提高香味的物质。在美国，FEMA、FDA 认可属于 GRAS 范围的食用香料有 19 类、1 963 种。GB 2760—2024《食品安全国家标准 食品添加剂使用标准》列出了 388 种食品用天然香料和 1 504 种食品用合成香料。

（一）香味剂的作用

1. 赋香作用

香味剂可以使食品产生香味。某些原料本身没有香味，要靠香味剂使食品带有香味，如人造肉、饮料等。加入香味剂后这些食品有了各种风味，人们在使用时会感到一种愉快的享受，满足人们对食品香味的需要。

2. 增香作用

香味剂可以使食品增加或恢复香味。食品加工中的某些工艺，如加热、脱臭、抽真空等，会使香味成分挥发，造成食品香味减弱。添加香味剂可以恢复食品原有的香味，甚至可以根据需要将某些特征味道强化。

3. 矫味作用

香味剂可以改变食品原有的风味，消杀食品中的不良味道。在食品生产中，有许多食品的风味需要改变，某些食品有难闻的气味，如羊肉、鱼肉等，或者某些气味太浓而使人们不喜欢食用，此时，添加适当的香味剂可将这些味道去除或抑制。

4. 赋予产品特性

许多地方性、风味性食品，其特征都通过使用的香味剂显示出来，否则便没有风味的差异。许多香料已成为各国、各民族、各地区饮食文化的一部分。

5. 杀菌、防腐、治疗作用

目前，人们已发现近 300 种天然香料有杀菌、防腐、治疗作用。例如：从天竺葵叶中提取的精油，除了有玫瑰香气外，还有镇静作用；迷迭香精油有扩张气管的作用；紫薇、茉莉的香味可以杀灭白喉菌和痢疾杆菌；菊花的香味可以治疗感冒；八角、花椒对粮油产品有杀菌、防虫作用；肉豆蔻、胡椒等香料对肉毒埃希菌、大肠埃希菌、金色葡萄球菌等有抑制作用等。因此，在食品中添加某些香料能起到一定的杀菌、防腐、治疗作用。

6. 改变食物原有的风味

在食品制作中，有许多食物的风味都要根据所需用途进行改变，如人造肉、饮料等，加入香味剂可使这些食品具有不同的风味。

（二）气味强度

气味强度的测定至今仍无较好的方法，因此很难用数字表示其绝对值，只能靠人的嗅觉来比较、判断气味的强弱，有无异臭等。表现气味强度的方法之一为阈值试验。阈值试验是以空气、水之类的无味无臭物质为溶剂，稀释一定量的试样进行试验，以所能感知的最小可嗅量的倒数来表示气味强度。

可将香料香精含于口中进行试验，即将一定量的香料香精加入水或糖浆中试验（稀释试验），也可加入对象食品中试吃后判定（附香试验）。香精香料的香味因食品的基质而显著不同，因此附香试验为最重要的判定手段。为了获得更具客观的结果，样品的选定与数据的统计处理很重要，实操中采用 2 点比较法、3 点比较法及顺位法。

二、香料

（一）定义

能够用于调配香精，使食品增香的物质称为食用香料，其也有赋香剂或加香剂、增香剂、得味原料之称，是生产香精的主要原料。大多数香料不能直接（少数直接）、单独作为香精使用。香韵是用来描述多种香气结合在一起时所带有的某种香气韵调，指某种香料、香精或加香制品的香气中带有的某些香气韵调，而不是整个香气的特征。香型用来描述某种香料、香精或加香制品的整个香气类型或格调。

（二）分类

食品香料按其来源和制造方法的不同，通常分为天然香料、天然等同香料和人造香料三类。

1. 天然香料

天然香料是用纯粹物理方法从天然芳香植物或动物原料中分离得到的物质，通常被认为安全性高，包括精油、酊剂、浸膏、净油和辛香料油树脂等。

2. 天然等同香料

天然等同香料是用人工合成方法得到或由天然芳香原料经化学合成或分离得到的物质。这些物质与供人类消费的天然产品（不管是否加工过）中存在的物质在化学性质上是相同的。这类香料品种很多，占食品香料的大多数，对调配食品香精十分重要。

3. 人造香料

人造香料指在供人类消费的天然产品（不管是否加工过）中尚未发现的香味物质。此类香料品种较少，是用化学合成方法制成的，且其化学结构迄今在自然界中尚未发现。基于此，这类香料的安全性引起人们的极大关注。在我国，凡被列入 GB 29938—2020《食品安全国家标准 食品用香料通则》的人造香料，均经过一定的毒理学评价，并被认为对人体无害（在一定剂量条件下）。其中，除了经过充分毒理学评价的个别品种外，其他目前均被列为暂时许可使用。值得注意的是，随着科学技术和人们认识的不断深入发展，有些原属人造香料的品种，在天然食品已发现有存在，因此可以被列为天然等同香料。例如，我国许可使用的人造香料己酸烯丙酯，国际上现已将其改列为天然等同香料。

（三）香料的物质基础

已有各种假说认为气味与化学结构之间存在某种关系，但这些假说都存在缺陷，尚未有统一的定论。根据使用香料的经验并综合大多数理论的要点，可将有香味的有机化合物分类为烃、醇、醛、酮、酯等，任一化合物在碳数为 8~15 时香味最强，当然还需要具有一定的挥发性，有香物质的分子量为 26~300，可溶于水、乙醇、脂肪等介质。

有香物质的分子存在的双键、叁键、—OH、—CO、—NH、—SH 等原子团称为发香团或发香基（表 1-6-2），它们对嗅觉有不同的刺激；发香团在分子中的位置也影响香气的强弱和品质，不过至今仍难以对香气与化学结构建立完善的关系。

表 1-6-2　主要的发香团

双键	C＝C	醛	—CHO
叁键	C≡C	硫醚	—S—
醇	—OH	硝基	—NO$_2$
酚	—OH	胺类	—NH$_2$
酮	—（C＝O）	氰	—CN
羧酸	—COOH	异氰	—NC
酯	—COOR	硫氰	—SCN
内酯	—CO—O	异硫氰	—NCS
硫醇	—SH	醚	—O—
卤素	—X	杂环类	—

低级的烃几乎无臭，级越高，香气越浓，在 C$_8$~C$_{15}$ 时最强，碳链太长会导致挥发性不好，因此香气减弱；通常链状优于环状，增加不饱和度时，香气会增强。

醇的羟基为强发香团，若有双键、叁键，则香气更强，而羟基数目增加时香气减弱，终成无臭；芳香醇族的香气强于脂肪族；酚的羟基数目为 1 个时香气最强，低级羧酸有强香气。酯类最常用作香料，芳香优于构成成分的酸、醇本身；醛及酮大都有强芳香性，含不饱和键的香气强于链状、环状；内酯的结构与酯近似，香气也近似，内酯环增大时，香气增强，芳香性减弱。

大环状麝香构成环的碳原子数目与香气的关系很受关注。麝香酮、香灵猫酮等大环状酮、黄葵内酯等大环状内酯都是在构成环的碳数为 14~17 个时麝香香气最强，太多或太少都会减弱香气。香气也因分子的立体结构而有很大的差异。最近，因得到高纯度的化合物，异构体之间香气的关系逐渐明确，薄荷脑的各个异构体，芳樟醇、橙花醇、香叶醇的异构体都在研究范围内。香气也受直链与支链的差别、双键或叁键的位置差别、发香团的关系位置的影响。光学异构体之间的香气差别也逐渐明确，已有关于 L-薄荷脑与 D-薄荷脑、L-羧酸与 D-羧酸间香气差别的研究。

（四）常用的食品用天然香料

1. 甜橙油

甜橙油（sweet orange oil）有冷磨油、冷榨油和蒸馏油 3 种，其主要成分为苧烯

（90%以上）、芳樟醇、萜品醇、癸醛、辛醛、己醛、甜橙醛、十一醛、邻氨基苯甲酸甲酯等。

（1）性状。冷榨油和冷磨油为深橘黄色或红棕色液体，有天然的橙子香气，味芳香；遇冷变混浊，与无水乙醇、二硫化碳混溶，溶于冰醋酸。蒸馏油为无色至浅黄色液体，具有鲜橙皮香气；溶于大部分非挥发性油、矿物油和乙醇，不溶于甘油和丙二醇。

（2）性能。甜橙油是多种食用香精的主要成分，可直接用于食品，尤其是高档饮料中，以赋予其天然橙香气味。不得将其用于有松节油气味的食品。

（3）毒性。LD_{50}大于每千克体重 5.0g（白鼠、兔子，经口）。一般被公认为安全物质。

（4）应用。GB 2760—2024《食品安全国家标准 食品添加剂使用标准》规定，甜橙油在各类食品中，按照生产需要适量使用。甜橙油主要用于调配橘子、甜橙等果型香精，可直接用于清凉饮料、糖果、糕点、啤酒、冷冻果汁露、饼干和冷饮等。此外，还可用于烟草香精和化妆品用香精。

2. 橘子油

橘子油（tangerine oil）的主要成分为 D - 苧烯、癸醛、辛醛和芳樟醇等。橘子油有冷榨油和蒸馏油两种。

（1）性状。冷榨油和蒸馏油在理化性质上稍有差异。前者为橙红色，香气更接近鲜橘果香；后者为黄色，香气稍逊。两者均溶于大多数非挥发性油、矿物油与乙醇，微溶于丙二醇，几乎不溶于甘油。

（2）性能。橘子油作为天然香料和色素，用于面包、糕点、饼干、奶粉等诸多食品以及各种饮料中，可使饮料、糖果、冷饮和冰激凌等增加橘子香气。

（3）毒性。美国食用香料制造者协会将橘子油列为一般公认安全物质。

（4）应用。GB 2760—2024《食品安全国家标准 食品添加剂使用标准》规定，橘子油在各类食品中，按照生产需要适量使用。橘子油主要用于软饮料、冰激凌、糖果等，用量按正常生产需要而定。

3. 柠檬油

柠檬油（lemon oil）的主要成分有苧烯（80%）、柠檬醛（2% ~ 5%）、壬醛、癸醛、十一醛、樟醇、蒎烯、莰烯、芳乙酸芳樟酯、乙酸香叶酯、乙酸橙花酯和香叶醇等。

（1）性状。柠檬油为浅黄色至深黄色，或绿黄色挥发性精油，具有清甜的柠檬果香气，味辛辣微苦；可与无水乙醇、冰醋酸混溶，几乎不溶于水；蒸馏品为无色至浅黄色液体，气味和滋味与冷榨品相同，可溶于大多数挥发性油、矿物油和乙醇，可能出现混浊，不溶于甘油和丙二醇。

（2）性能。柠檬油在食品加工中主要作为香精、香料添加使用，起到增香的作用，如作为调香剂在焙烤制品、甜点、冰淇淋和软饮料生产中被大量使用，可赋予糖果、饮料、面包制品浓郁的柠檬鲜果皮的特征气味。同时，作为一种油性物质，柠檬油的化学组成对乳状液水油两相界面的形成及稳定性有较大影响，从而对乳饮料等食品的加工操作和产品品质有一定影响。

（3）毒性。LD_{50}大于每千克体重 5.0g/kg 体重（大鼠、兔子，经口）。一般被公认为安全物质。

（4）应用。GB 2760—2024《食品安全国家标准 食品添加剂使用标准》规定，柠檬油在各类食品中，按照生产需要适量使用。柠檬油主要用于糖果、面包制品、软饮料，用量按正常生产需要而定。

4. 留兰香油

留兰香油又称为薄荷草油、矛形薄荷油或绿薄荷油。

（1）性状。留兰香油的主要成分是左旋香芹酮，为无色或略带黄色的液体，有留兰香叶的特殊香气，有甜味，溶于80%以上的乙醇。

（2）性能。留兰香油用于配制各种食用香精，也可直接添加到果糖等食品中，是胶姆糖的主要赋香剂之一，在硬糖中也使用，常压熬制的留兰香硬糖中的使用量约为0.8g/kg。

（3）毒性。LD_{50}为每千克体重5 000mg（大鼠，经口）。

（4）应用。GB 2760—2024《食品安全国家标准 食品添加剂使用标准》规定，留兰香油在各类食品中，按照生产需要适量使用。

5. 薄荷素油

薄荷素油又称为脱脑油，其主要成分是薄荷脑（约占50%）、乙酸薄荷酯、薄荷酮（24%~50%）等，常用作胶姆糖、泡泡糖的赋香剂。

（1）性状。薄荷素油为无色、淡黄色或黄绿色的透明液体，有薄荷香气，味初辛后凉，在水中溶解很少，能溶于乙醇及各种油脂，遇热易挥发，易燃。

（2）性能。薄荷素油是配制薄荷型香精的主要原料之一，在油溶性薄荷香精中薄荷素油的用量为38%左右。也可将薄荷素油直接添加到食品中，清凉型糖果、饮料等经常使用薄荷素油、薄荷脑或薄荷香精。

（3）毒性。ADI未作规定。

（4）应用。GB 2760—2024《食品安全国家标准 食品添加剂使用标准》规定，薄荷素油在各类食品中，按照生产需要适量使用。胶姆糖和泡泡糖的赋香剂中最常用的是留兰香油、薄荷素油或者二者的混合香料。在一种泡泡糖配方中，配合其他香料使用的薄荷素油约为0.6 g/kg。

6. 香兰素

香兰素的化学式为$C_8H_8O_3$，分子量为152.15，易氧化。

（1）性状。乙基香兰素为白色至微黄色结晶或结晶型粉末，有类似香荚兰豆的香气，香气较香兰素浓郁。

（2）性能。香兰素是目前全球使用最多的食品赋香剂之一，有"食品香料之王"的美誉。其主要作为一种增味剂，应用于蛋糕、冰激凌、软饮料、巧克力、烤糖果和酒类中，也可作为一种食品防腐剂应用于各类食品和调味料中。

（3）毒性。LD_{50}为每千克体重1.58g（大鼠，经口），ADI为每千克体重0~10mg。一般公认为安全物质。

（4）应用。GB 2760—2024《食品安全国家标准 食品添加剂使用标准》规定，香兰素在各类食品中，按照生产需要适量使用。在食品工业中，香兰素特别适合用作乳基食品的赋香剂，用于乳品、冷饮、焙烤、富脂食品中；可单独使用或与甘油等配合使用。在日化工业中香兰素

GB 2760—2024
《食品安全国家标准
食品添加剂使用标准》
表 B.2 允许使用的
食品用天然香料名单

主要用作化妆品的赋香剂。

三、香精

（一）定义

天然香料及合成香料单独使用时，常得不到满意的香味，因此把上面两种香料调和成香气稳定、香味令人满意的香料，即调和香料，在中国称作香精，即由香料、溶剂或载体，以及某些食品添加剂组成的具有一定香型和浓度的混合体，如玫瑰香精、茉莉香精等，其可在生产中直接使用。

（二）香精构成

食用香精是由香精基和稀释剂与载体组成的。香精基是由几十种天然和合成食用香味物质组成的具有一定香型的混合物，是经过调香师进行选料、拟定、试配、评估、调整、验证等大量复杂烦琐的工作后确定的。香精基是食用香精的灵魂，它的优劣对香精的生命力起着决定性作用。

香精基本上由5个部分组成。

1. 香精基或主剂（base）

香精基或主剂也叫作基调剂，它决定香精香气的类型，是赋予特征香气绝对必要的成分，其气味形成了香精香气的主体和轮廓。它是一种混合香料，不可直接加香使用，而是作为香精中的一种香料来使用，具有一定的香气特征，代表某种香型。

2. 调和剂（blender）

调和剂也叫作和合剂。将几种香料混合在一起后，使之发出协调一致香气的技巧叫和合。用于和合的香料称为调和剂。调和剂的作用在于调和各种成分的香气，使香气浓郁、圆润。

3. 矫香剂（modifier）

矫香剂又叫作修饰剂或变调剂。用一种香料的香气去修饰另一种香料的香气，使之在香精中发出特定效果香气的技巧称为修饰。用于修饰的香料称为修饰剂，它是一种使用少量即可奏效的暗香成分，可衬托香精基，使香气更加美妙。

4. 定香剂（fixative）

定香剂也叫作保留剂，其作用在于经过很长的时间后仍可保持香精独特的香气。它使全体香料紧密地结合在一起，并使其挥发速度保持均匀，总是以同样的状态发出香气。它可以是一种单体香料，也可以是几种单体香料的混合物，还可以是一种或几种天然香料的混合物。动物性香料、香根草之类高沸点的精油以及高沸点的合成香料，如食品香精中常用的香兰素、香豆素，都是很好的定香剂。

5. 稀释剂（diluent）

香精是一种高浓度、挥发性大的物质，不适合生产使用，因此，为了使香精能成为均匀一体的产品，同时为了达到适合生产要求的浓度，需要添加合适剂量的稀释剂与载体，适当地把香味淡化，或对结晶香料和树脂状香脂起溶解和稀释作用。稀释剂本身应无臭、稳定、安全而且价格低。食用香精中常见的稀释剂和载体有：符合食用要求的乙醇、蒸馏水、丙二醇、丙三醇、三乙酸甘油酯、精炼植物油、可溶性淀粉、阿拉伯树胶等。根据用途和剂量的不同，不同类别的食用香精所使用的稀释剂的品种和数量也随之而异。

（三）香精的分类

香精的品种很多，已有很多分类方法，最具一般性的是下述分类方法。

1. 按照剂型分类

按香精的物理性状和生产工艺条件不同可进行如下分类。

（1）水溶性香精（essence）。将各种天然或合成香料调配而成的香精基溶解于40%～60%的乙醇（或丙二醇等其他水溶性溶剂）中，必要时加入酊剂、萃取物或果汁等制成。

（2）油质香精（oily flavor）。将香精基溶于丙三醇、三乙酸甘油酯、植物油等脂溶性溶剂中，香气浓郁、沉着持久，香味浓度较高，相对不易挥发，具有香感强硬的体香香韵，不易分散于水中，耐热性、保留性优良，用于糖果、饼干、糕点、口香糖等。

（3）乳状液香精——乳化香精（eumlsion flavor）。用适当的乳化剂作为稳定剂，使脂溶性香料分散于水溶液中。乳化剂常用阿拉伯树胶、变性淀粉、吐温系列等，属于水包油型乳化体系。可同时添加呈味成分和天然色素，使饮料等产品得到天然逼真的香气、颜色和浊度。乳化香精的外观呈乳浊液状，香气温和，有保香效果，且由于它在水中的分散性产生浑浊作用，可以加入着色剂，但稳定性较差，应防止腐败变质。

（4）固体香精（powdered flavor）。

固体香精又称粉末香精，一般有两种类型。

①使各种香料单独混合，附着于乳糖、淀粉之类的载体上。

②使各种香料连同乳化剂、赋形剂乳化分散于水溶液中后，喷雾干燥得到粉末香精。前者的香料露出乳糖、淀粉等载体的表面，稳定性差，后者的赋形剂包埋香料，香精的稳定性良好，分散性也很好。

固体香精广泛用于各种固体饮料、方便食品的汤料中，现在流行的泡腾固体饮料也用固体香精。

（5）微胶囊香精（microcapsule flavor）。先将香精基制成乳化香料，再经过喷雾干燥制成粉末。香料被赋形剂包围覆盖，稳定性、分散性较好，对香精中易于氧化、挥发的芳香物质，可起到很好的保护作用，可延长加香产品的保质期。微胶囊香精主要用于粉末状食品的加香，如固体饮料、果冻粉等。

2. 按照用途分类

（1）食品用香精。如用辛香料和肉类提取物来调配的调味香精，用于方便食品、调味料、汤料、膨化食品、小吃食品等。酒用香精可用于配制啤酒、果酒、洋酒、白酒、米酒等酒类。食品用香精在糖果及饮料中广泛使用。

（2）日用香精。在化妆品、洗涤剂、烟草和牙膏中广泛使用日用香精。

（3）其他。如用于儿童用品、塑料制品、文具、印刷等领域的香精。

3. 按照香型类

（1）柑橘系列：橙、柠檬、柑、橘、柚等。

（2）果实系列：苹果、樱桃、甜瓜、桃子等。

（3）豆科系列：咖啡、可可等。

（4）薄荷系列：辣薄荷、绿薄荷。

（5）辛香料系列：肉桂、肉豆蔻、大料、花椒等。

（6）坚果系列：杏仁、花生、胡桃等。

（7）牛奶系列：牛奶、奶油、奶酪等。

（8）肉类系列：猪、牛、羊、鸡肉、鱼、贝、虾、蟹类。

（9）其他：蔬菜、谷类、药类。

四、香料香精的使用原则

香料香精用于食品中仅限于加香，禁止用于其他目的，如不得把香料香精作为食品防腐剂使用。除此以外，在使用香料香精的过程中还应注意以下几点。

①使用前必须做预备试验。香味剂加入食品后，其效果是不同的，有时其香味因很多因素（原料、其他添加剂、加工过程、人的感觉等）影响会改变。

②与其他原料混合时，要搅拌均匀，使香味充分均匀地渗透到食品中。

③合成香料与天然香料混合使用，效果更接近天然。

④使用中注意稳定性。香味剂中的各种香料、稀释剂等，除易挥发外，还易受碱性条件、抗氧化剂及金属离子等的影响。

⑤对含气的饮料、食品和真空包装的食品，体系内部的压力、包装过程，都会引起香味的改变，要增减其中香味剂的某些成分。

⑥要考虑消费者的接受程度，产品的形式、档次。

（一）选择合适的添加时机

香料香精都有一定的挥发性，对必须加热的食品应尽可能在加热后冷却时，或在加工处理的后期添加，以减少挥发损失。

有些食品在加工过程中，其香味的损失在开放系统中比在封闭系统中大，因此应尽量减小食品暴露在外的面积，或避开此工序再添加香料香精。

无论是加压还是减压，都会改变香料香精的浓度，使香味变化。如真空罐装的食品就会使较多的挥发性香味物质损失，这样就要考虑将香料香精的用量加大。有的食品要经过真空脱臭处理，香料香精应在脱臭后添加。

香精中含有的香料和稀释剂，除了容易挥发以外，有些香料遇空气还容易氧化变质。这与产品充气有很大关系，如冰淇淋，在加工过程中需要高速搅拌，除了挥发性物质损失外，更重要的是产品中混入大量空气而使某些香料氧化，这就需要考虑防止香料损失的各种途径，如使用微胶囊香精可以避免香料氧化。

香料香精虽不宜在高温条件下使用，但也不是使用温度越低越好。在低温条件下，香精溶解性下降，不易赋香均匀，甚至会发生香精分层而析出结晶等现象。如生产果汁粉时，水溶性香精可在调粉时添加。

各种香料、稀释剂等，除容易挥发外，还易受碱性条件、抗氧化剂、金属离子等的影响。它们会引起香料的氧化还原、聚合、水解，最后变质。要防止这类物质与香料香精直接接触。如果上述影响物质必须添加在食品中，一定要分别添加。

（二）选择正确的添加顺序

一般的香料香精在碱性食品中不稳定，一些使用膨松剂的焙烤食品使用香料香精时要注意分别添加，以防止碱性物质与香料香精发生反应，否则将影响食品的色、香、味，如香兰素与碳酸氢钠接触后会失去香味，变成红棕色。

多种香料香精混合使用时，应先加香味较淡的，然后加香味较浓的，例如：柑橘→柠檬→香槟→香蕉→香橼→葡萄。

（三）掌握合适的添加量

在食品生产中，香料香精的使用量要适当，使用过少，影响增香效果；使用过多，会产生不良效果。要求香料香精的使用量准确，并且使之尽可能在食品中分布均匀。

第六章在线自测

第七章　食品添加剂在焙烤制品生产中的应用

学习目标

了解膨松剂、面粉处理剂和酶制剂的定义、作用和原理；熟悉膨松剂、面粉处理剂和酶制剂的常用种类；掌握膨松剂的性能及应用。

素质目标

最早使用和生产焙烤制品的国家是中国和古埃及。早在3 500年前，我国殷商时期的人们就会利用酵母菌酿造白酒，汉朝时就有了酵母馒头、饼等食物。通过本章内容的学习，引导学生增强中国特色社会主义道路自信、理论自信、制度自信、文化自信，厚植学生的爱国情怀，强化学生的使命担当。

食品添加剂安全在线

目前广泛使用的复合膨松剂主要以小苏打、硫酸铝钾、硫酸铝铵为配料，它们对改善产品的膨松效果作用明显。但研究表明，铝元素在人体内过多沉积，容易造成多种慢性疾病：铝沉积在大脑中，容易导致记忆力减弱，甚至痴呆；铝沉积于皮肤，会降低皮肤弹性，产生皱纹；铝沉积于骨骼，易导致骨组织密度降低，骨质疏松。

2023年4月19日，安徽省凤阳县市场监督管理局对板桥镇街道一家早餐店制作的油条例行抽样检查，检测出油条铝残留量实测值达914mg/kg，是标准值（100mg/kg）的9倍多，涉案人员因涉嫌犯罪被移交给警方处理。经安徽省凤阳县检察院提起公诉，法院以生产、销售不符合安全标准的食品罪分别判处涉案人员有期徒刑6个月，缓刑1年，并处罚金3万元，同时责令其在市级以上新闻媒体向社会公众公开道歉，并禁止在缓刑考验期内从事食品生产、销售及相关活动。

案例分析：WHO于1989年正式把铝确定为食品污染物，并要求加以控制。我国规定，油炸面制品中铝的残留量应小于或等于100mg/kg。为了满足"天然、营养、多功能"的食品添加剂发展方向，以及国际上提倡的"回归大自然、天然、营养、低热能、低脂肪"的食品添加剂发展趋势，便于食品生产企业在生产中进行有效控制，充分提高产品的膨松效果，应大力研究开发和推广能替代明矾的新型安全、高效、方便的无铝复合膨松剂。无铝膨松剂安全、高效、方便，可满足消费者的需求，是近年来食品膨松剂的主要发展趋势，已逐步成为食品企业使用膨松剂的首选。

我国是农业大国，小麦是我国重要的粮食作物之一。GB 2760—2024《食品安全国家标准 食品添加剂使用标准》中，应用于面粉和面制品，包括面包、饼干、面条、糕点等的各类食品添加剂已有 50～60 种，包括膨松剂、乳化剂、面粉处理剂、甜味剂、酶制剂等。食品添加剂的使用可以改善焙烤制品的质地、色泽和口感，延长货架期，改善产品机械加工性能，丰富产品的品类等。本章节重点介绍膨松剂、面粉处理剂和酶制剂。

第一节　膨松剂

许多面制食品，尤其是焙烤制品都具有疏松的多孔状组织，这样的质地赋予了它们柔软、酥脆的口感。这类食品之所以具有这些特点，是因为在加工制作过程中，面团（或面糊）中包含的大量丰富气体受热膨胀使食品起发。面团中气体的获得，除了少量来自面团（或面糊）调制过程中混入的空气和其他物料中的水分在受热过程中产生的水蒸气以外，绝大多数是由膨松剂产生并提供的。

膨松剂 PPT

一、定义

膨松剂，又称为膨发剂、疏松剂、膨胀剂和面团调节剂，是指在食品加工过程中加入的，能使产品起发形成致密多孔组织，从而使食品膨松、柔软或酥脆的物质。其功能分类代码为 06，CNS 编码为 06.◇◇◇。

二、分类

在我国，常用的膨松剂主要有化学膨松剂和生物膨松剂两大类，其中，化学膨松剂主要包括碱性膨松剂、酸性膨松剂和复合膨松剂等。

1. 碱性膨松剂

碱性膨松剂中常用的是碳酸钠（Na_2CO_3）、碳酸钙（$CaCO_3$）、碳酸氢钠（$NaHCO_3$）、碳酸氢铵（NH_4HCO_3）等碳酸盐，它们在遇水、受热后产生气体，气体受热膨胀使面坯起发，在内部形成均匀、致密的多孔海绵状组织，从而使食品具有酥脆或松软的特征。由于碱性膨松剂安全无毒，成本低，易保存，使用时不需特殊设备，操作简单，且产气相对较快，可提高生产效率，故它在食品生产加工中被广泛使用。

2. 酸性膨松剂

酸性膨松剂主要包括磷酸氢钙（$CaHPO_4$）、硫酸铝钾［$KAL(SO_4)_2$］、硫酸铝铵［$NH_4Al(SO_4)_2$］、酒石酸氢钾（$KHCKH_4O_6$）、葡萄糖酸-δ-内酯（$C_6H_{10}O_6$）等，通常与碱性膨松剂配合制成复合膨松剂使用。其中，硫酸铝钾和硫酸铝铵用量过多可使食品发涩，甚至引起呕吐、腹泻等症状。同时，长期摄入铝会损伤大脑，可导致儿童发育迟缓、老年人出现痴呆，孕妇摄入则会影响胎儿发育，还可能出现贫血、骨质疏松等症状。目前，人们正在探索研究用新的物质和方法来代替硫酸铝钾和硫酸铝铵，以减少其在食品中的添加量，尤其是取代其在我国传统食品油条中的应用。

3. 复合膨松剂

复合膨松剂一般由碳酸盐类、酸类（或酸性物质）和淀粉（或脂肪酸等）三部分物质组成，主要成分是碳酸盐类，常用的是碳酸氢钠，其用量为20%～40%，主要作用是与酸反应生成CO_2。另一重要成分是酸类（或酸性物质），即酸性膨松剂，其用量为35%～50%，主要作用是中和碳酸盐的碱性，以免碳酸盐对食品产生不良影响。酸性膨松剂还能控制碳酸盐产气速度，其解离出的氢离子与碱性盐反应释放CO_2气体，而氢离子解离速度与酸性膨松剂的溶解度、温度有关。在常温下，酒石酸氢钾、磷酸二氢钠等解离出氢离子的速度快，可迅速与碳酸盐起反应，因此，可以通过酸性膨松剂的选择来合理控制复合膨松剂的产气速度。

除了碳酸盐类和酸性膨松剂以外，复合膨松剂还需要淀粉、脂肪酸等成分，常用量为10%～40%，其主要作用在于增加膨松剂的保存性，防止吸潮结块和失效，也有调节气体产生速度或使气泡均匀产生等作用。

几种复合膨松剂的配方见表1-7-1。

表1-7-1　几种复合膨松剂的配方　　　　　　　　　　g/100g

原料	编号				
	1	2	3	4	5
碳酸氢钠	25	23	30	40	35
酒石酸	—	3	—	—	—
酒石酸氢钾	52	26	6	—	—
磷酸二氢钙	—	15	20	—	—
硫酸铝钾	—	—	15	—	35
硫酸铝铵	—	—	—	52	14
碳酸钙	—	—	—	3	—
淀粉	23	33	29	5	16

用不同配方配制的复合膨松剂的功能不同，按产气速度可分为三大类：①快速膨松剂，也称为快性泡打粉，通常在食品未焙烤前就已经开始反应产生气体，在焙烤时常会出现后劲不足的现象，致使食品塌陷；②慢速膨松剂，也称为慢性泡打粉，在食品焙烤过程中才反应并产生气体，往往使食品膨胀度不足，松软度较差；③双效膨松剂，也称为双重泡打粉，由快速膨松剂和慢速膨松剂混合制成，在食品焙烤前后都能够产生足量气体，从而得到符合要求的产品。在配制复合膨松剂时，要遵循以下两个原则。

（1）根据产品要求选择产气速度恰当的酸性膨松剂。复合膨松剂的产气速度依赖酸性膨松剂与碳酸盐的反应速度，不同的产品对膨松剂产气速度的要求不尽相同。如蛋糕类中使用的膨松剂应为双效膨松剂，即在产品加工过程中膨松剂产气量较均匀，加工初期和后期具有相对稳定的膨松作用。因为若使用快速膨松剂太多，则在烘焙初期产气太多，体积迅速膨大，此时蛋糕组织尚未凝结，成品易塌陷且组织较粗，而后期则无法继续膨大；若使用慢速膨松剂太多，则初期膨大慢，制品凝结后，部分膨松剂尚未产气，蛋糕体积较小，失去膨松意义。馒头、包子等制品由于其面团相对较硬，则需要产气较快的膨松剂，若使用较慢的膨松剂，则面团成熟凝结后再产气过多，成品将出现"开花"现象。像油条类油炸食品，需要在常温下尽可能少产气、遇热产气快的膨松剂，这样才能使油条在油炸过程中迅速膨大。

（2）根据酸性膨松剂的中和值确定碳酸盐与酸性膨松剂的比例。"中和值"是指每100份某酸性膨松剂需要多少份碳酸盐去中和，此碳酸盐的份数，即该酸性膨松剂的中和值。在复合膨松剂配制中，应尽可能使碳酸盐与酸性膨松剂反应彻底，这样一方面可使产气量大，另一方面可使膨松剂产气后的残留物为中性盐，保持成品的风味、色泽以及营养成分等。因此，酸性膨松剂和碳酸盐的比例在复合膨松剂配制中需特别注意。

配制复合膨松剂常用酸性膨松剂的性质见表 1 - 7 - 2。

表 1 - 7 - 2　配制复合膨松剂常用酸性膨松剂的性质

化学名称	反应速度	中和值
酒石酸	极快	120
酒石酸氢钾	极快	50
磷酸二氢钙	快	80
酸性焦磷酸钠	慢→快	72
无水磷酸二氢钙	慢→快	83
硫酸铝钾（明矾）	慢	80
无水硫酸铝钾（烧明矾）	慢	100
葡萄糖酸 - δ - 内酯	极慢	55

4. 生物膨松剂

常用的生物膨松剂是酵母，主要用于面包和苏打饼干等焙烤制品的生产。酵母在酶类的作用下，利用糖类发酵生成酒精及 CO_2，从而使面团起发，体积增大，经焙烤定型使面包形成蜂窝状的膨松体并具有弹性，同时产生醇类、酯类、醛类、酮类及酸类等特殊的风味物质。酵母本身也含有大量的蛋白质、糖、脂肪及维生素，可提高食品的营养价值。

从作用效果上看，酵母和其他化学类膨松剂十分相似，均可以使加工制成的食品具有膨松的结构。不同的是，酵母产气速度较慢，所需条件温和，制品中的气孔致密，但发酵时间较长，起发的体积不够大；化学膨松剂则正好相反，一般在高温环境下产气速度很快，且起发的体积较大，但制品中的气孔粗大且不均匀，膨胀力弱，组织结构疏松，口感相对较差，同时缺乏发酵香气，有时还残留令人不愉快的后味，如氨气的臭味。值得注意的是，酵母通常不被视为食品添加剂，GB 2760—2024《食品安全国家标准　食品添加剂使用标准》也未将酵母列入。

三、作用和机理

（一）作用

1. 膨松

在一般情况下，膨松剂在面团（或面糊）调制过程中加入，在之后的焙烤过程中受热分解产生气体使面团（或面糊）起发，在面团（或面糊）内部形成均匀、致密的海绵状组织，从而使制品具有酥脆或柔软的特征。

2. 增进风味

加入膨松剂的食品，由于其质地疏松，故在咀嚼时可以使唾液很快渗入制品的组织内部，以溶出制品中的可溶性物质，刺激味觉神经，使之迅速反应该食品的风味，从而起到增进食品风味的作用。

3. 促进消化吸收

与增进风味的作用相似，添加膨松剂的食品进入胃肠道之后，各种消化酶能快速进入食品组织，使食品能快速地被消化、吸收，避免营养损失。

（二）机理

膨松剂通常在和面时加入，经过加热，因化学反应产生 CO_2，使面团变成有孔洞的海绵状组织，柔软可口易咀嚼，增加营养，容易消化吸收，并呈现特殊风味。

碱性膨松剂在使用中因加热而分解、中和或发酵，产生大量气体，使食品体积增大，内部形成多孔组织，见式（1-7-1）和式（1-7-2）。

$$2NaHCO_3 \Longleftrightarrow Na_2CO_3 + CO_2 \uparrow + H_2O \tag{1-7-1}$$

$$NH_4HCO_3 \Longleftrightarrow NH_3 \uparrow + H_2O + CO_2 \uparrow \tag{1-7-2}$$

复合膨松剂在碱性膨松剂的基础上，利用酸性盐或有机酸、助剂等控制反应速度，防止吸潮失效并使气体均匀产生。复合膨松剂一般由三部分组成[1]。

（1）碳酸盐，用量为 20%～40%，其作用是产生气体。

（2）酸性盐或有机酸，用量为 35%～50%，其作用是与碳酸盐反应，控制反应速度，调整食品酸碱度，主要反应见式（1-7-3）。酸性盐解离出氢离子后，才能与膨松剂作用，产生气体。氢离子的分解速度与酸性盐的溶解特性、体系含水量、温度等有关，所以可利用酸性盐的分解特性来控制复合膨松剂的产气速度。

$$NaHCO_3 + 酸性盐 —— CO_2 \uparrow + 中性盐 + H_2O \tag{1-7-3}$$

（3）助剂，有淀粉、脂肪酸等，用量为 10%～40%，其作用是改善复合膨松剂的保存性，防止吸潮、失效，调节气体产生速度或使气泡均匀产生。

有些焙烤制品的生面团要经过调制、醒发和焙烤阶段，因此要求膨松剂具有"二次膨发特性"，如图 1-7-1 所示。

图 1-7-1　膨松剂的作用

---

① 这里与前述对复合膨松剂的描述本质一样，仅表述方式不同。

四、常用的膨松剂

（一）碳酸氢钠 ［CNS 编码：06.001；INS 编码：500（ii）］

1. 性状

碳酸氢钠（$NaHCO_3$）又名小苏打，为白色结晶性粉末；相对密度为 2.20，熔点为 270℃；加热至约 50℃ 开始失去 CO_2，至 100℃ 成为倍半碳酸盐（$Na_2CO_3 \cdot NaHCO_3 \cdot 2H_2O$），加热到 270~300℃ 维持 2h，成为碳酸钠；无臭，无味，易溶于水（9.6%，20℃），不溶于乙醇；水溶液呈碱性（pH7.9~8.4）。碳酸氢钠在干燥空气中稳定，在潮湿空气中及受热后易分解产生气体。

2. 性能

目前，碳酸氢钠很少单独使用，常与碳酸氢铵配合，用于饼干、糕点，或作为复合膨松剂的碱性剂。碳酸氢钠之所以被广泛应用，除因其价格低廉、无毒、保存方便之外，更主要是因其碱性比碳酸钠弱，在面团中溶解时不会使局部面团碱性过高。碳酸氢钠单独作用时，因受热分解而呈强碱性，使用不当会使成品表面出现黄色斑点，反应产气后的残留物碳酸钠在高温下可与油脂发生皂化反应，使食品品质差、口味不正、pH 值增大、颜色加深，并破坏组织结构，同时容易破坏面团中的维生素，故最好与酸性膨松剂合用。另外，可用碳酸氢钾代替碳酸氢钠制作低钠焙烤制品。

3. 毒性

LD_{50} 为每千克体重 4 300mg（大鼠，经口），ADI 不作限制性规定（FAO/WHO，2001）。食品级的碳酸氢钠可认为无毒。钠离子是人体内的正常成分，一般长期摄入碳酸氢钠对人体无害。此外，碳酸氢钠与碳酸在体内形成缓冲体系，在过量酸或碱性物质进入人体内时起缓冲作用。过量摄取碳酸氢钠有碱中毒及肝损伤的危险，一次大量内服，可因产生大量 CO_2 使胃破裂。

4. 应用

GB 2760—2024《食品安全国家标准 食品添加剂使用标准》规定：碳酸氢钠在各类食品（表 A.2 中编号为 1~56、58~68 的食品类别除外）、大米制品（仅限发酵大米制品）中，按生产需要适量添加。使用时注意分散均匀，否则产品容易出现黄色斑点。

除此之外，碳酸氢钠可在果蔬加工时作为酸度调节剂调节酸度；可用作果蔬的护色剂，洗涤果蔬时添加 0.1%~0.2% 的碳酸氢钠，可使绿色稳定；可用作处理剂，如用于食品烫漂、去涩味等。碳酸氢钠能使 pH 值增大，可提高蛋白质的持水性，促使食品组织细胞软化，促进涩味成分溶出，且碳酸氢钠对羊乳有除膻作用。

（二）碳酸氢铵 ［CNS 编号：06：002；INS 编号：503（ii）］

1. 性状

碳酸氢铵（NH_4HCO_3）俗称食臭粉、臭粉，为白色粉状结晶，有氨臭味，在空气中易风化；对热不稳定，可解离成氨、二氧化碳和水，但在室温下十分稳定；固体在 58℃ 下、水溶液在 70℃ 下分解产生氨和二氧化碳；稍有吸湿性，易溶于水（17.4g/100mL，20℃）；水溶液呈碱性，0.8% 水溶液的 pH 值为 7.8；溶于甘油，不溶于乙醇。

2. 性能

碳酸氢铵分解后产生气体的量比碳酸氢钠多，起发力大，但容易造成成品过松，使成品内部或表面出现大的孔洞。此外，碳酸氢铵加热时产生带强烈刺激性的氨气（NH_3），虽然很容易挥发，但 NH_3 易溶于水形成 NH_4OH，可残留在成品中，从而带来不良的风味，因此应适当控制其用量。一般将碳酸氢铵与碳酸氢钠混合使用，以弥补各自的缺点，获得令人满意的效果。

3. 毒性

LD_{50} 为每千克体重 245mg（大鼠，经口），ADI 不作限制性规定（FAO/WHO，2001）。

4. 应用

GB 2760—2024《食品安全国家标准 食品添加剂使用标准》规定：碳酸氢铵在各类食品（表 A.2 中编号为 1~56、58~68 的食品类别除外）中，按生产需要适量使用。

碳酸氢铵与碳酸氢钠在饼干、糕点生产中并用时，其使用总量以面粉计为 0.5%~1.5%，具体配合比例根据原料性质、成品形态、操作条件等因素不同而异，详见表 1-7-3。

表 1-7-3 饼干糕点生产中碱性膨松剂的参考用量

%

面团类型	碳酸氢钠	碳酸氢铵
韧性面团	0.5~1.0	0.3~0.6
酥性面团	0.4~0.8	0.2~0.5
甜酥面团	0.3~0.5	0.15~0.2

此外，碳酸氢铵可用于羊奶脱膻（用量为 10~20mg/kg）。

（三）硫酸铝钾、硫酸铝铵（CNS 编码：06：004，06：005；INS 编码：522，523）

1. 性状

硫酸铝钾又名钾明矾、明矾、钾矾或铝钾矾，为无色、透明、坚硬的大块结晶，结晶性碎块或白色结晶性粉末，是含有结晶水的硫酸钾和硫酸铝的复盐；无臭，味微甜，有酸涩味；可溶于水，在水中水解生成氢氧化铝胶状沉淀，受热时失去结晶而形成白色粉末状的烧明矾。

硫酸铝铵又名铵明矾、铝铵矾，为无色透明状结晶或结晶性粉末；无臭，味涩；具有强烈收敛性，相对密度约为 1.645，熔点为 94.5℃；不溶于乙醇，能溶于甘油和水，其水溶液呈酸性；加热至 120℃失去 10 个结晶水，至 250℃失去全部结晶水，至 280℃以上则分解。作为膨松剂，硫酸铝铵可代替硫酸铝钾。

2. 性能

硫酸铝钾和硫酸铝铵为配制发酵粉的主要原料，在有些发酵粉的配方中，两者各占50%左右。

3. 毒性

LD_{50} 为每千克体重 5~10mg（猫，经口），ADI 暂定每周允许摄入量为每千克体重 0~7mg（以铝计），包括所有的铝盐添加剂（FAO/WHO，2001）。

4. 应用

GB 2760—2024《食品安全国家标准 食品添加剂使用标准》规定，硫酸铝钾和硫酸铝铵作为膨松剂、稳定剂，其使用范围及最大使用量：在豆类制品、油炸面制品、虾味片、面糊（如用于鱼和禽肉的拖面糊）、裹粉、煎炸粉、焙烤食品中，按生产需要适量使用，且铝的残留量小于或等于 100 mg/kg（干样品，以 Al 计）；在粉丝、粉条中，按生产需要适量使用，且铝的残留量小于或等于 200 mg/kg（干样品，以 Al 计）；在腌制水产品（仅限海蜇）中，按生产需要适量使用，且铝的残留量小于或等于 500 mg/kg（干样品，以 Al 计）。

第二节　面粉处理剂

一、定义

面粉处理剂又称为面粉品质改良剂，是指促进面粉的熟化和提高制品质量的物质。其功能分类代码为 13，CNS 编码为 13.◇◇◇。

面粉处理剂 PPT

二、分类

面粉处理剂按其作用特点，可分为面粉筋度调节剂和面粉填充剂两种。其中，面粉筋度调节剂主要作用于面粉中的面筋蛋白，起到增强或降低面粉筋力的作用；面粉填充剂是面粉筋度调节剂的载体，可以使面粉筋度调节剂在面粉中分散均匀，同时具有抗结剂、膨松剂、稳定剂、酵母养料、水质改良剂的作用。

三、常用的面粉处理剂

（一）面粉筋度调节剂——L - 半胱氨酸盐酸盐（CNS 编码：13.003；INS 编码：920）

L - 半胱氨酸盐酸盐能降低面团筋力、缩短面团和面时间，使面团具有良好可塑性和延伸性。它的作用机理主要是与二硫键（ - S - S）发生反应，使蛋白质分子中的二硫键断裂，转变为硫氢键（ - SH），降低蛋白质交联度，使蛋白质由大分子变成小分子，降低面团筋力、弹性和韧性。

1. 性状

L - 半胱氨酸盐酸盐晶体含有一分子的结合水，化学式为 $C_3H_7NO_2S \cdot HCl \cdot H_2O$，分子量为 175.64；为无色至白色细柱状结晶或白色结晶性粉末，有轻微特殊气味和滋味（略酸）；熔点为 175℃，溶于水，水溶液呈酸性，3% 时 pH 值为 1.2，1% 时 pH 值为 1.7，0.1% 时 pH 值为 2.4；易溶于乙醇、氨水和乙酸，不溶于乙醚、丙酮、苯、二硫化碳和氯仿；具有还原性，有抗氧化和防止非酶褐变作用，是一种常用的面粉降筋剂。

L - 半胱氨酸盐酸盐与面粉增筋剂配合使用时，只能在面筋的网状结构形成后发挥作用，能够提高面团的持气性和延伸性，加速谷蛋白的形成，防止面团筋力过高引起老化，从而缩短面制品的发酵时间。L - 半胱氨酸盐酸盐可用作面包改良剂、营养补充剂、抗氧化剂、护色剂；对丙烯腈和芳香族酸中毒有解毒作用；有吸收乙醇并将其在体内转化为乙醛的解酒作用。

2. 毒性

L-半胱氨酸盐酸盐属于 GRAS（FDA，2000）物质。LD_{50} 为每千克体重 3.46g（小鼠，经口），LD_{50} 为每千克体重 1.25g（小鼠，腹腔注射）。L-半胱氨酸盐酸盐进入体内后最终分解为硫酸盐和丙酸而排出体外，无蓄积作用。

3. 应用

GB 2760—2024《食品安全国家标准 食品添加剂使用标准》规定，L-半胱氨酸盐酸盐的使用范围及最大使用量：在发酵面制品中的最大使用量为 0.06g/kg；在生湿面制品［如面条（仅限拉面）、饺子皮、馄饨皮、烧卖皮］中的最大使用量为 0.3g/kg；在冷冻米面制品中的最大使用量为 0.6g/kg。

此外，抗坏血酸是一种常见的还原型抗氧化剂（详见第二章第一节抗氧化剂），也被用作面粉处理剂。抗坏血酸可将面粉麦谷蛋白中的硫氢键（—SH）氧化为二硫键（—S—S），从而提高面筋筋力，增加面团弹性，改善面团的流变学特性以及面包的焙烤品质。向面粉中加入 4% 的抗坏血酸，可使面团体积增加约 7.5%。

（二）面粉填充剂

面粉填充剂又称为分散剂，是一种面粉筋度调节剂的载体，包括碳酸镁、碳酸钙、过氧化钙等，具有使微量的面粉筋度调节剂分散均匀的作用。

1. 碳酸镁［CNS 编码：13.005；INS 编码：504（i）］

（1）性状。碳酸镁又称为碱式水合碳酸镁或正构水合碳酸镁。因结晶时的条件不同，其产品有轻质和重质之分，一般为轻质。轻质产品为白色易碎块状或松散的白色粉末，无臭，相对密度为 2.1，熔点为 350℃，在空气中稳定；加热至 700℃产生二氧化碳，生成氧化镁；几乎不溶于水，但在水中引起轻微的碱性反应；不溶于乙醇，可被稀酸溶解并发泡放出二氧化碳。

碳酸镁除了作为面粉筋度调节剂的载体，可使微量的面粉筋度调节剂均匀分散以外，还具有膨松剂、稳定剂和抗结剂的作用。

（2）毒性。碳酸镁安全性好，ADI 无须规定（FAO/WHO，1994）。

（3）应用。GB 2760—2024《食品安全国家标准 食品添加剂使用标准》规定，碳酸镁作为面粉填充剂、膨松剂、稳定剂、抗结剂，其使用范围及最大使用量：在小麦粉中的最大使用量为 1.5g/kg；在固体饮料中的最大使用量为 10.0g/kg。

2. 碳酸钙［CNS 编码：13.006；INS 编码：170（i）］

（1）性状。碳酸钙为白色微晶细粉，无臭无味，相对密度为 2.5 ~ 2.7，熔点为 825℃，分解生成二氧化碳和氧化钙；在空气中稳定，几乎不溶于水和乙醇，溶于稀酸并产生二氧化碳。碳酸钙按粉末粒径的大小分为重质碳酸钙（30 ~ 50μm）、轻质碳酸钙（5μm）和胶体碳酸钙（0.03 ~ 0.05μm）三种。

（2）毒性。碳酸钙的 ADI 无须规定（FAO/WHO，2001），属于 GRAS（FDA，2000）物质，LD_{50} 为每千克体重 6.45g（小鼠，经口）。碳酸钙在体内只有部分转变为可溶性的钙盐被吸收从而参与机体代谢。

（3）应用。GB 2760—2024《食品安全国家标准 食品添加剂使用标准》规定，碳酸钙作为膨松剂、面粉填充剂、稳定剂，在各类食品（表 A.2 中编号为 1~68 的食品类别除外）中，按生产需要适量使用，在小麦粉中的最大使用量为 0.03g/kg。

第三节　酶制剂

酶制剂用于催化食品加工中的各种化学反应，且其催化反应的条件温和，具有高度的专一性，催化效率高。酶制剂在食品工业中的作用有改进食品加工方法、创立食品加工的新技术、改善食品加工条件，提高食品的质量、降低食品加工成本。

酶制剂 PPT

一、定义

酶制剂是指从动物或植物的可食或非可食部分直接提取，或由传统或通过基因修饰的微生物（包括但不限于细菌、放线菌、真菌菌种）发酵、提取制得，用于食品加工，具有特殊催化功能的生物制品。专门用于食品加工酶制剂的称为食品酶制剂。其功能分类代码为 11，CNS 编码为 11◇◇◇。

二、结构及命名、分类

（一）结构及命名

与其他蛋白质一样，酶的基本组成单位是氨基酸，并由肽键相连形成氨基酸长链，具有一、二、三级和四级结构。酶的一级结构由 L - 氨基酸按一定顺序连接起来，并以复杂形式卷曲，形成具有活性中心的两性离子结构。酶的二级结构是呈现出某种完整结构（如 α 螺旋）的肽链部分。酶的三级结构是由次级键，如离子键、氢键和疏水键等维系的多肽链的总体盘卷结构。由数条相同或相类似的肽链组成的酶呈现四级结构，其中每一条肽链称为一个亚基，亚基在四级结构破坏后即分离。

单纯酶只有氨基酸，它的催化活性仅取决于蛋白质的结构，如脲酶、蛋白酶、淀粉酶；结合酶酶蛋白和辅助因子（蛋白质以外还有非蛋白部分）这两部分对酶的催化活性缺一不可。

酶的分类与命名的基础是酶的专一性。国际酶学委员会提出了酶的分类与命名方案，比较科学的命名方法是系统命名法。

系统命名法根据酶所催化的反应类型，将酶分为六大类：第一类，氧化还原酶；第二类，转移酶；第三类，水解酶；第四类，裂合酶；第五类，异构酶；第六类，合成酶（或称为连接酶）。每一种酶都有一定的系统编号。系统编号采用四码编号方法。第一个号码表示该酶属于六大类中的某一类，第二个号码表示该酶属于该类中的某一亚类，第三个号码表示该酶属于该亚类中的某一小类，第四个号码表示该酶在该小类中的序号。每个号码之间用圆点（·）分开。例如，葡萄糖氧化酶的系统编号为"EC1.1.3.4"。其中 EC 表示国际酶学委员会；第一个号码"1"表示该酶属于氧化还原酶类；第二个号码"1"表示该酶属于氧化还原酶类中的第一亚类，该亚类所催化的反应在供体的 CH-OH 基团上进行；第三个号码"3"表示该酶属于第一亚类中的第三小类，该小类的酶所催化的反应是以氧为氢受体的；第四个号码"4"就是该酶在该小类中的特定序号。

（二）分类

根据酶制剂的特点和用途等，可以按以下方式分类。

1. 按照来源分类

（1）植物源酶。能够提供食品工业用酶的植物品种较多，包括大麦芽、菠萝、木瓜、无花果和大豆粉等。最常见的植物来源酶是木瓜蛋白酶，其从番木瓜乳胶中获得；还有菠萝蛋白酶和无花果蛋白酶等，这些蛋白酶可以用于生产蛋白水解物，同时有防止啤酒冷沉淀和促进肉制品嫩化作用。

（2）动物源酶。动物源酶由动物的各种分泌腺产生和分泌。动物源酶主要指从牛或猪体内获取的蛋白酶，牛的粗制凝乳酶主要用于干酪生产，从小山羊和羔羊体内获得的前胃酯酶和脂酶主要用于意大利干酪的工业生产。

（3）微生物源酶。微生物是目前食品酶制剂的最主要来源，用于生产酶制剂的微生物包括细菌、酵母菌、霉菌、放线菌和原生动物等。常见的微生物有根霉属（*Rhizopus*）、曲霉属（*Aspergillus*）、栗疫壳菌属（*Endothia*）、杆菌属（*Bacillus*）、被孢霉属（*Mortierella*）、克鲁维酵母（*Kluyveromyces*）、毛霉属（*Mucor*）、假丝酵母属（*Candida*）、微球菌属（*Micrococcus*）、链霉菌属（Streptomyces）、游动放线菌属（*Actinoplanes*）等。现代生物技术不仅可以增加酶制剂的产量，还能顺利地获取非传统酶制剂。

2. 按照反应类型和作用底物分类

（1）水解酶。水解酶主要包括淀粉酶、蛋白酶、脂肪酶、纤维素酶、植酸酶、果胶酶等。

（2）氧化还原酶。氧化还原酶是指参与有机物质氧化还原的酶，主要有脱氢酶和细胞色素氧化酶等，其存在于动植物体的体液和组织中，在添加剂中应用不多。

（3）转移酶。转移酶是一种催化一个分子的官能团转移至另一个分子的酶，如果糖基转移酶。

（4）裂合酶。裂合酶催化从底物分子双键上加基团或脱基团反应，即促进一种化合物分裂为两种化合物，或由两种化合物合成一种化合物。

（5）异构酶。异构酶促进同分异构体互相转化，即催化底物分子内部的重排反应，如固定化葡萄糖异构酶。

（6）合成酶（连接酶）。合成酶促进两分子化合物互相结合，即催化分子间缔合反应，如海藻糖合成酶。

3. 按照作用底物分类

按作用底物酶制剂可分为碳水化合物类、蛋白质类、脂肪类、其他类。

4. 按照反应条件分类

（1）酸性酶类，最适酸碱度为 pH 值小于或等于 5.0。

（2）中性酶类，最适酸碱度为 pH 等于 6.0～8.0。

（3）碱性酶类，最适酸碱度为 pH 值大于或等于 9.0。

（4）低温酶类，最适催化反应温度小于或等于 30℃。

（5）常温酶类，最适催化反应温度为 31～50℃。

（6）中温酶类，最适催化反应温度为 51～90℃。

（7）高温酶类，最适催化反应温度大于或等于 91℃。

5. 按照制剂类型分类

（1）单一酶制剂，具有单一系统名称且具有专一催化作用的酶制剂，如淀粉酶、脂肪酶、蛋白酶、纤维素酶和植酸酶等。

（2）复合酶制剂，由一种或几种单一酶制剂为主体，加上其他单一酶制剂混合而成，或由一种或几种微生物发酵获得。

目前，在食品行业中广泛应用的工业化生产酶制剂有 20 多种，其中 80% 以上为水解酶类。以酶品种分：蛋白酶为 60%，淀粉酶为 30%，脂肪酶为 3%，特殊酶为 7%。以用途分：淀粉加工酶所占比例仍是最大，为 15%；其次是乳制品工业，占 14%。随着食品工业的快速发展，酶制剂已进入全新的发展阶段，其生产及应用技术不断提高。食品酶制剂的发展趋势主要包含以下几个方面：①不断开发适应食品领域需求的新型酶制剂；②通过降低原料成本、寻找新酶源、改进生产工艺等提升酶制剂的商业价值；③对现有酶制剂进行改造，以适应各类食品生产的实际需求；④拓宽酶制剂的使用范围，使其在食品工业中应用更加深入广泛。总之，酶制剂产业是食品工业中最具发展潜力的新兴产业之一。

三、控制条件、作用和机理

（一）使用酶制剂应控制的条件

1. 温度

在一定温度（使酶失活的温度之前）下，酶的活力随温度的升高而增加，因此使用酶制剂时要注意酶的最适温度。

2. 酸碱度

最适 pH 值范围之内，酶制剂的作用效果最好。

3. 酶浓度和底物浓度关系

反应底物足够大时，酶反应速度和酶的浓度成正比。酶浓度一定时，酶反应速度随反应底物的增加而增加，酶被饱和时反应速度不再增加。

4. 抑制剂和激活剂的影响

抑制剂包括重金属离子、生物碱及酶反应本身等，激活剂包括钠、钾、镁、钙、锌、锰、铁、氯等。一般阳离子对酶的激活作用较强，且是有特指的，一种激活剂对某种酶有活化作用，但对另一种酶可能起抑制作用。

5. 其他因子对酶催化作用的影响

凡能引起蛋白质变性的物理因子都能抑制酶的活性，如强酸、强碱、紫外线等。

（二）作用和机理

1. 催化反应

酶制剂的机理主要是催化生物体内的某些化学反应，可以通过加快该反应需要的能量来达到最快反应速度。这种能量来自酶制剂分子本身，因此可以减少生物体内某些反应需要的能量消耗。

2. 激活酶

酶制剂还可以激活酶。激活酶的作用是使酶的活性更强，将原来生物体需要的大量化合物转化为更少的化合物。因此，酶制剂可以提高生物体对外界环境的适应和扩展能力。

四、常用的酶制剂

（一）淀粉酶

淀粉酶是催化淀粉水解成糊精、麦芽糖或葡萄糖的一类酶的总称，包括 α - 淀粉酶、糖化型淀粉酶、β - 淀粉酶、其他淀粉酶。

1. α - 淀粉酶（EC3.2.1.1；CAS：9000 - 90 - 2）

（1）性状。α - 淀粉酶别名液化型淀粉酶、细菌 α - 淀粉酶、退浆淀粉酶、糊精化淀粉酶和高温淀粉酶等；一般为浅棕色粉末，溶于水，几乎不溶于有机溶剂。在高浓度淀粉保护下，α - 淀粉酶的耐热性很好，在适量的钙盐和食盐存在下，pH 值为 5.3 ~ 7.0 时，温度提高到 93 ~ 95℃ 仍保持足够高的活性。嗜热芽孢杆菌 α - 淀粉酶在 110℃ 仍能液化淀粉。α - 淀粉酶对热稳定性高，这一特性在食品加工中极为宝贵。在工业生产中，可选用 α - 淀粉酶降低淀粉糊化时的黏度。为了便于保藏，常在 α - 淀粉酶中加入适量的碳酸钙作为抗结剂以防止结块。

α - 淀粉酶的最适 pH 值一般为 5.0 ~ 7.0，其最适 pH 值因来源不同而差异很大。例如枯草杆菌 α - 淀粉酶的最适 pH 值范围较大，为 5.0 ~ 7.0；嗜热芽孢杆菌 α - 淀粉酶的最适 pH 值则只在 3.0 左右；其他来源 α - 淀粉酶的最适 pH 值也有不同。

（2）性能。α - 淀粉酶可切断直链淀粉分子内的 α - 1,4 - 糖苷键，将直链淀粉分解为麦芽糖、葡萄糖和糊精；不能分解支链淀粉的 α - 1,6 - 糖苷键。其分解支链淀粉时产生麦芽糖、葡萄糖和异麦芽糖。

淀粉酶液化作用：α - 淀粉酶在作用开始阶段，迅速将淀粉分子切断成短链的寡糖，使淀粉液的黏度迅速下降，碘反应由蓝变紫，再转变成红色、棕色以至无色。

（3）毒性。据报道，由枯草杆菌属菌株生产的 α - 淀粉酶一般被认为是安全的。ADI 无限制性规定（FAO/WHO，1994）。

（4）应用。α - 淀粉酶主要用于水解淀粉来制造饴糖、葡萄糖和糖浆等，以及生产糊精、啤酒、黄酒、酒精、酱油、醋、果汁和味精等；用于面包的生产时可以改良面团，如降低面团黏度、加速发酵进程、增加含糖量和缓和面包老化等；在婴幼儿食品中用于谷类原料预处理。此外，α - 淀粉酶还可用于蔬菜加工中，用量以枯草杆菌 α - 淀粉酶（6 000IU/g）计，添加量约为 0.1%。

2. 糖化型淀粉酶（EC3.2.1.3；CAS：9032 - 08 - 0）

（1）性状。糖化型淀粉酶又称为糖化酶、淀粉葡萄糖苷酶、葡萄糖淀粉酶和糖化淀粉酶，它能将淀粉或淀粉分解物变成葡萄糖的淀粉酶；为白色至浅棕色无定形粉末或棕色液体；最适温度为 55 ~ 60℃，最适 pH 值为 4.5 ~ 5.5，视菌株不同而稍有差异。

（2）性能。糖化型淀粉酶可以从淀粉、糖原、糊精等分子的非还原性末端依次将葡萄糖切下，既可水解 α - 1,4 - 糖苷键，也可水解 α - 1,6 - 糖苷键。因此，作用于直链淀粉和支链淀粉时，糖化型淀粉酶能将它们全部分解为葡萄糖。另外，糖化型淀粉酶还能催化其逆反应，即葡萄糖分子的缩合反应，从而生成麦芽糖和异麦芽糖。

（3）毒性。ADI 无限制性规定（FAO/WHO，1994）。

（4）应用。糖化型淀粉酶能将直链淀粉和支链淀粉全部分解为葡萄糖，多应用于葡萄糖、乙醇、淀粉糖、味精、抗菌素、柠檬酸、啤酒等工业以及白酒、黄酒及其他发酵工业生产，也大量用作饲料添加剂。

①乙醇工业：原料经蒸煮冷却到 60℃，调 pH 值为 4.0～4.5，加糖化酶，参考用量为 80～200 IU/g 原料，保温 30～60min，冷却后进入发酵。

②淀粉糖工业：原料经液化后，调 pH 值为 4.0～4.5，冷却到 60℃，加糖化酶，参考用量为 100～300 IU/g 原料，保温糖化。

③啤酒工业：在生产"干啤酒"时，在糖化或发酵前加入糖化酶，可以提高发酵度。

④酿造工业：在白酒、黄酒、曲酒等酒类生产中，以酶代曲，可以提高出酒率，还可应用于食醋工业。

⑤其他工业：在味精、抗菌素、柠檬酸等其他工业应用时，将淀粉液化冷却到 60℃，调 pH 值为 4.0～4.5，加糖化酶，参考用量为 100～300 IU/g 原料。

3. β - 淀粉酶（EC3.2.1.2；CAS：9000 - 91 - 3）

（1）性状。β - 淀粉酶又称为淀粉 - 1,4 麦芽糖苷酶，分子量略大于 α - 淀粉酶；为棕黄色粉末，产品常制成液体状；广泛存在于谷物（麦芽、小麦、稞麦）、山芋和大豆等植物及各种微生物（芽孢杆菌、假单胞杆菌等）中。近年来发现，某些放线菌可水解淀粉生成麦芽糖，转化率可达 80%，这种酶的作用机制与 β - 淀粉酶不同，称为麦芽糖生成酶。植物 β - 淀粉酶的最适 pH 值为 5.0～6.0，在 pH 值为 5.0～8.0 时稳定，最适反应温度为 50～60℃；细菌 β - 淀粉酶的最适 pH 值为 6.0～7.0，最适反应温度约为 50℃。β - 淀粉酶的活性中心都含有巯基（-SH），重金属、巯基试剂能使之失活，还原性谷胱甘肽、半胱氨酸可使之复活。不同来源 β - 淀粉酶的最适条件见表 1 - 7 - 4。

表 1 - 7 - 4　不同来源 β - 淀粉酶的最适条件

淀粉酶	最适 pH 值	最适温度/℃
植物 β - 淀粉酶	5.0～6.0	50～60
细菌 β - 淀粉酶	6～7	50

（2）性能。β - 淀粉酶从非还原性末端水解相隔的 α - 1,4 - 糖苷键，但不能越过分支点的 α - 1,6 - 糖苷键，在到达分支点前 2～3 个葡萄糖残基时就停止。将麦芽汁调节 pH 值为 3.6，在 0℃ 下可使 α - 淀粉酶失去活力，而余下 β - 淀粉酶。β - 淀粉酶的唯一产物是麦芽糖，不是葡萄糖，但用 β - 淀粉酶水解淀粉时麦芽糖的生成量通常不超过 50%，除非同时用脱支酶处理，来切开分支点的 α - 1,6 - 糖苷键。

（3）毒性。ADI 无限制性规定（FAO/WHO，1994）。

（4）应用。β - 淀粉酶广泛存在于大麦、小麦甘薯、大豆等高等植物中，目前商品 β - 淀粉酶绝大部分是从植物中提取的，芽孢杆菌 β - 淀粉酶生产量极低。

β - 淀粉酶作为糖化剂，在食品加工、粮食加工、发酵、酿造、医药、纺织品等行业具有重要作用。

（二）蛋白酶

蛋白酶是水解肽键的一类酶。蛋白质在蛋白酶的作用下依次被水解成胨、多肽、肽，最后成为蛋白质的组成单位——氨基酸。蛋白酶按其作用方式可分为内肽酶、外肽酶。外肽酶又分为氨肽酶、羧肽酶。蛋白酶按来源可分为胃蛋白酶、胰蛋白酶、木瓜蛋白酶、细菌或霉菌蛋白酶等。蛋白酶按作用最适 pH 值可分为碱性蛋白酶（pH8～10）、中性蛋白酶（pH6～7）、酸性蛋白酶（pH＜4）等。蛋白酶根据酶的活性中心分为：①丝氨酸蛋白酶：活性中心在丝氨酸；②巯基蛋白酶：活性中心含巯基（—SH）；③金属蛋白酶：活性中心含金属离子；④羧基蛋白酶：活性中心含天冬氨酸等酸性氨基酸残基。

1. 凝乳酶（EC3.4.23.4；CAS：9001-98-3）

（1）性状。乳酶亦称皱胃酶，由哺乳期小牛第四胃中分泌制得，可以分为液态、粉状及片状三种制剂。哺乳动物胃液中有凝乳酶，能使乳中蛋白质凝聚成乳酪，乳酪易为各种蛋白质酶所消化。凝乳酶只用于提高酶的效率，实际不算作酶。哺乳类以外的动物因为不食乳，所以其体内很少存在凝乳酶。

凝乳酶是澄清的琥珀至暗棕色液体或白色至浅棕色粉末，略有咸味和吸湿性，是一种含硫的特殊蛋白质；分子量为 3 600～310 000，等电点为 4.45～4.65，pH 值为 5.3～6.3 时最稳定，最适 pH 值为 5.8。凝乳酶在弱碱（pH 9.0）、强酸、热、超声波的作用下会失去活性。其干燥制品活性稳定，但水溶液不稳定。凝乳酶对牛乳的最适凝固 pH 值为 5.8，最适温度为 37～43℃，在 15℃以下、55℃以上发生钝化。1g 商品凝乳酶加入 10L 牛奶，在 35℃下可在 40min 内使其凝固。凝乳酶可溶于水，不溶于乙醇、氯仿和乙醚，所含主要作用酶为蛋白酶，主要作用为水解多肽类，尤其是胃蛋白酶等难以水解的多肽。

（2）性能。凝乳酶可使牛奶中的酪蛋白水解，用于干酪的生产，在适当 pH 值和钙离子存在的情况下使牛奶凝固，提高温度和增加钙离子浓度可加快凝胶形成的速度。凝乳酶使牛奶形成凝块或凝胶结构的过程：第一阶段是酶作用增加含氮组成成分；第二阶段是经酶作用而改变的酪蛋白胶粒聚集成凝胶结构。

凝乳酶的活性受以下几点因素的影响。

①pH 值：在酸性环境中凝乳酶活力最强，原奶酸度的任何微小变化均能显著影响凝乳酶的活力。凝乳酶的活力大部分来源于其中的胰蛋白酶，小部分来源于牛胃蛋白酶（不过猪凝乳酶中的有效成分是猪胃蛋白酶）。胰蛋白酶的最适 pH 值为 5.4，而胃蛋白酶的最适 pH 值小于胰蛋白酶。

②温度：凝乳酶的最适温度是 42℃（在 55～60℃，凝乳酶本身受到破坏），因此乳温明显影响凝结速度。乳温为 30℃时原奶凝结时间是 42℃时的 2～3 倍。不过实际干酪生产中乳温通常保持在 30～33℃，一是考虑到乳酸菌的最适温度（比如链球菌属的最适温度在 30℃左右，最高不能超过 40℃）；二是较高乳温下凝块硬化速度太快，以致随后的切割比较困难。

③钙离子浓度：只有原奶中存在自由钙离子时，被凝乳酶转化的酪蛋白才能凝结，因此钙离子浓度会影响凝乳时间、凝块硬度和乳清排出。

（3）毒性。关于凝乳酶的毒性问题，由牛胃制得的产品 ADI 没有限制性规定；由栗疫菌和毛霉制备的产品，不作特殊规定；由蜡状芽孢杆菌制得的产品延缓规定。凝乳酶一般被认为是安全的。

（4）应用。在天然干酪的加工过程中，凝乳的形成是一个主要环节。一般情况下按凝乳酶的效价和原料的质量计算出凝乳酶的用量，用1%的食盐水将凝乳酶配成2%的凝乳酶溶液加入原料，充分搅拌2~3min后加盖，在28~30℃下保温30min使乳凝固，然后切块、除乳清、堆积、成形、加盐、成熟。

2. 胃蛋白酶（EC3.2.1.1；CAS：9000-90-2）

（1）性状。胃蛋白酶（Pepsin）是一种消化性蛋白酶，由胃部的胃黏膜主细胞所分泌；为白色至淡棕黄色粉末，无臭，或为琥珀色糊状，或为澄清的琥珀色液体；已从猪、牛、羊、鲸、鲛、鲔、鳍等的胃液中制得精品；溶于水，不溶于乙醇，有吸湿性；在酸性环境中有极大的活性，最适pH值为1.8~2.0；酶溶液在pH值为5.0~5.5时非常稳定，在pH值为2.0时可发生自身消化，变得不稳定。从猪胃中获得的胃蛋白酶是由321个氨基酸组成的一条多肽链。天然的胃蛋白酶抑制剂、聚L-赖氨酸、脂肪醇能抑制其活性。胃蛋白酶含有一个磷酸，如果失去磷酸，其活性不受影响。

胃蛋白酶由猪胃黏膜以稀盐酸提取后再用乙醇或丙酮处理而制得。其作用最适温度为40~65℃。胃蛋白酶可分解酪蛋白、球蛋白、麸质、弹性硬蛋白、骨胶原、组蛋白及角蛋白。将胃蛋白酶0.2g溶于pH值为5.4的乙酸缓冲液100mL中，取5mL加0.1%茚三酮溶液1mL，加热10min应呈蓝紫色。

（2）性能。胃蛋白酶的功能是将食物中的蛋白质分解为小的肽片段。胃蛋白酶原由胃底主细胞分泌，在pH值为1.5~5.0的条件下被活化。胃蛋白酶将蛋白质分解为胨，而且一部分被分解为酪氨酸、苯丙氨酸等氨基酸。胃蛋白酶可分解蛋白质中苯丙氨酸或酪氨酸与其他氨基酸形成的肽键，产物为蛋白胨及少量的多肽和氨基酸。

（3）毒性。胃蛋白酶对人体没有限量使用，ADI无限制性规定（FAO/WHO，2001）。

（4）应用。作为消化剂，胃蛋白酶可用于谷类的前处理（在方便食品的制造中使用淀粉酶和胃蛋白酶）及婴儿食品，也可用于口香糖，还可与凝乳酶混合制造奶酪等。

3. 菠萝蛋白酶（EC3.2.1.1；CAS：9000-90-2）

（1）性状。菠萝蛋白酶简称菠萝酶，亦称为凤梨酶或凤梨酵素，属于糖蛋白，是从菠萝果茎、叶、皮提取出来，经精制、提纯、浓缩、酶固定化、冷冻干燥而得到的一种纯天然植物蛋白酶；为白色至浅棕黄色无定形粉末颗粒或块状，或为透明至褐色液体；分子量为33 000，等电点为9.55，最适pH值为6.0~8.0，最适作用温度为55℃；溶于水，水溶液呈无色至浅黄色，有时为乳白色，不溶于乙醇、氯仿和乙醚。

（2）性能。菠萝蛋白酶的主要作用是使多肽类水解为低分子量的肽类。它优先水解碱性氨基酸（如精氨酸）或芳香族氨基酸（如苯丙氨酸、酪氨酸）的羧基侧的肽键，使多肽类水解为小分子的肽类，它还有水解酰胺基键和酯类的作用。

（3）毒性。ADI无限制性规定（FAO/WHO，1994）。

（4）应用。菠萝蛋白酶已被广泛应用于食品、医药等行业。菠萝蛋白酶在食品加工业的应用如下。

①焙烤食品：将菠萝蛋白酶加入生面团，可使面筋降解，生面团被软化后易于加工；能提高饼干与面包的口感与品质。

②干酪：用于干酪素的凝结。

③肉类的嫩化：菠萝蛋白酶将肉类大分子蛋白质水解为易吸收的小分子氨基酸和蛋白

质，因此可广泛地应用于肉制品的精加工。

④其他食品加工行业：有人已经用菠萝蛋白酶来增加豆饼和豆粉的蛋白质分散系数（PDI 值）和氮溶指数（NSI 值），从而生产出可溶性蛋白制品及含豆粉的早餐、谷类食物和饮料；其他应用还有生产脱水豆类、婴儿食品和人造黄油；澄清苹果汁；制造软糖；为病人提供可消化的食品；为日常食品添味等。

4. 木瓜蛋白酶（EC3.2.1.1；CAS：9000 - 90 - 2）

（1）性状。木瓜蛋白酶又称木瓜酶，是番木瓜中含有的一种低特异性蛋白水解酶，由木瓜的未成熟果实提取出乳液，经凝固、干燥制得的粗制品，其外观为白色至浅黄色的粉末，微有吸湿性；溶于水和甘油，水溶液为无色或淡黄色，有时呈乳白色；几乎不溶于乙醇、氯仿和乙醚等有机溶剂；最适合 pH 值为 5.0 ~ 7.0（一般 3.0 ~ 9.5 皆可），在中性或偏酸性时亦有作用，等电点为 8.75；最适合温度为 55 ~ 65℃（一般 10 ~ 85℃ 皆可）；耐热性强，在 90℃ 时也不会完全失活；受氧化剂抑制，可被还原性物质激活。

（2）性能。木瓜蛋白酶是一种蛋白水解酶，可将抗体分子水解为 3 个片段。其活性中心含半胱氨酸，属巯基蛋白酶，具有较宽的底物特异性，作用于蛋白质中 L - 精氨酸、L - 赖氨酸、甘氨酸和 L - 瓜氨酸残基羧基参与形成的肽键。此酶属内肽酶，能切开蛋白质分子内部肽链—CO—NH—，生成分子量较小的多肽类。此酶具有蛋白酶和酯酶的活性，对动植物蛋白、多肽、酯、酰胺等有较强的水解能力，还具有合成功能，能把蛋白水解物合成为类蛋白质。

（3）毒性。ADI 无限制性规定（FAO/WHO，1994）。

（4）应用。木瓜蛋白酶在食品工业中主要用于肉的嫩化，如用于牛肉、鸡肉的嫩化。在宰杀前做静脉注射，牛和羊按每千克体重注射 1mL（60IU）较适当，在颈静脉 3 ~ 5min 内缓慢地注入，注射结束 10 ~ 15min 后宰杀。鸡每千克体重用 1mL（60IU）较好，在翼下静脉以普通速度注射，注射结束后马上宰杀。宰杀后将肉在 4℃ 冷藏，牛和羊放 3d，鸡放 1d 便可使用。木瓜蛋白酶除用于咸牛肉罐头、烤猪肉串、烩烧内脏等外，对于老家禽制腊肉和火腿也有效，其用量为肉量的 1/30 000 ~ 1/20 000 为宜。在腊肉、火腿、咸牛肉罐头、烤猪肉串中，配制注射用的盐水浸泡液，在其中溶解木瓜蛋白酶，均匀地渗透进肉块，在冷库中储藏数天后，进行下道加工工序。红烧时，要在切细的肉中预先加入木瓜蛋白酶的水溶液，使其混合均匀，再行加热。

（三）其他酶制剂

1. 果胶酶（EC3.2.1.15；CAS：9032 - 75 - 1）

（1）性状。果胶酶是从根霉中提取的，它可使细胞间的果胶质降解，把细胞从组织内分离出来。果胶酶是一种优良的曲霉菌株，是经液体深层发酵和现代生物提取技术制备的高活力果胶酶制剂。其含有一定的半纤维素酶、纤维素酶和聚糖酶，可作为果浆用酶、果汁用酶。果胶酶为浅黄色粉末，无结块，易溶于水；作用温度为 10 ~ 60℃，最适合温度为 45 ~ 50℃；作用 pH 值为 3.0 ~ 6.0，最适合 pH 值为 3.5。Fe^{2+}、Cu^{2+}、Zn^{2+}、Sn^{2+} 对此酶有抑制作用。液体果胶酶制剂为棕褐色，允许微混或有少许凝聚物。

（2）性能。果胶酶可对果胶质起解酯作用，产生甲醇和果胶酸。其在水解作用下产生半乳糖醛酸和寡聚半乳糖醛酸。

（3）毒性。ADI 无限制性规定（由黑曲霉、尿曲霉制得的果胶酶尚未做出规定；

FAO/WHO，2001）。

（4）应用。果胶酶主要用于果汁澄清，能提高果汁过滤速率，降低果汁黏度，防止果泥和浓缩果汁胶凝化，提高果汁得率，还可用于果蔬脱内皮、内膜和囊衣等。

2. 脂肪酶（EC3.1.1.3；CAS：9001-62-1）

（1）性状。脂肪酶一般为近白色至淡棕黄色结晶性粉末，由米曲霉制成者可为粉末或脂肪状，最适合 pH 值为 7.0~8.5，对于植物性物质最适合 pH 值为 5.0，最适温度为 30~40℃；可溶于水（水溶液一般呈淡黄色），几乎不溶于乙醇、氯仿和乙醚。

（2）性能。脂肪酶的主要作用是使三甘油酯水解为甘油和脂肪酸。

（3）毒性。由动物组织提取制得的脂肪酶，其 ADI 以 GMP 为限；由米曲霉制得的脂肪酶，其 ADI 不作特殊规定（FAO/WHO，2001）。

（4）应用。脂肪酶主要用于干酪制造（脱脂和使产品产生特殊香味，最大使用量为 100mg/kg）、脂类改性、脂类水解，以防止某些乳制品和巧克力中的油脂酸败，是使牛奶、巧克力和奶油蛋糕产生特殊风味的优良制剂。脂肪酶加入蛋白中可以分解其中可能混入的脂肪，从而提高其发泡能力。脂肪酶也可用于焙烤工业、面食加工等。

3. 纤维素酶（EC3.2.1.4；CAS：9012-54-8）

（1）性状。纤维素酶是一种重要的酶产品，是一种复合酶，为灰白色粉末或液体，主要由外切 β-葡聚糖酶、内切 β-葡聚糖酶和 β-葡萄糖苷酶等组成，还有很高活力的木聚糖酶。纤维素酶使用过程中的最适合 pH 值为 4.5~5.5，最适合温度为 50~60℃。

（2）性能。纤维素酶主要作用于纤维素以及从纤维素衍生的产物。微生物纤维素酶在转化不溶性纤维素成葡萄糖，以及在果蔬汁中破坏细胞壁从而提高果汁得率等方面具有非常重要的作用。

（3）毒性。由黑曲霉提取的纤维素酶，其 ADI 无限制性规定（FAO/WHO，1994）。

（4）应用。纤维素酶用于提高大豆蛋白的提取率。酶法提取工艺用在原碱法提取大豆蛋白工艺前，增加酶液浸泡豆粕的处理工序。豆粕用酶液在 40~45℃保温，在 pH 值为 4.5 的条件下浸泡 2~3h，以后按原工艺进行，提取率可增加 11.5%，质量也有所提高。

纤维素酶用于制酒生产，可提高出酒率和原料利用率，降低溶液黏度，缩短发酵时间，使酒口感醇香，杂醇油含量低。葡萄酒生产中，在原料葡萄经分选、破碎、除梗后加入纤维素酶进行降解（30℃保温），然后正常发酵，结果出汁率提高 6.7%，原酒无糖浸出物增加 28.1%。梨酒中应用纤维素酶可使梨的出汁率较旧法提高 9%，无糖浸出物增加 2 倍。在柑橘果汁生产中，纤维素酶可防止纤维性浑浊。

果蔬汁加工中常利用纤维素酶改善其品质（将纤维素转化为可溶性葡萄糖）。蔬菜、水果和谷物中的不可消化碳水化合物是重要的营养成分（膳食纤维），加入纤维素酶可以提高植物成分提取率。

4. 乳糖酶（EC3.2.1.23；CAS：9031-11-2）

（1）性状。乳糖酶学名为 3-半乳糖苷酶，由酵母菌发酵制得；最适合 pH 值：由大肠埃希菌制得者为 7.0~7.5，由酵母菌制得者为 6.0~7.0，以霉菌制得者为 5.0 左右；最适合温度为 37~50℃。

（2）性能。乳糖酶可催化乳糖分子中的 β-1,4-半乳糖苷键水解成半乳糖和葡萄糖，此为可逆反应。在高浓度乳糖存在的条件下，乳糖酶可催化半乳糖分子的转移反应，生成杂低聚乳糖，后者也是一个双歧因子，也可用于生产含半乳糖苷键的低聚糖。

（3）毒性。ADI 无限制性规定（FAO/WHO，1994）。

（4）应用。乳糖酶主要用于乳品工业，可使低甜度和低溶解度的乳糖转变为较甜的、溶解度较高的单糖（葡萄糖和半乳糖）；使冰淇淋、淡炼乳中乳糖结晶的可能性减小，同时提高甜度。

5. 葡萄糖氧化酶（EC1.1.3.4；CAS：9001 – 37 – 0）

（1）性状。葡萄糖氧化酶（简称 GOD）可以由黑曲霉、青霉菌制得，为近乎白色至浅黄色粉末，或黄色至棕色液体；溶于水，水溶液一般呈淡黄色，几乎不溶于乙醇、氯仿和乙醚；最适合 pH 值为 4.5 ~ 7.5，最适合温度为 30 ~ 60℃；在 80℃下 2min 失活 90%，在 70℃下 3min 失活 90%，在 65℃下 10min 失活 90%。

（2）性能。葡萄糖氧化酶是一类能催化 β – D – 葡萄糖和氧气生成葡萄糖酸 – δ – 内酯和过氧化氢的酶类，是一种含有黄素腺嘌呤二核苷酸的二聚体蛋白酶，也是一种需氧脱氢酶。

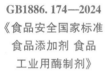

GB1886. 174—2024
《食品安全国家标准
食品添加剂 食品
工业用酶制剂》

（3）毒性。由黑曲霉制得的葡萄糖氧化酶，其 ADI 无限制性规定（FAO/WHO，1994）。

（4）应用。葡萄糖氧化酶主要用于从蛋液中除去葡萄糖，以防止蛋白成品在储藏期间变色、变质，最大使用量为 0.05%；用于柑橘类饮料及啤酒等的脱氧，以防色泽增深、降低风味和金属溶出，最大使用量为 0.01%；用于全脂乳粉、谷物、可可、咖啡、虾类、肉等食品，防止由葡萄糖引起的褐变。葡萄糖氧化酶还可作为溴酸钾的替代品用于面粉中，改善面粉特性。

第七章在线自测

第八章 食品添加剂在其他制品生产中的应用

了解胶姆糖基础剂、被膜剂、抗结剂、营养强化剂、消泡剂和食品工业用加工助剂的定义、作用和机理；熟悉胶姆糖基础剂、被膜剂、抗结剂、营养强化剂、消泡剂和食品工业用加工助剂的常用种类，掌握这些食品添加剂的应用范围及使用中需要注意的问题。

通过本章内容的学习，加强对学生进行创新教育，使学生具有创新意识和社会责任感，提高职业技能水平，在从事食品相关领域工作时自觉地把人民的健康安全放到首位。

2022 年 3 月 1 日，国家卫生健康委食品安全标准与监测评估司发布《关于关山樱花等 32 种"三新食品"的公告》（2022 年第 1 号），其中包括 2 种新食品原料、11 种食品添加剂新品种和 19 种食品相关产品新品种。二氧化硅属于 11 种食品添加剂新品种之一。

食品粉粒由于温度变化、湿度增加或堆积叠压等原因，容易黏在一起结块，影响产品质量、储存期。二氧化硅在食品中起到抗结块作用，主要是通过对食品粉粒的包裹将一个个颗粒分隔开来，保持粉末处于最佳自由流动状态，达到抗结块的目的。二氧化硅作为抗结剂已被列入 GB 2760—2024《食品安全国家标准 食品添加剂使用标准》，允许用于冷冻饮品、固体饮料等食品类别。本次申请扩大其使用范围，将其用于其他豆制品（豆腐花粉、大豆蛋白粉和调配大豆蛋白粉）（食品类别 04.04.03），以改善产品流动性，提高生产效率。其质量规格执行 GB 25576—2020《食品安全国家标准 食品添加剂 二氧化硅》。

案例分析：二氧化硅此次作为抗结剂扩大使用范围，解决了其他豆制品（豆腐花粉，大豆蛋白粉和调配大豆蛋白粉，食品类别 04.04.03）在运输、储存过程中的结块问题，保证了产品质量，延长了货架期。食品添加剂相关标准要实时更新和完善，与时俱进，这样才能与人们对美好生活的向往一致。

食品添加剂除了在前述章节中的应用外，在其他制品加工中也具有较广泛的应用，主要包括以下几类：①在胶基糖果中常用的具有起泡、增塑、耐咀嚼作用的胶姆糖基础剂；②在水果保鲜中常用的被膜剂；③具有防止颗粒状和粉末状食品结块作用的抗结剂；④营养强化剂；⑤可以消除食品加工过程中有害泡沫的消泡剂；⑥与食品本身无关的加工助剂，如助滤、澄清、吸附、润滑、脱模、脱色、脱皮、提取溶剂等。

第一节　胶姆糖基础剂

胶姆糖基础剂 PPT

在胶基糖果生产过程中，为了赋予其起泡、增塑、耐咀嚼等性质，往往会适当添加一定量的基础物质，叫作胶姆糖基础剂。目前比较常用的胶姆糖基础剂主要有紫胶、节路顿胶和异丁烯－异戊二烯共聚物（丁基橡胶）等。

一、定义

胶姆糖基础剂是赋予胶基糖果起泡、增塑、耐咀嚼等性质的物质。这类食品添加剂能使胶基糖果在被长时间咀嚼后还能保持柔韧性，并不因机械剪切而降解成为可溶性物质。其功能分类代码为07，CNS 编码为 07. ◇◇◇。

二、分类

（一）天然胶基

天然胶基主要从植物或者动物中提取，如紫胶、节路顿胶、糖胶树胶等，天然胶基具有较好的弹性和韧性，适合用于制作口香糖。

（二）合成胶基

合成胶基主要由人工合成的物质组成，如聚乙烯、聚丁烯、聚异丁烯、异丁烯－异戊二烯共聚物（丁基橡胶）等。合成胶基具有较好的稳定性和加工性能，广泛应用于口香糖的生产。

三、作用和机理

胶姆糖基础剂具有黏稠度高、稳定性好、透明度高、乳化、增稠、保水等多种特性。在制作胶基糖果时，胶姆糖基础剂使各种成分能够有效地结合在一起，形成均匀的混合物。当混合物被倒入模具并经过冷却和硬化后，胶姆糖基础剂使胶基糖果保持一定的形状和质地，同时它的柔软性也使胶基糖果在被咀嚼时具有良好的口感，还能在一定程度上影响胶基糖果的保质期和稳定性，使其能够在一定的时间内保持良好的品质。

四、常用胶姆糖基础剂

GB 2760—2024《食品安全国家标准 食品添加剂使用标准》规定紫胶可以作为胶姆糖基础剂使用；GB 1886.359—2022《食品安全国家标准 食品添加剂 胶基及其配料》中允许使用的胶姆糖基础剂有节路顿胶、糖胶树胶、聚乙烯、聚丁烯、聚异丁烯、异丁烯－异戊二烯共聚物（丁基橡胶）等。

（一）紫胶（CNS 编码：14.001；INS 编码：904）

紫胶又名虫胶、赤胶、紫草茸等，是紫胶虫吸取寄主树汁液后分泌出的紫色天然树脂，主要含有紫胶树脂、紫胶蜡和紫胶色素，原胶含树脂 70% ~ 80%、蜡质 5% ~ 6%、色素 19% ~ 30%、水分 1% ~ 3%，其余为虫尸、木屑、泥沙等杂质。虫尸和树脂中都含有色素。紫胶树脂是羟基脂肪酸和羟基倍半萜烯酸构成的脂和聚酯混合物。

1. 性状

紫胶呈浅紫色至暗褐色，片状，有光泽，略有特殊气味；不溶于水，溶于乙醇。紫胶树脂中能溶于乙醚的称为软树脂，约占 30%；不溶于乙醚的称为硬树脂，约占 70%。紫胶色素是蒽醌类化合物，紫胶蜡主要由 $C_{28} ~ C_{34}$ 的偶数碳原子脂肪醇和脂肪酸组成，其含量相应为 77.2% 和 21%，这说明其中有不少游离醇存在。紫胶蜡中的少量碳氢化合物主要是 C_{27} 和 C_{29} 烷。

2. 性能

紫胶可作为口香糖的胶基，糖果和巧克力涂抹紫胶不但可以提升表面光洁度，还可以防潮、防结块，延长储存时间。用紫胶给面包、糕点进行涂膜处理，可以有效地防止霉变，延长保质期。

3. 毒性

紫胶被公认安全性较高，并被世界各国普遍使用。LD_{50} 大于每千克体重 15g（小鼠，经口），是 GRAS 添加剂。

4. 应用

GB 2760—2024《食品安全国家标准 食品添加剂使用标准》规定，紫胶（虫胶）作为被膜剂、胶姆糖基础剂、着色剂，应用范围及最大使用量：在可可制品、巧克力和巧克力制品（包括代可可脂巧克力及制品）、威化饼干中的最大使用量为 0.2g/kg；在经表面处理的鲜苹果中的最大使用量为 0.4g/kg；在经表面处理的柑橘类水果中的最大使用量为 0.5g/kg；在胶基糖果、除胶基糖果以外的其他糖果中的最大使用量为 3.0g/kg；在胶原蛋白肠衣中，按生产需要适量使用。

（二）聚异丁烯

1. 性状

聚异丁烯是由异丁烯聚合而成的高分子惰性化合物，简称 PIB，分子量为 2 000 ~ 210 000；为无色至淡黄色黏稠状液体或具弹性的橡胶状半固体；无臭、无味；溶于苯和二异丁烯，不溶于水、醇，可与聚乙酸乙烯酯、蜡等互溶。

2. 性能

小分子量级产品柔软而黏，大分子量级产品坚韧而有弹性，可使胶基糖果在低温下具有好的柔软性，在高温时有一定的可塑性。

3. 毒性

LD_{50} 为每千克体重 29g（小鼠，经口）。

4. 应用

聚异丁烯被广泛应用于口香糖的制作中，可以帮助口香糖获得更好的咀嚼性和延展性，同时可以增加口香糖的黏性和稠度，让其更易于加工和包装。此外，聚异丁烯在口香糖生产过程中还起到防止口香糖黏连的作用，保证其制作过程顺畅。

第二节　被膜剂

被膜剂 PPT

在水果运输和储存过程中，为了达到防止微生物入侵、抑制水分蒸发、调节呼吸作用、保持新鲜度的目的，常在水果表面涂抹起保质、保鲜、上光等作用的被膜剂；还有些食品如糖果、巧克力等，表面涂被膜剂后不仅可以防止粘连、防潮，还可使其外表光亮、美观。目前比较常用的被膜剂主要有紫胶、巴西棕榈蜡、吗啉脂肪酸盐（果蜡）等。

一、定义

涂抹于食品外表，起保质、保鲜、上光、防止水分蒸发等作用的物质称为被膜剂。其功能分类代码为 14，CNS 编码为 14. ◇◇◇。

二、分类

被膜剂根据其来源分为两类：天然被膜剂和人工被膜剂。天然被膜剂，如紫胶、巴西棕榈蜡、蜂蜡、吗啉脂肪酸盐（果蜡）等；人工被膜剂，如液体石蜡、聚二甲基硅氧烷及其乳液、聚乙二醇、聚乙烯醇等。

三、作用和机理

（一）形成保护膜

将被膜剂涂抹在果蔬表面后，能形成一层薄膜。这层薄膜可以阻止外界空气、水分和微生物直接接触果蔬，从而起到保护作用。

（二）抑制水分蒸发

被膜剂形成的薄膜的存在可以有效地减缓果蔬表面的水分蒸发，保持果蔬的新鲜度和口感。

（三）防止微生物侵入

被膜剂形成的薄膜具有阻隔作用，可以防止微生物通过果蔬表面的气孔或伤口侵入内部，从而延长果蔬的保质期。

（四）调节气体交换

被膜剂中的某些成分可以调节果蔬的呼吸作用，控制氧气和二氧化碳的交换，使果蔬处于适宜的气体环境中，有利于保鲜和延长保质期。

（五）改善外观

被膜剂不仅可以提高果蔬的光泽度，还可以使其表面更加光滑、美观，增加消费者的购买欲。

四、常用的被膜剂

GB 2760—2024《食品安全国家标准 食品添加剂使用标准》中允许使用的被膜剂共有巴西棕榈蜡、紫胶、蜂蜡、白色油（液体石蜡）、吗啉脂肪酸盐（果蜡）、松香季戊四醇酯和单、双甘油脂肪酸酯（油酸、亚油酸、棕榈酸、山嵛酸、硬脂酸、月桂酸、亚麻酸）等 14 种，主要用于水果、蔬菜、软糖、鸡蛋等食品的保鲜。

（一）硬脂酸（CNS 编码：14.009；INS 编码：570）

1. 性状

硬脂酸又名十八烷酸，化学式为 $C_{18}H_{36}O_2$，分子量为 284.48；为白色蜡状透明固体或微黄色蜡状固体能分散成粉末，微带牛油气味；相对密度为 0.9408；不溶于水，稍溶于冷乙醇，加热时较易溶解；微溶于丙酮、苯，易溶于乙醚、氯仿、热乙醇、四氯化碳、二硫化碳。

2. 性能

（1）硬脂酸分子中含有长的碳链和羧基，使其具有良好的成膜性能。当将硬脂酸涂抹在食品表面时，能够形成一层均匀、致密的膜，具有优异的阻隔性能。

（2）硬脂酸具有较高的热稳定性，能够在一定的高温环境下保持稳定，不易分解或变色。

（3）硬脂酸是一种天然的脂肪酸，对人体无害，在食品领域作为被膜剂使用时不会对产品造成污染或对人体健康造成影响。

3. 毒性

LD_{50} 为每千克体重（23 ± 0.7）mg（小鼠，静脉注射）、（21.5 ± 1.8）mg（大鼠，静脉注射）。

4. 应用

GB 2760—2024《食品安全国家标准 食品添加剂使用标准》规定，硬脂酸作为被膜剂的应用范围及最大使用量：在可可制品、巧克力和巧克力制品（包括代可可脂巧克力及制品）以及糖果中的最大使用量为 1.2g/kg。

（二）巴西棕榈蜡（CNS 编码：14.008，INS 编码：903）

巴西棕榈蜡是从巴西棕榈树叶中取得的蜡，主要成分是含碳数为 24 ~ 34 的直链脂肪酸脂、直链烃基脂肪酸酯、桂酸脂肪酸酯等，以 C_{26} 和 C_{32} 酯最为常见。

1. 性状

巴西棕榈蜡为棕色至淡黄色的硬质脆性蜡，具有树脂状断面，微有气味，熔点为 80 ~ 86℃，不溶于水，但溶于碱液，微溶于乙醇，溶于氯仿、乙醚及40℃以上的脂肪。

2. 性能

巴西棕榈蜡具有极高的光泽和超乎寻常的硬度，在可可制品、巧克力和巧克力制品以及糖果中可作为被膜剂。巴西棕榈蜡还具有良好的乳化性、附着性，并且可作为抗结剂，是世界上应用最为广泛的天然蜡之一。

3. 毒性

ADI 为每千克体重 0 ~ 7mg，通常被认为基本无毒、无刺激性。

4. 应用

GB 2760—2024《食品安全国家标准 食品添加剂使用标准》规定，巴西棕榈蜡的应用范围及最大使用量：在新鲜水果中的最大使用量为 0.0004g/kg（以残留量计）；在可可制品、巧克力和巧克力制品（包括代可可脂巧克力及制品）及糖果、胶基糖果中的最大使用量为 0.6g/kg。

（三）吗啉脂肪酸盐（CNS 编码：14.004）

吗啉脂肪酸盐又名果蜡，是用天然动、植物蜡和水制成的。其主要成分为天然棕榈蜡（10%～20%）、吗啉脂肪酸盐（2.5%～3%）、水（85%～87%），主要用作水果保鲜剂。将吗啉脂肪酸盐涂于柑橘、苹果等果实表面，形成薄膜，可以抑制果实呼吸、防止内部水分蒸发、抑制微生物侵入，并改善水果外观、提高水果价值、延长水果货架期。

1. 性状

吗啉脂肪酸盐为淡黄色至黄褐色的油状或蜡状物质，随脂肪酸的碳链长度不同，物态不同，低级脂肪酸者为液态，高级脂肪酸者为固态，微有氨臭；可混溶于丙酮、苯和乙醇中；溶于水，在水中溶解量大时呈凝胶状；在水果表面形成半透膜，从而抑制果实的呼吸，防止水分的蒸发和细菌的侵入，达到改善外观、延长货架期的目的。

2. 性能

将吗啉脂肪酸盐为涂于柑橘、苹果等果实表面，可以在其表面形成半透膜，从而抑制果实的呼吸，防止水分蒸发和细菌侵入，达到改善外观、延长货架期的目的。

3. 毒性

LD_{50} 为每千克体重 1 600mg（大鼠，经口），FDA 将其列为 GRAS 物质，无蓄积、致畸、致突变作用。

4. 应用

GB 2760—2024《食品安全国家标准 食品添加剂使用标准》规定，吗啉脂肪酸盐作为被膜剂，在经表面处理的鲜水果中，可按生产需要适量使用。

（四）白油（CNS 编码：14.003；INS 编码：905a）

白油又称为白色油、液体石蜡、矿物油，是从石油中精炼制得的液态烃的混合物，主要是含碳数为 16～24 的饱和环烷烃与链烷烃混合物。

1. 性状

白油为无色半透明油状液体，在室温下无臭、无味，加热后略有石油臭；不溶于水和乙醇，溶于乙醚、石油醚；对光、热、酸等稳定，但长时间接触光和热会慢慢氧化；具有消泡、润滑、脱模、抑菌等作用；易乳化，有渗透性、软化性和可塑性。

2. 性能

白油能够在食品表面形成一层均匀、透明的膜，这层膜能够有效地隔绝空气、水分和其他污染物，从而保持食品的新鲜度和质量。白油还具有一定的抗氧化性能，可以抑制食品中脂肪和油脂的氧化反应，从而延缓食品的腐败和变质过程。

3. 毒性

高黏度矿物油的 ADI 为每千克体重 0～20mg（FAO/WHO，1995）；中或低黏度矿物油一类的 ADI 为每千克体重 0～1mg（暂定），二类、三类的 ADI 为每千克体重 0～0.01mg

（暂定）。

4. 应用

GB 2760—2024《食品安全国家标准 食品添加剂使用标准》规定，白油作为被膜剂的应用范围及最大使用量：在除胶基糖果以外的其他糖果、鲜蛋中的最大使用量为 5.0g/kg。

GB 2760—2024《食品安全国家标准 食品添加剂使用标准》规定，白油还可作为消泡剂、脱模剂、防黏剂、润滑剂列入表 C.2 需要规定功能和使用范围的加工助剂名单，应用范围及最大使用量为：在薯类加工工艺、油脂加工工艺、糖果加工工艺、胶原蛋白肠衣加工工艺、膨化食品加工工艺、粮食加工工艺（用于防尘）、发酵工艺、豆制品加工工艺和鲜酵母制品加工工艺中的最大使用量为 0.1g/kg。

GB 1886.96—2024《食品安全国家标准 食品添加剂 松香季戊四醇酯》

第三节　抗结剂

颗粒状和粉末状食品，常因其颗粒细微、松散多孔、吸附力强，易吸附水分、油脂而形成结块，失去其松散、自由流动的性状，轻则降低食品质量，重则失去使用价值。为了防止这种现象发生，保持食品的初始颗粒或粉末状态，需要在食品生产过程中添加抗结剂。

抗结剂 PPT

一、定义

抗结剂是用于防止颗粒或粉末类食品聚集结块，保持其松散或自由流动性状的物质。其功能分类代码为 02，CNS 编码为 02.◇◇◇。

二、分类

抗结剂的品种很多，GB 2760—2024《食品安全国家标准 食品添加剂使用标准》允许使用的抗结剂有：巴西棕榈蜡、丙二醇、二氧化硅、硅酸钙、滑石粉、聚甘油脂肪酸酯、可溶性大豆多糖、磷酸及其盐类、柠檬酸铁铵、碳酸镁、亚铁氰化钾、亚铁氰化钠、硬脂酸钙、硬脂酸钾、硬脂酸镁、酒石酸铁、纤维素等。

三、作用和机理

（一）提供物理阻隔作用

当主基料颗粒表面被抗结剂颗粒完全覆盖以后，由于抗结剂之间的作用力较小，所以抗结剂层形成了一种阻隔主基料颗粒相互作用的物理屏障。这种物理屏障可以阻隔主基料表面的亲水性物质，还可以降低颗粒间的摩擦力，增加颗粒的流动性，具有润滑作用。由于各种抗结剂自身性质各异，所以它们提供的润滑作用也不同。

（二）通过与主基料颗粒竞争吸湿来改善主基料的吸湿结块倾向

一般来说，抗结剂自身具有很大的吸湿能力，从而在与主基料竞争吸湿的情况下，会减少主基料的吸湿性所导致的结块倾向。

（三）通过消除主基料表面的静电荷和分子作用力来提高其流动性

微胶囊化粉末颗粒所带的电荷一般相同，因此，它们之间会相互排斥，防止结块。但是，这些产品上的静电荷常会与生产装置或包装材料的摩擦静电相互作用而带来许多麻烦。当添加抗结剂后，抗结剂会中和主基料颗粒表面的电荷，从而改善主基料粉末的流动性。这种作用常用来解释当抗结剂与主基料颗粒之间的亲和力不是很大，抗结剂只是零星分散在主基料颗粒的表面时却能很好地改善其流动性的原因。

（四）通过改变主基料结晶体的晶格来形成一种易碎的晶体结构

当主基料中能结晶的物质的水溶液中或已结晶的颗粒的表面上存在抗结剂时，它不仅能抑制晶体的生长，还能改变晶体结构，从而产生一种在外力作用下十分易碎的晶体，使原本易形成坚硬团块的主基料的结团现象减少，改善其流动性。

四、常用的抗结剂

抗结剂一般具有以下特点：①颗粒细（$2 \sim 9 \mu m$），表面积大（$310 \sim 675 m^2/g$），比容高（$80 \sim 465 kg/m^3$）；②微小多孔，具有极高的吸附能力，易吸附水分和其他物质；③比较蓬松，产品流动性好。

（一）亚铁氰化钾（钠）（CNS 编码：02.001，02.008；INS 编码：536，535）

亚铁氰化钾［$K_4Fe(CN)_6 \cdot 3H_2O$］又名黄血盐、黄血盐钾，分子量为 422.42。

1. 性状

亚铁氰化钾为浅黄色单斜体结晶或粉末，无臭，略有咸味，相对密度为 1.85；常温下稳定，加热至 70℃开始失去结晶水，至 100℃完全失去结晶水而变为具有吸湿性的白色粉末；在高温下发生分解，并释放出氮气，生成氰化钾和碳化铁；溶于水，不溶于乙醇、乙醚、乙酸甲酯和液氨；其水溶液遇光分解为氢氧化铁，与过量 Fe^{3+} 反应，生成普鲁士蓝颜料。亚铁氰化钾具有抗结性能，可用于防止细粉、结晶性食品板结。食盐久置易板结成块，为防止板结可加入亚铁氰化钾。

2. 性能

亚铁氰化钾具有抗结性能，可用于防止细粉、结晶性食品板结。亚铁氰化钾能有效防止食盐等食品在长期存储过程中发生结块，这主要是因为亚铁氰化钾作为抗结剂添加到食盐中可以改变食盐的结晶形态，使其由正六面体结晶转变为星状结晶，从而不易结块。

3. 毒性

LD_{50} 为每千克体重 $1.6 \sim 3.2g$（大鼠，经口），ADI 为每千克体重 $0 \sim 0.25mg$。

4. 应用

GB 2760—2024《食品安全国家标准 食品添加剂使用标准》规定，亚铁氰化钾（钠）作为抗结剂的应用范围及最大使用量：在盐及代盐制品中的最大使用量为 0.01g/kg（以亚铁氰根计）。

（二）二氧化硅（CNS 编码：02.004；INS 编码：551）

二氧化硅分子式为 SiO_2，分子量为 60.08。供食品用的二氧化硅是无定形物质，依制法不同分为胶体硅和湿法硅两种。胶体硅为白色、蓬松、无砂的精细粉末。湿法硅为白色、蓬松粉末或白色微孔珠或颗粒。

1. 性状

纯二氧化硅无色，无臭无味；相对密度为 2.2~2.6，熔点为 1 710℃；常温下为固体，不溶于水，不溶于酸，但溶于氢氟酸及热浓磷酸，能和熔融碱类起作用。二氧化硅能从环境中吸收水分，使食品表面保持干爽而起到抗结作用。

2. 性能

二氧化硅能够在食品颗粒或粉末的表面形成一层细小的颗粒，增加颗粒之间的间隔，从而有效地防止食品结块和凝结，保持食品的松散性和流动性。二氧化硅具有一定的吸附能力，可以吸附食品中的水分和油脂，进一步减少结块的可能性。二氧化硅在食品中表现出良好的稳定性，不易与其他成分发生反应，确保了食品的安全性和稳定性。

3. 毒性

LD_{50} 为大于每千克体重 5g（大鼠，经口），ADI 无须规定（FAO/WHO，1994）。

4. 应用

GB 2760—2024《食品安全国家标准 食品添加剂使用标准》规定，二氧化硅为抗结剂的应用范围及最大使用量：在冷冻饮品（03.04 食用冰除外）中的最大使用量为 0.5g/kg；在原粮中的最大使用量为 1.2g/kg；在其他特殊膳食用食品（仅限 1~10 岁特殊医学用途配方食品）中的最大使用量为 10.0g/kg；在乳粉和奶油粉及其调制产品（01.03.01 乳粉和奶油粉除外）、其他乳制品（如乳清粉、酪蛋白粉等，仅限奶片）、其他油脂或油脂制品（仅限植脂末）、其他豆制品（仅限豆腐花粉、大豆蛋白粉和调配大豆蛋白粉）、可可制品（包括以可可为主要原料的脂、粉、浆、酱、馅等）、脱水蛋制品（如蛋白粉、蛋黄粉、蛋白片）、其他甜味料（仅限糖粉）、固体饮料中的最大使用量为 15.0g/kg；在面糊（如用于鱼和禽肉的拖面糊）、裹粉、煎炸粉、盐及代盐制品、香辛料类和固体复合调味料中的最大使用量为 20.0g/kg。

（四）硬脂酸镁［CNS 编码：02.006；INS 编码：470（iii））］

硬脂酸镁的分子式为 $Mg[CH_3(CH_2)16COO]_2$，分子量为 591.24。

1. 性状

硬脂酸镁为白色松散粉末，无臭无味，细腻无砂粒感，有清淡的特征性香气；相对密度约为 1.028，熔点为 88.5℃（纯品）或 132℃（工业用品）；不溶于水、乙醇和乙醚，溶于热乙醇；常用作乳化剂、抗结剂等。

2. 性能

硬脂酸镁可以在食品颗粒或粉末表面形成一层薄薄的覆盖层，使其不易粘连，从而保持食品的松散性和流动性。硬脂酸镁还具有一定的润滑性，能减小食品加工过程中的摩擦力，改善设备的操作性能和食品的口感。硬脂酸镁与多种食品成分具有良好的相容性，并且在多种条件下能保持稳定的性能，不会在食品中分解产生有害物质。

3. 毒性

ADI 无限制性规定（FAO/WHO，1994）。

4. 应用

GB 2760—2024《食品安全国家标准 食品添加剂使用标准》规定，硬脂酸镁作为乳化剂、抗结剂的应用范围及最大使用量：在蜜饯中的最大使用量为 0.8g/kg；在可可制品、巧克力和巧克力制品（包括代可可脂巧克力及制品）以及糖果中，按生产需要适量使用。

第四节　营养强化剂

营养强化剂 PPT

人类为了维持正常的生命活动和新陈代谢，必须从外界摄取食品或食物作为营养来源。食物的种类不同，其营养物质的构成和含量也不同。因此，单一的自然食物或熟化食品难以满足人体健康所需要的全部营养素。另外，许多食品经过加工、储藏、运输和销售等工序，各种营养成分均有不同程度的损失。为了保证营养供给，往往需要在食品中添加营养强化剂以提高其营养价值，其主要包括维生素类、矿物质和氨基酸类等。

营养强化剂不仅能提高食品的营养质量，还可以提高食品的感官质量并改善其保藏性能。食品经营养强化处理后，食用较少种类和单纯食品即可获得全面营养，从而简化膳食处理。这对某些特殊职业的人群具有重要意义，如军队和地质工作者所食用的压缩干燥的强化食品，营养既全面，体积又小，质量又小，食用又方便。从国民经济的角度考虑，用营养强化剂来提高食品的营养价值比使用天然食物达到同样目的所需费用要少得多。

营养强化的理论基础是营养素平衡，滥加营养强化剂不但不能达到增加营养的目的，反而会造成营养失调而有害健康。为了保证营养强化食品的营养水平，避免营养强化不当而引起的不良影响，使用营养强化剂时首先要合理确定各种营养素的使用量。

一、定义

营养强化剂是指为了增强营养成分而加入食品的天然的或者人工合成的，属于天然营养素范围的食品添加剂。食品中需要强化的营养素包括人群中普遍供给不足的，或地理环境因素造成地区性缺乏的，或生活环境、生理状况变化造成的对某些营养素供给量有特殊需要的营养成分。

二、分类

营养强化剂通常分为三类：维生素类、矿物质或无机盐类、氨基酸及含氮化合物类。

（一）维生素类

维生素类营养强化剂包括：维生素 A、β-胡萝卜素、维生素 B（硫胺素盐酸盐、核黄素、烟酸）、维生素 C 等。

（二）矿物质或无机盐类

矿物质或无机盐类营养强化剂包括钙、碘、铁、锌等。

（三）氨基酸及含氮化合物类

赖氨酸是谷物中的第一限制性氨基酸，因此在谷物类食品中强化赖氨酸是提高其蛋白质营养价值的有效途径。我国允许使用的赖氨酸强化剂为 L - 盐酸赖氨酸和 L - 赖氨酸天冬氨酸盐。另外，牛磺酸也是常用的氨基酸强化剂。

（四）其他

常用于食品营养强化的蛋白质有大豆蛋白、乳清蛋白、脱脂乳粉、酵母粉、鱼粉等。

三、原理、方法和注意事项

食品营养强化最初是作为一种公众健康问题的解决方案提出的。食品营养强化的总目标是保证人们在各生长发育阶段及各种劳动条件下获得全面、合理的营养，满足人体生理、生活和劳动的正常需要，以维持和提高人类的健康水平。

（一）原理

1. 弥补天然食物的缺陷，使其营养趋于均衡

天然食物中几乎没有一种单纯食物可以满足人体的全部营养需要。由于各国人民的膳食习惯，地区的食物收获品种及生产、生活水平等的限制，日常的膳食很少包含所有营养素，往往出现某些营养的缺陷。根据营养调查，各地普遍缺少维生素 B_2，食用精白米、精白面的地区缺少维生素 B_1，果蔬缺乏的地区缺乏维生素 C，而内地往往缺碘。这些问题如能在当地的基础膳食中有的放矢地通过营养强化来解决，就能减少和防止疾病的发生，增强人的体质。

2. 弥补营养素的损失，维持食品的天然营养特性

食品在加工、储藏和运输中往往会损失某些营养素，如精白面中维生素 B_1 已损失了相当大的比例。同一种原料，因加工方法不同，其营养素的损失也不同。在实际生产中，应该尽量减少食品在加工过程中的损耗，如减少在烹调过程中维生素 B、维生素 C 的损失。

3. 简化膳食处理，增加方便

天然的单一食物仅能供应人体所需的某些营养素，人们为了获得全面的营养需要，就要同时食用好多种类的食物，食谱比较广泛，膳食处理也就比较复杂。采用营养强化可使膳食处理更加简易、方便，去掉烦琐的各种步骤。

4. 适应特殊职业的需要

军人以及从事矿井、高温、低温作业及某些易引起职业病的工作人员，由于劳动条件特殊，均需要高能量、高营养的特殊食品。由于每一种工作对某些特定营养素都有特殊的需要，所以这类营养强化食品极为重要，已逐渐被广泛应用，如军用口粮（蛋白质：脂肪：碳水化合物 = 1：0.7：4，维生素 B_1 为 0.6～1mg/kJ，维生素 C 为 18～25mg/kJ，维生素 B_2 为 3mg/kJ）。

（二）方法

1. 在原料或必要的食物中添加营养强化剂

在原料或必要的食物（如面粉、谷类、米、饮用水、食盐等）中添加营养强化剂，这种营养强化剂都有一定程度的损失。

2. 在食品加工过程中添加营养强化剂

在食品加工过程中添加营养强化剂，是食品营养强化的最普遍的方法，各类牛奶、糖果、糕点、焙烤食品、婴儿食品、饮料罐头等都采用这种方法。采用这种方法时要注意制定适宜的工艺，以保证营养强化剂的稳定。

3. 在成品中加入营养强化剂

为了减少营养强化剂在加工前原料处理过程及加工中的破坏损失，可采取在成品的最后工序中加入营养强化剂的方法。奶粉类、各种冲调食品类、压缩食品类及一些军用食品都采用这种方法。

4. 用生物学方法添加营养强化剂

用生物学方法添加营养强化剂，先使营养强化剂被生物吸收利用，使其成为生物有机体，然后将这类含有营养强化剂的生物有机体加工成产品或者直接食用，如碘蛋、乳、富硒食品等。也可以用发酵等方法获取，如维生素发酵制品。

5. 用物理化学方法添加营养强化剂

用物理化学方法添加营养强化剂，如用紫外线照射牛奶使其中的麦角甾醇变成维生素 D。

（三）注意事项

在食品加工过程中，并非每种产品都需要营养强化，营养强化剂的使用要有针对性。使用营养强化剂通常应注意以下几点：①严格执行《食品安全国家标准 营养强化剂使用卫生标准》和《营养强化剂卫生管理办法》；②强化的营养素应是人们膳食中或大众食品中含量低于需要量的营养素；③营养强化剂的添加不得破坏必要营养素之间的平衡关系，且易被机体吸收利用；④在食品加工、储存等过程中性质稳定，不易被分解破坏，且不影响食品的色、香、味等感官性状；⑤强化对象最好是大众化的，如日常食用的食品和奶粉、主副食、调味品等，产品应有食用指导，防止消费者由于时尚或偏见而误食或者过量摄入，引起副作用，甚至中毒；⑥强化剂量适当，不致破坏机体营养平衡，更不致因摄食过量引起中毒。

四、常用的营养强化剂

（一）维生素类营养强化剂

维生素是维持机体正常生理功能及细胞内特异代谢反应所必需的一类微量有机化合物。维生素大多不能在体内合成或合成量甚微，在体内的储存量也很少，因此必须经常由食物供给。维生素种类很多，化学结构差异极大，通常根据维生素的溶解性可将其分成脂溶性维生素和水溶性维生素两类。脂溶性维生素主要有维生素 A、维生素 D、维生素 E、维生素 K 四种。其中，维生素 A 和维生素 D 是较常用的两种食品营养强化剂。水溶性维生素包括维生素 B（维生素 B_1、维生素 B_2、维生素 B_3、维生素 B_6、维生素 B_{12} 等）和维生素 C。通常维生素 B 需要强化，但营养强化水溶性维生素最常用的仍是维生素 C，而且随着对维生素 C 认识和研究的不断深化，其营养强化的应用已不仅局限于防治坏血病，还涉及抗氧化、促进机体对钙和铁的吸收、增加机体抗体形成、解毒等多个方面。维生素是食品中应用最早，也是目前国际上应用最广、最多的一类营养强化剂。我国目前允许使用的有维生素 A、维生素 B_1、维生素 B_2、维生素 B_6、叶酸、烟酸、维生素 C 和维生素 D 等。

1. 维生素 A

维生素 A 又称为视黄醇（其醛衍生物视黄醛）或抗干眼病因子，是含有 β–白芷酮环的多烯基结构，并具有视黄醇生物活性的一大类物质的总称。狭义的维生素 A 指视黄醇，广义而言还应包括已形成的维生素 A 和维生素 A 原。

（1）性状。维生素 A 为淡黄色油溶液，冷冻后可固化，几乎无臭或微有鱼腥味，极易溶于三氯甲烷或酯类，溶于无水乙醇和植物油，不溶于甘油和水。维生素 A 在碱性条件下较稳定，在酸性条件下不稳定，与维生素 C 共存时得到保护，受空气、氧、光和热的影响而逐渐降解，水分活度升高加速降解，通过降低湿度、隔绝氧气、添加抗氧化剂以及低温保存等措施可显著减缓维生素 A 的降解过程。

（2）性能。维生素 A 是视网膜的主要组成部分，对于维持正常视觉功能至关重要。缺乏维生素 A 可能导致夜盲症和干眼症，因此，维生素 A 作为营养强化剂有助于改善和保护视力。

（3）毒性。LD_{50} 为每千克体重 10.75g（大鼠，经口）。

（4）应用。GB14880—2012《食品安全国家标准 食品营养强化剂使用标准》规定，维生素 A 的使用范围及最大使用量：在调制乳 600 ~ 1 000μg/kg；在调制乳粉中的最大使用量为 1 200 ~ 10 000μg/kg；在植物油、人造黄油等制品中的最大使用量为 4 000 ~ 8 000μg/kg；在大米和小麦粉中的最大使用量为 600 ~ 1 200μg/kg；在西式糕点和饼干中的最大使用量为 2 330 ~ 4 000μg/kg。

2. 维生素 D

维生素 D 是一种脂溶性维生素，是所有具有胆钙化醇（维生素 D_3）生物活性类固醇的统称。它是一类可防治佝偻病的维生素，故又有抗佝偻病维生素之称。目前已知具有抗佝偻病作用的固醇类衍生物有许多种，其中以麦角钙化醇（维生素 D_2）和胆钙化醇（维生素 D_3）较重要，亦用于营养强化食品。

（1）性状。维生素 D_2 又名麦角钙化醇，为无色针状结晶或白色结晶性粉末，无臭、无味；不溶于水，微溶于植物油，易溶于乙醇；在空气中易氧化，对光不稳定，对热相当稳定，溶于植物油时亦相当稳定，但有无机盐存在时则迅速分解。维生素 D_3 又名胆钙化醇，为无色针状结晶或白色结晶性粉末，无臭、无味；不溶于水，微溶于油，易溶于乙醇，在耐热、酸、碱和氧方面均较维生素 D_2 稳定，但也受空气和光照的影响。

（2）性能。维生素 D 具有促进钙吸收、调节免疫功能、维护心血管健康等功能。适量的维生素 D 摄入可以降低心血管疾病的风险，如高血压、冠心病等。

（3）毒性。维生素 D_2 成人经口急性中毒量为 100mg/d；LD_{50} 为每千克体重 42mg（大鼠，经口），ADI 为每千克体重 0 ~ 0.5mg。维生素 D_3 的 LD_{50} 为每千克体重 42mg（大鼠，经口）。我国维生素 D 的每日膳食量供给标准不论成人还是儿童均为 10μg。

（4）应用。GB 14880—2012《食品安全国家标准 食品营养强化剂使用标准》规定了维生素 D 的使用范围：可以在调制乳、调制乳粉、人造黄油及其类似制品、冰淇淋类、雪糕类、豆粉、豆浆粉、豆浆、藕粉、即食谷物（包括碾轧燕麦片）、饼干、其他焙烤食品果蔬汁（肉）饮料（包括发酵型产品等）、含乳饮料、风味饮料、固体饮料类、果冻和膨化食品中使用。具体使用量可查 GB 14880—2012《食品安全国家标准 食品营养强化剂使用标准》。

（二）氨基酸及含氮化合物类营养强化剂

氨基酸是蛋白质的基本构成单位。食物中的蛋白质不能直接被人体吸收利用，需要先经消化分解成氨基酸后才能被吸收，机体可利用这些氨基酸再合成自身蛋白质，因此机体对蛋白质的需要实际上是对氨基酸的需要。组成人体蛋白质的氨基酸有 20 多种，其中大部分在体内可由其他物质合成，称为非必需氨基酸。色氨酸、亮氨酸、异亮氨酸、缬氨酸、苯丙氨酸、赖氨酸、苏氨酸和蛋氨酸，在人体内不能合成或合成的速度满足不了机体的需求，必须由食物供给，这些氨基酸称为必需氨基酸。另外，组氨酸对婴儿也是一种必需氨基酸。当人体中某种必需氨基酸不足时，会影响蛋白质的有效合成，因此，必须提供一定比例的必需氨基酸。由于食品营养强化的氨基酸主要是必需氨基酸或它们的盐类。许多食品缺乏一种或多种必需氨基酸，例如谷物食品缺乏赖氨酸，玉米食品缺乏色氨酸，豆类缺乏蛋氨酸。我国人民多以谷物为主食，因此赖氨酸便是人们最常用的氨基酸类营养强化剂。此外，对于婴幼儿尚有必要适当强化牛磺酸。

1. 赖氨酸

赖氨酸是谷物中的第一限制性氨基酸，因此在谷物类食品中强化赖氨酸是提高其蛋白质营养价值的有效途径。我国允许使用的赖氨酸强化剂为 L–盐酸赖氨酸和 L–赖氨酸天冬氨酸盐。

（1）性状。L–盐酸赖氨酸为白色结晶或结晶性粉末，无臭；易溶于水，极微溶于乙醇，不溶于乙醚；一般条件下较稳定，有时稍着色，与维生素 C 或维生素 K_3 共存时易着色，碱性时在还原糖的存在下加热则被分解；吸湿性强。L–赖氨酸天冬氨酸盐为白色粉末，无臭或稍有臭气，有特异味；易溶于水，难溶于乙醇、乙醚。L–赖氨酸天冬氨酸盐使用方便，可以很好地解决 L–赖氨酸易吸潮的问题。

（2）性能。L–盐酸赖氨酸是人体必需的氨基酸，在一定程度上可以提高机体免疫力，改善营养不良状况。

（3）毒性。L–盐酸赖氨酸的 LD_{50} 为每千克体重 10.75g（大鼠，经口）。

（4）应用。GB 14880—2012《食品安全国家标准 食品营养强化剂使用标准》规定了赖氨酸的使用范围：可应用于大米及其制品、小麦粉及其制品、杂粮粉及其制品、面包中。具体使用量可查 GB 14880—2012《食品安全国家标准 食品营养强化剂使用标准》。L–赖氨酸天冬氨酸盐兼有强化和调味两种作用，用作 L–赖氨酸的强化剂，也可用于清凉饮料及面包等的调味。

2. 牛磺酸

牛磺酸又称为牛胆酸、牛胆碱、牛胆素，化学名为氨基乙基磺酸，因从牛胆汁中分离、发现而得名。

（1）性状。牛磺酸为白色结晶或结晶性粉末，无臭、微酸；对热稳定；可溶于水，极微溶于 95% 乙醇，不溶于无水乙醇；在稀溶液中呈中性。

（2）性能。牛磺酸是大脑中含量最多的游离氨基酸之一，能调节中枢神经系统的活动，并参与脑神经功能的调节。

（3）毒性。牛磺酸的 LD_{50} 大于每千克体重 10 000mg（小鼠，经口）。作为一种天然成分，牛磺酸未被发现有任何毒性作用。

（4）应用。GB 14880—2012《食品安全国家标 食品营养强化剂使用标准》规定了牛磺酸的使用范围：可应用于调制乳粉、豆粉、豆浆粉、果冻、豆浆、含乳饮料、特殊用途饮料、风味饮料和固体饮料类。具体使用量可查 GB 14880—2012《食品安全国家标准 食品营养强化剂使用标准》。

（三）矿物质或无机盐类营养强化剂

矿物质又称为无机盐或灰分，是构成人体组织和维持机体正常生理活动所必需的成分，它既不能在体内合成，也不会在新陈代谢过程中消失。由于体内每天都有一定量的矿物质排出，故需从食品中补充。矿物质按其含量多少可分为常量元素和微量元素两类，前者含量较大，通常以百分比计，有钙、磷、钾、钠、硫、氯、镁等 7 种；后者含量甚微，通常以 mg/kg 计。目前所知的必需微量元素有 14 种，即铁、锌、铜、碘、锰、硒、镍、氟、钒、铬、钴、硅和锡等。矿物质在食物中分布很广，一般均能满足机体需要，但是某些种类仍然容易缺乏，如钙、铁、锌、碘、硒等。特别是处于生长发育期的婴幼儿、青少年及孕妇、乳母，钙和铁的缺乏较为常见，碘的缺乏依环境条件而异。此外，有人认为锌、硒对特定人群也有强化的必要。近年来应用较多的矿物质或无机盐类营养强化剂主要有铁、锌、钙以及碘等。

1. 碳酸钙

碳酸钙按生产方法分为重质碳酸钙（粒径为 30～50μm）、轻质碳酸钙（粒径为 5μm）和胶体碳酸钙（粒径 0.03～0.05μm）三种。我国作为食品添加剂使用的多为轻质碳酸钙。胶体碳酸钙因在人体内的消化吸收率高于其他两种碳酸钙，且可与水形成均匀的乳浊液，近年来也常被作为食品添加剂使用。

（1）性状。碳酸钙为白色粉末，无定形结晶，无臭、无味；置于空气中不起化学变化，有轻微的吸湿性；几乎不溶于水，微溶于含有铵盐或二氧化碳的水中。

（2）性能。钙在人体中占据重要位置，约 99% 的钙存在于骨骼和牙齿中，是这些组织的主要组成成分。除了构成骨骼和牙齿外，钙还参与节制心肌收缩、帮助血液凝结、调节其他矿物质的平衡以及使酶活化等生理过程。碳酸钙作为食品营养强化剂，常用于增加食品钙的含量，特别是一些经过加工处理的食品，如高钙饼干、高钙挂面、高钙糖果等。

（3）毒性。ADI 不作特殊规定。

（4）应用。GB 14880—2012《食品安全国家标准 食品营养强化剂使用标准》规定了碳酸钙的使用范围：碳酸钙作为营养强化剂，通常用于面包、饼干及代乳粉等婴幼儿食品。具体使用量可查 GB 14880—2012《食品安全国家标准 食品营养强化剂使用标准》。用碳酸钙强化面包时，一般可与维生素配合使用，效果较好，也可添加适量的磷脂。使用这些食品添加剂除了可达到营养强化、促进钙质吸收的目的外，在面包发酵时还可作为酵母的营养物，促进酵母的繁殖，改进面筋的性质，有利于面包的加工。

2. 锌盐

通常在食品中使用的锌强化剂有硫酸锌、氧化锌等无机锌，以及葡萄糖糖酸锌等有机锌。

（1）性状。硫酸锌为无色透明的棱柱体、小针状体或呈粒状结晶性粉末，无臭；易失水及风化；可溶于水，不溶于乙醇。氧化锌又称为锌氧粉或锌白，为白色无定形粉末，不溶于水和乙醇，可溶于稀酸和强碱，在空气中逐渐吸收二氧化碳，高温时呈黄色，冷却后变白。葡萄糖酸锌为白色或几乎白色的颗粒或结晶性粉末，易溶于水，极微溶于乙醇。

（2）性能。锌是维持人体正常生理功能所必需的微量元素之一。它在人体内参与多种酶的合成和激活，对蛋白质、脂肪和碳水化合物的代谢起着重要作用，锌盐作为营养强化剂被广泛应用于食品、保健品等领域。

（3）毒性。硫酸锌的LD_{50}为每千克体重 2 949mg（大鼠，经口，以锌计）；氧化锌的LD_{50}为每千克体重 240mg（大鼠，腹腔注射）；葡萄糖酸锌的LD_{50}为每千克体重 3.06g（小鼠，经口，以锌计）。

（4）应用。GB 14880—2012《食品安全国家标准 食品营养强化剂使用标准》规定了锌盐的使用范围：锌盐可用于调制乳粉、豆粉、豆浆粉、大米及其制品、小麦粉及其制品、杂粮粉及其制品、面包、即食谷物（包括碾轧燕麦片）、西式糕点、饼干、饮料类（包装饮用水类除外）和果冻中。具体使用量可查 GB 14880—2012《食品安全国家标准 食品营养强化剂使用标准》。

3. 碘盐

我国允许使用的碘强化剂为碘酸钾、碘化钾和碘化钠。

（1）性状。碘酸钾为无色透明或白色立方晶体或颗粒性粉末，在干燥的空气中稳定，在潮湿的空气中略有吸湿性，可溶于水、乙醇及甘油；其水溶液遇光变黄，并析出游离碘。

（2）性能。碘是合成甲状腺激素的重要原料，对于人体的生长发育和代谢过程具有重要影响。甲状腺激素能够促进蛋白质的合成和分解，调节脂肪和碳水化合物的代谢，促进维生素的吸收和利用，以及维持中枢神经系统的正常功能。以碘盐作为营养强化剂，可以有效地补充人体所需的碘元素，预防碘缺乏病的发生。

（3）毒性。碘酸钾的LD_{50}为每千克体重 136mg（小鼠，腹腔注射）。

（4）应用。GB 26878—2011《食品安全国家标准 食用盐碘含量》规定，碘可加入食盐供地方性甲状腺病地区居民食用，其最大使用量为 20～30mg/kg（以元素碘计），通常使用的多为碘酸钾（KIO_3）。为了避免碘酸钾的分解损失，最好向食盐中加入 4 倍于碘酸钾量的碳酸钠。

第五节　消泡剂

消泡剂 PPT

在加工植物性食品原料，如制糖工业中，一般先要洗涤根、茎、叶等，在这一过程中会产生大量泡沫，必须设法消除，以免物料随泡沫溢出浪费，并保证加工设备和车间地面清洁卫生。尤其在加工高淀粉、高含量粉的植物性原料时，泡沫更多。此外，在罐头、饮料、调味品、葡萄酒、啤酒、味精等产品生产发酵过程中都会产生有害的泡沫。为了消除上述有害泡沫的影响，应当使用消泡剂。

一、定义

在食品加工过程中可以降低表面张力，消除泡沫的物质叫作消泡剂。

二、分类

消泡剂可分为破泡剂和抑泡剂。破泡剂是加到已形成的泡沫中使泡沫破灭的食品添加剂，如丙二醇、天然油脂。抑泡剂是发泡前预先添加而阻止发泡的食品添加剂，如聚氧乙烯（20）山梨醇酐单油酸酯（又名吐温80）等属于抑泡剂。

三、作用和机理

消泡剂的机理主要涉及改变液体的表面性质，以控制和消除气泡或泡沫等方面。

（一）降低液体表面张力

液体表面张力决定了液体表面的紧张程度，消泡剂可以降低液体表面张力，从而减小气泡的稳定性，使其容易破裂或阻止气泡的形成。

（二）扩散到气泡表面

消泡剂能够扩散到气泡表面，并形成一层薄膜。这层薄膜可以改变气泡表面的物理和化学性质，使气泡不再稳定。薄膜可以增加气泡的表面张力，使其破裂，或者改变气泡与周围液体的相互作用，使其消散。

（三）阻止气泡聚合和扩散

某些消泡剂可以在液体中形成聚合物或胶体颗粒，这些颗粒可以吸附在气泡表面，阻止气泡的聚合和扩散。这种作用可以通过在气泡表面形成物理屏障或通过化学反应来实现。

四、常用的消泡剂

（一）吐温系列

吐温系列已在第三章第一节做详细介绍。

GB 2760—2024《食品安全国家标准 食品添加剂使用标准》规定，吐温系列作为消泡剂可列入表 C.2 需要规定功能和使用范围的加工助剂名单，应用范围及最大使用量：在制糖工艺、发酵工艺、提取工艺、果蔬汁（浆）饮料加工工艺中的最大使用量为 0.75g/kg；在植物蛋白饮料加工工艺中的最大使用量为 2.0g/kg；在豆类制品加工工艺中的最大使用量为 0.05g/kg（以每千克豆类的使用量计）。

（二）丙二醇

丙二醇已在第五章第二节做详细介绍。

B 2760—2024《食品安全国家标准 食品添加剂使用标准》规定，丙二醇作为消泡剂被列入表 C.2，应用范围为啤酒加工和提取工艺。

（三）聚氧丙烯甘油醚

聚氧丙烯甘油醚又称为甘油聚醚、GP 型消泡剂。

1. 性状

聚氧丙烯甘油醚为无色至淡黄色非挥发性黏稠状液体，有苦味；难溶于水，溶于乙醇等；热稳定性好，消泡能力强，是良好的食品消泡剂；用于酵母、味精等的生产，消泡效率为食用油的数倍至数十倍。

2. 性能

聚氧丙烯甘油醚是一种非离子型的消泡剂，具有良好的热稳定性，在消泡方面表现出色，能有效地消除泡沫并抑制泡沫再生，效果比植物油或高级醇更有效。

3. 毒性

LD_{50}为大于每千克体重10g（小鼠，经口）。

4. 应用

GB 2760—2024《食品安全国家标准 食品添加剂使用标准》规定，聚氧丙烯甘油醚作为消泡剂可列入表 C.2 需要规定功能和使用范围的加工助剂名单，用于发酵工艺。如在味精生产时采用在基础料中一次加入的方法，加入量为 0.02% ~ 0.03%。对制糖业浓缩工序，在泵口处预先加入，加入量为 0.03% ~ 0.05%。

（三）复配型消泡剂

复配型消泡剂主要由高级脂肪酸类、食品用表面活性剂和天然油脂类等组成，如利用失水山梨醇脂肪酯、甘油单硬脂酸酯、蔗糖脂肪酸酯、大豆磷脂及硅树脂、丙二醇、甲基纤维素、碳酸钙、磷酸三钙等中的数种相互复配而成。复配型消泡剂一般用于软饮料、糖果、冷饮、焙烤食品等。

以 DSA – 5 消泡剂为例。DSA – 5 消泡剂是由十八醇硬脂酸酯、液体石蜡、硬脂酸三乙醇胺和硬脂酸铝组成的复配物。其主要成分为表面活性剂。

1. 性状

DSA – 5 消泡剂为白色至淡黄色黏稠液体，几乎无臭，化学性质稳定；不易燃易爆，不挥发，无腐蚀性，黏度高，流动性差。1% 的 DSA – 5 消泡剂水溶液的 pH 值为 8 ~ 9。DSA – 5 消泡剂能显著降低泡沫液壁的局部表面张力，加速排液过程，使泡沫破裂。

2. 性能

DSA – 5 消泡剂能显著降低泡沫液壁的局部表面张力，加速排液过程，使泡沫破裂。

3. 毒性

LD_{50}为大于每千克体重15g（大鼠，经口）。

4. 应用

DSA – 5 消泡剂的使用量少，消泡效果好，消泡率可达 96% ~ 98%，且成本低，经济效益良好。

第六节　食品工业用加工助剂

食品工业用加工
助剂 PPT

在食品加工过程中，为了满足一定的技术目的，需要在原料、预处理或加工过程中添加食品工业用加工助剂，以促进食品加工工艺的顺利进行。

一、定义

食品工业用加工助剂是指有助于食品加工顺利进行的各种物质，与食品本身无关，如助滤、澄清、吸附、脱模、脱色、脱皮、提取溶剂等。

二、分类

（一）溶剂（提取溶剂、萃取溶剂、浸取溶剂）

溶剂是能溶解其他物质的液体，主要用于各种非水溶性物质的萃取，如油脂、香辛料；也常用作非水溶性物质的稀释，如油溶性色素、维生素等。

（二）助滤剂和澄清剂

助滤剂和澄清剂是在食品加工过程中，以帮助过滤为目的的食品添加剂，兼有脱色作用，主要包括活性炭、硅藻土、高岭土等产品。

（三）其他加工助剂

食品添加剂中的加工助剂还包括冷却剂、防黏剂、脱色剂、催化剂、吸附剂、结晶剂、絮凝剂、分散剂、润滑剂、发酵用营养物质、螯合剂、脱毛剂、脱皮剂等。

三、作用和机理

（一）小用量

加工助剂应在食品生产加工过程中使用，使用时应具有工艺必要性，在达到预期目的的前提下应尽可能减小使用量。

（二）小残留

加工助剂一般应在制成最终成品之前除去，无法完全除去的，应尽可能减小其残留量，其残留量不应对健康产生危害，不应在最终食品中发挥功能作用。

（三）确保质量

加工助剂应该符合相应的质量规格要求。

四、常用的加工助剂

（一）溶剂（提取溶剂、萃取溶剂、浸取溶剂）

1. 丙三醇（CNS 编码：15.014；INS 编码：422）

（1）性状。丙三醇俗称甘油，为无色黏稠液体，无臭，有甜味；能从空气中吸收水分，也能吸收硫化氢、氰化氢和二氧化硫；长期放在 0℃ 的低温处，能形成熔点为 17.8℃ 的有光泽的斜方晶体；遇强氧化剂如三氧化铬、氯酸钾、高锰酸钾能引起燃烧和爆炸；能与水、醇类、胺类、酚类等多种化合物任意混溶，1 份丙三醇能溶于 11 份乙酸乙酯，约 500 份乙醚，不溶于苯、氯仿、四氯化碳、二硫化碳、石油醚和油类；相对密度为 1.263 6，熔点为 17.8℃，沸点为 290.0℃（分解）。

（2）性能。丙三醇作为溶剂具有良好的溶解性与化学稳定性，并具有广泛的溶解能力、独特的反应性质、适宜的黏度与流动性以及高安全性等，这使丙三醇成为一种非常灵活的溶剂，能够适应多种不同食品的工艺要求。

（3）毒性。LD_{50} 为大于每千克体重 25mg（大鼠，经口），ADI 不作限制性规定（FAO/WHO，2001）。

（4）应用。GB 2760—2024《食品安全国家标准 食品添加剂使用标准》规定，丙三醇作为食品工业用加工助剂列入表 C.1，可在各类食品加工过程中使用，残留量不需限定。难溶于水的食品防腐剂、抗氧化剂和色素等食品添加剂在添加于食品前，可使用丙三醇作为溶剂。食用香精，除用乙醇作溶剂外，有时也配合使用丙三醇，如有些食用水溶性香精使用约 5% 的丙三醇。

2. 正己烷

（1）性状。正己烷为无色透明液体，极易挥发，有微弱特殊气味；黏度小，不溶于水，溶于乙醇、丙酮、乙醚和氯仿等。

（2）性能。在食品加工中，正己烷主要用作植物油的提取剂。

（3）毒性。LD_{50} 为大于每千克体重 28 710mg（大鼠，经口），ADI 以 GMP 为限（FAO/WHO，2001）。

（3）应用。GB 2760—2024《食品安全国家标准 食品添加剂使用标准》规定，正己烷作为提取溶剂可列入表 C.2 需要规定功能和使用范围的加工助剂名单，用于提取工艺、大豆蛋白加工工艺，主要用于大豆、米糠、棉籽等各种食用油脂和香辛料中油脂的抽提。

3. 二氧化碳（CNS 编码：17.014；INS 编码：290）

（1）性状。二氧化碳为一种碳氧化合物，化学式为 CO_2，分子量为 44.00；在常温常压下是一种无色无味或无色无臭，而其水溶液略有酸味的气体，也是一种常见的温室气体，还是空气的组成成分之一（占大气总体积的 0.03% ~ 0.04%）；熔点为 –56.6℃（527kPa），沸点为 –78.5℃；密度比空气密度大（标准条件下），可溶于水。

（2）性能。二氧化碳在水中具有一定的溶解度，并且可以形成碳酸，呈现微弱的酸性。这种酸性特点使二氧化碳在食品中具有一定的调节作用，如调节食品的酸碱度，从而改变食品的口感和稳定性；另外二氧化碳还具有防腐、消暑等作用。

（3）毒性。ADI 不作限制性规定（FAO/WHO，2001），现行国家标准为 GB 10621—2006《食品添加剂 液体二氧化碳》。

（4）应用。GB 2760—2024《食品安全国家标准 食品添加剂使用标准》规定，二氧化碳作食品为防腐剂（其他），其应用范围及最大使用量：在风味发酵乳、除胶基糖果以外的其他糖果、饮料类 [14.01.02 饮用纯净水、14.01.03 其他类饮用水、14.02.01 果蔬汁（浆）、14.02.02 浓缩果蔬汁（浆）除外]、配制酒、其他发酵酒类（充气型）中，按生产需要适量使用。

（二）助滤剂和澄清剂

1. 活性炭

（1）性状。活性炭是由少量氢、氧、氮、硫等与碳原子化合而成的络合物，为黑色微细粉末，无臭、无味；有多孔结构，能吸收是自身质量 1.5 ~ 4 倍的水，对气体、蒸汽或胶态固体有强大的吸附作用；最适合 pH 值为 4.0 ~ 4.8，最适合温度为 70 ~ 80℃；不溶于任何有机溶剂。

（2）性能。活性炭是一种非常优秀的吸附剂，具有物理吸附、化学吸附和催化作用，它在脱色、脱臭、除味及食品生产中的净化方面表现出卓越的性能。

（3）毒性。活性炭可在各类食品加工过程中使用，残留量不需要限定，ADI 不作限制性规定（FAO/WHO，2001）。

（4）应用。GB 2760—2024《食品安全国家标准 食品添加剂使用标准》规定，活性炭作为食品工业用加工助剂列入表 C.1，可在各类食品加工过程中使用，残留量不需限定。

2. 硅藻土

（1）性状。硅藻土是由硅藻的硅质细胞壁组成的一种沉积岩，主要成分为二氧化硅的水合物，分为天然粉末、煅烧性粉末和熔融煅烧性粉末三种。硅藻土为白色至浅灰色或米色多孔性粉末，质轻，有强吸水性，能吸收自身质量 1.5～4.0 倍的水，不溶于水、酸类（氢氟酸除外）和稀碱，溶于强碱。

（2）性能。硅藻土具有良好的吸水性，且在各种环境条件下都能保持其结构和性能的稳定。

（3）毒性。硅藻土的 ADI 不作限制性规定（FAO/WHO，2001）。现行国家标准为 GB 14936—2012《食品安全国家标准 食品添加剂 硅藻土》。

GB 14936—2012
《食品安全国家标准
食品添加剂 硅藻土》

（4）应用。GB 2760—2024《食品安全国家标准 食品添加剂使用标准》规定，硅藻土作为食品工业用加工助剂列入表 C.1，可在各类食品加工过程中使用，残留量不需限定。硅藻土常作为砂糖精制，葡萄酒、啤酒、饮料等加工的助滤剂，若与活性炭并用可提高脱色效果和吸附胶质作用。

3. 高岭土

（1）性状。高岭土又称为白陶土、瓷土，主要成分为含水硅酸铝。纯净的高岭土为白色粉末，一般含有杂质，呈灰色或淡黄色，质软，易分散于水或其他液体中，有滑腻感，并有土味。高岭土加水揉合后有可塑性。高岭土主要产于我国江西高岭以及美国、法国、马来西亚等地。

（2）性能。高岭土是一种非金属矿产，主要由粒径小于 $2\mu m$ 的微小晶体组成，属于呈土状分散的多矿物混合物，并且呈现独特的不规则状和土状结构。这种不规则状和土状结构赋予高岭土一些特殊的物理和化学性质，如良好的吸附性、离子交换性、分散性和可塑性等。高岭土可以用于脱色、脱臭、除味及作为食品生产中的净化剂。

（3）毒性。高岭土的 ADI 不作限制性规定（FAO/WHO，2001）。现行国家标准为 GB/T 14563—2020《高岭土及其试验方法》。

（4）应用。GB 2760—2024《食品安全国家标准 食品添加剂使用标准》规定，高岭土作为澄清剂、助滤剂可列入表 C.2 需要规定功能和使用范围的加工助剂名单，用于葡萄酒、果酒、黄酒、配制酒的加工工艺、发酵工艺。

第八章在线自测

下篇　实验实训

任务一 查询 GB 2760—2024 《食品安全国家标准 食品 添加剂使用标准》

能力目标

能熟练使用 GB 2760—2024《食品安全国家标准 食品添加剂使用标准》查询食品添加剂。

技能目标

通过实训，熟练掌握 GB 2760—2024《食品安全国家标准 食品添加剂使用标准》的查询方法。

1. 材料

GB 2760—2024《食品安全国家标准 食品添加剂使用标准》。

2. 操作步骤

（1）下载 GB 2760—2024《食品安全国家标准 食品添加剂使用标准》有效文本。

（2）查询 GB 2760—2024《食品安全国家标准 食品添加剂使用标准》各表的顺序。

①查询表 A.1（食品添加剂允许使用品种、使用范围以及最大使用量或残留量）。

②查询表 A.2（表 A.1 中例外食品编号对应的食品类别）。

（3）判定。

①若表 A.1 中有限量要求，则按表 A.1 规定执行；若表 A.1 中没有限量要求，则不得添加。

②表 A.1 中如有涉及表 A.2 中某些编号的食品除外的规定，则需查表 A.2 排除这些食品。

3. 结果与评价

（1）查询 GB 2760—2024《食品安全国家标准 食品添加剂使用标准》表 A.1 中的D - 异抗坏血酸及其钠盐，将其功能、允许使用品种、使用范围以及最大使用量或残留量填写在表 2 - 1 - 1 中。

表 2 - 1 - 1 查询结果

功能	食品分类号	食品名称	最大使用量/（g·kg⁻¹）	备注

（2）结论：通过任务实施得出什么结论？

（3）评价：学生和教师根据表2-1-2所示评价内容进行学生自评和教师评价，并根据评分标准将对应的得分填写于表中。

表2-1-2　任务实施考核评价表

考评项目		自我评价/分	组内评价/分	教师评价/分	备注
素质考评 （40分）	工作纪律（10分）				
	团队合作（10分）				
	工作态度（10分）				
	职业道德（10分）				
实操考评 （60分）	实施过程（20分）				
	完成情况（20分）				
	结果结论（20分）				
合计（100分）					
综合评价（100分）					

任务二 抗氧化剂在休闲面制品（油炸型方便面）生产中的应用

能力目标

能应用抗氧化剂来延缓氧化分解所引起的食品变质，延长食品的保质期；能正确使用抗氧化剂对食品进行抗氧化处理。

技能目标

通过实训，分析添加抗氧化剂与否对油炸型方便面感官风味的影响，熟练掌握抗氧化剂在油炸型方便面中的抗氧化作用及应用。

1. 材料与设备

（1）材料：小麦粉200g、精炼植物油1 000g、水80g、食盐1g、D-异抗坏血酸钠1.4g、姜黄素0.14g（均为食品级）等。

（2）设备：和面机、面条机、油炸锅、电子秤、面粉筛等。

2. 操作步骤

（1）将D-异抗坏血酸钠与小麦粉、食盐和姜黄素混合均匀，加入水，搅拌均匀制成面团。

（2）将调制好的面团经过面条机反复轧制，最终形成厚度为0.8~1.0mm的面片。

（3）将面片切割成宽度为1.0~1.2mm的面条。

（4）将切割好的面条蒸制2min，完成熟化过程。

（5）将熟化好的面条进行180℃油炸，使其表面形成金黄色的油亮效果。

（6）同时做一份没有添加D-异抗坏血酸钠的油炸型方便面。

（7）将油炸型方便面放入温度37℃、湿度70%的恒温培养箱中7d，每天检测一次过氧化值（过氧化值检测方法按GB 5009.227—2016《食品安全国家标准 食品中过氧化值的测定》执行），评价D-异抗坏血酸钠的抗氧化效果。

3. 结果与评价

（1）结果：通过任务实施，将结果填入表2-2-1。

表2-2-1　抗氧化效果评价表

组别	第1d 过氧化值	第2d 过氧化值	第3d 过氧化值	第4d 过氧化值	第5d 过氧化值	第6d 过氧化值	第7d 过氧化值
添加抗氧化剂							
未添加抗氧化剂							

（2）结论：通过任务实施得出什么结论?

（3）评价：学生和教师根据表2-2-2所示评价内容进行学生自评和教师评价，并根据评分标准将对应的得分填写于表中。

表2-2-2　任务实施考核评价表

考评项目		自我评价/分	组内评价/分	教师评价/分	备注
素质考评（30分）	工作纪律（10分）				
	团队合作（10分）				
	卫生安全（10分）				
实操考评（70分）	工具使用（10分）				
	实施过程（20分）				
	完成情况（20分）				
	结果结论（20分）				
合计（100分）					
综合评价（100分）					

任务三　增味剂在调味面制品（辣条）生产中的应用

🎯 能力目标

能应用增味剂改善食品的风味；能正确使用增味剂对食品进行调味。

🎯 技能目标

通过实训，分析不同添加量的增味剂对辣条风味的影响，熟练掌握增味剂在辣条加工中的增味效果及应用。

1. 材料与设备

（1）材料：菜籽油15mL、辣椒粉2g、食盐1g、牛筋面200g、呈味核苷酸二钠0.5g（均为食品级）等。

（2）设备：电磁炉、锅、电子秤等。

2. 操作步骤

（1）材料准备：将辣椒粉和食盐混合均匀，倒入10mL180℃菜籽油，搅拌均匀，冷却至室温后，再加入呈味核苷酸二钠搅拌均匀，备用。

（2）牛筋面淋上5mL菜籽油，抓拌均匀，蒸制2min。

（3）将蒸好的牛筋面分散均匀，倒入（1）中的料油再搅拌均匀。

（4）同时按照（1）中配方再制作3份，其中分别添加呈味核苷酸二钠为0g、1g和2g的辣条，比较增味剂对辣条的风味影响，并按表2－3－1进行评价。

表2－3－1　增味剂对辣条风味影响评分标准

序号	项目	评分标准	分值
1	味道协调性	评估辣条的整体味道是否和谐，增味剂的使用是否使各味道成分之间达到平衡，无突兀感。味道协调性好，增味剂使用得当，得分高；反之，得分低	20分
2	口感丰富度	考察辣条在口感上的层次感和多样性。增味剂的使用应能增加口感的丰富度，如增加脆度、韧性、咀嚼性等。口感越丰富多样，得分越高	30分
3	香气浓郁度	评价辣条的香气是否浓郁，增味剂的使用是否提升了产品的香气强度。香气浓郁，令人回味无穷，得分高；香气淡薄或无香气，得分低	30分
4	辣度适口性	根据消费者的辣度接受程度，评估辣条辣度的适口性。增味剂的使用应能调节辣度，使之符合大多数消费者的口味。辣度适中，既不过于刺激也不过于平淡，得分高	20分

3. 结果与评价

（1）结果：通过任务实施，将结果填入表2-3-2。

表2-3-2　增味剂对辣条的风味影响评价表

增味剂添加量/g	风味	备注
0		
0.5		
1		
2		

（2）结论：通过任务实施得出什么结论？

（3）评价：学生和教师根据表2-3-3所示评价内容进行学生自评和教师评价，并根据评分标准将对应的得分填写于表中。

表2-3-3　任务实施考核评价表

考评项目		自我评价/分	组内评价/分	教师评价/分	备注
素质考评 （30分）	工作纪律（10分）				
	团队合作（10分）				
	卫生安全（10分）				
实操考评 （70分）	工具使用（10分）				
	实施过程（20分）				
	完成情况（20分）				
	结果结论（20分）				
合计（100分）					
综合评价（100分）					

任务四 护色剂在肉制品生产中的应用

能力目标

能应用护色剂调整食品的色泽和改善食品的质地；能正确使用护色剂对食品进行护色。

技能目标

通过实训，分析添加护色剂与否对肉块感官风味的影响，熟练掌握亚硝酸钠在肉制品加工中的护色作用及应用。

1. 材料与设备

（1）材料：生猪瘦肉、盐、淀粉、亚硝酸钠（均为食品级）等。

（2）设备：烤箱、冰箱等。

2. 操作步骤

（1）将生猪瘦肉切成切面尺寸为 1cm × 1cm，长度为 8cm 的均匀小块，一部分加入适量的盐，最大添加量不超过 0.15g/kg 亚硝酸钠（严格按照 GB 2760—2024《食品安全国家标准 食品添加剂使用标准》）；另外一部分只加入适量的盐，搅拌均匀，在 0 ~ 4℃ 腌制 4h。

（2）将腌制好的肉块取出，沥干水分，再均匀地裹上淀粉，使肉块表面形成一层淀粉层。

（3）将肉块放入烤盘后置于烤箱中，以 200℃ 的温度烤制 20min（上、下火均为200℃），取出烤盘，将肉块翻面，再继续烤制 20min。

（4）将烤制好的肉块取出，比较添加了亚硝酸盐的和没有添加的肉块的颜色和质感区别，并按表 2 - 4 - 1 进行评分。

表 2 - 4 - 1 烤肉块感官评价表

项目	评分标准	分值/分
色泽	色泽红润，表面有一定的光泽，颜色均匀一致，没有明显的色差	40
质地	表面应该有一定的纹理，在整体美观的基础上，有一定的层次感	20
味道	具有浓郁的肉香味、适度的咸香味、香味应该持久而不腻	20
口感	有嚼劲、肉质鲜嫩、不过于干燥、口感匀称，不应有过多的筋膜或其他不易咀嚼的杂质	20

3. 结果与评价

（1）结果：通过任务实施，将结果填入表 2 - 4 - 2。

表 2-4-2 护色剂对烤肉块感官质量影响的评价表

组别	色泽	质地	味道	口感	总分
添加护色剂					
未添加护色剂					

（2）结论：通过任务实施得出什么结论?

（3）评价：学生和教师根据表 2-4-3 所评价内容进行学生自评和教师评价，并根据评分标准将对应的得分填写于表中。

表 2-4-3 任务实施考核评价表

考评项目		自我评价/分	组内评价/分	教师评价/分	备注
素质考评 （30分）	工作纪律（10分）				
	团队合作（10分）				
	卫生安全（10分）		·		
实操考评 （70分）	工具使用（10分）				
	实施过程（20分）				
	完成情况（20分）				
	结果结论（20分）				
合计（100分）					
综合评价（100分）					

任务五 乳化剂在乳制品（冰淇淋）生产中的应用

能力目标

能应用乳化剂改善食品的组织状态和品质；能正确使用乳化剂。

技能目标

通过实训，分析添加乳化剂与否对冰淇淋组织状态的影响，熟练掌握乳化剂对冰淇淋分散状态的影响及应用。

1. 材料与设备

（1）材料：全脂乳粉330g、淡奶油410g、砂糖450g、蔗糖脂肪酸酯适量、1%碳酸氢钠溶液（均为食品级）等。

（2）设备：水浴锅、搅拌器、均质机、冰淇淋凝冻机、电子天平、温度计等。

2. 操作步骤

（1）将450g砂糖加水溶解，配制成浓度为65%~70%的糖水备用。

（2）在不锈钢锅内先加入800g的水，预热至50℃左右，加入330g全脂乳粉，使其充分溶解后，再加入淡奶油，搅拌均匀后，再加入糖水、1 500g水，搅拌均匀，经120目筛过滤。用1%碳酸氢钠溶液调节混合料的酸度，将其酸度控制在0.18%~0.2%，不得超过0.25%，以免杀菌时产生沉淀。

（3）将装有混合物料的不锈钢锅放入水浴锅，以75~78℃杀菌20min，并不停搅拌。

（4）将杀菌后的混合原料冷却至65℃后，在15~20MPa压力下进行第一次均质，在3~5MPa下进行第二次均质，称重并均匀分为两份，其中一份加入0.3%的蔗糖脂肪酸酯，另一份不加。

（5）分别放入冰箱的冷藏室（1~4℃）老化8~12h。

（6）分别将老化后的混合原料倒入清洗干净的冰淇淋机的凝冻筒，开动机器进行凝冻，凝冻结束后，从出料口挤出冰淇淋，观察冰淇淋的状态，并按表2-5-1进行评分。

表2-5-1 冰淇淋感官评价表

项目	评分标准	分值/分
外观	光滑、均匀、没有颗粒状物质	20
色泽	颜色明亮、鲜艳、与产品描述相符	20
质地	柔软、细腻、没有过多的结冰或冻块	40
香味	具有浓郁的香气、与所用原料和口味相符	20

3. 结果与评价

（1）结果：通过任务实施，将结果填入表2-5-2。

表2-5-2 乳化剂对冰淇淋感官质量影响的评价表

组别	1min后	3min后	5min后	7min后	9min后	11min后
加入蔗糖脂肪酸酯						
未加入蔗糖脂肪酸酯						

（2）结论：通过任务实施得出什么结论？

（3）评价：学生和教师根据表2-5-3所示评价内容进行学生自评和教师评价，并根据评分标准将对应的得分填写于表中。

表2-5-3 任务实施考核评价表

考评项目		自我评价/分	组内评价/分	教师评价/分	备注
素质考评 （30分）	工作纪律（10分）				
	团队合作（10分）				
	卫生安全（10分）				
实操考评 （70分）	工具使用（10分）				
	实施过程（20分）				
	完成情况（20分）				
	结果结论（20分）				
合计（100分）					
综合评价（100分）					

任务六　增稠剂在乳制品（酸乳）生产中的应用

◎ 能力目标

能应用增稠剂改善食品的组织状态；能正确使用增稠剂改善食品品质。

◎ 技能目标

通过实训，分析添加增稠剂与否对酸乳组织状态的影响，熟练掌握增稠剂在酸乳加工中增加黏稠度的作用及应用。

1. 材料与设备

（1）材料：乳品菌种发酵剂（保加利亚乳杆菌：嗜热链球菌 ＝ 1：1）、牛奶、蔗糖、琼脂、明胶、海藻酸丙二醇酯（PGA）（均为食品级）等。

（2）设备：均质机、电热恒温培养箱、立式自动电热压力蒸汽灭菌器、电子天平、温度计等。

2. 操作步骤

（1）在牛奶中加入6%蔗糖和增稠剂（添加量见表2－6－2～表2－6－4），在20MPa条件下均质3min。

（2）在90～95℃杀菌10～15min，然后冷却到42～43℃。

（3）将冷却后的混合原料加入4%的发酵剂进行接种。

（4）接种后立即将搅拌均匀的料液灌入容器，放入恒温培养箱，封口，在42℃发酵4～6h（完全凝固或表面有少量乳清析出即终点）。

（5）将发酵好的酸奶放入0～4℃的冰箱12h进行发酵，观察酸乳的状态，并按表2－6－1进行评分。

表2－6－1　酸奶感官评价表

项目	评分标准	分值/分
色泽	乳白色或乳黄色，颜色均匀一致	20
气味	奶香气浓郁，清爽宜人，无异味	20
质地	质地均匀、无气泡、无分层、无沉淀、无乳清析出或者有少量乳清析出	30
口感	口感细腻柔和、滑润爽口、酸甜适中	30

3. 结果与评价

（1）结果：通过任务实施，将结果填入表2－6－2～表2－6－4。

表 2 - 6 - 2　明胶对酸乳感官质量影响的评价表

添加量/%	色泽	气味	质地	口感
0.5				
1				
2				
空白				

表 2 - 6 - 3　PGA 对酸乳感官质量影响的评价表

添加量/%	色泽	气味	质地	口感
0.2				
0.3				
0.4				
空白				

表 2 - 6 - 4　琼脂对酸乳感官质量影响的评价表

添加量/%	色泽	气味	质地	口感
0.2				
0.3				
0.4				
空白				

（2）结论：通过任务实施得出什么结论？

（3）评价：学生和教师根据表 2 - 6 - 5 所示评价内容进行学生自评和教师评价，并根据评分标准将对应的得分填写于表中。

表 2 - 6 - 5　任务实施考核评价表

考评项目		自我评价/分	组内评价/分	教师评价/分	备注
素质考评（30 分）	工作纪律（10 分）				
	团队合作（10 分）				
	卫生安全（10 分）				
实操考评（70 分）	工具使用（10 分）				
	实施过程（20 分）				
	完成情况（20 分）				
	结果结论（20 分）				
合计（100 分）					
综合评价（100 分）					

任务七 食品防腐剂、稳定凝固剂在萝卜干生产中的应用

◎ 能力目标

能应用食品防腐剂延长食品的货架期；能应用稳定凝固剂对果蔬进行保脆处理。

◎ 技能目标

通过实训，分析不同处理方式对样品感官风味的影响，熟练掌握食品防腐剂、稳定凝固剂在果蔬加工中的防腐、保脆作用及应用。

1. 材料与设备

（1）材料：新鲜白萝卜、食盐、苯甲酸钠、氯化钙、β-环状糊精（均为食品级）等。

（2）设备：腌制缸、灭菌锅、电子天平、恒温培养箱、硬度检测仪等。

2. 操作步骤

（1）将萝卜洗净，切去茎盘，个头大的可纵切为两半。

（2）按一层萝卜一层盐的方法下缸，用盐量为每1kg鲜萝卜加食盐90~100g。每天翻缸1次，腌制5d。

（3）将萝卜捞出，沥干明水，切成6cm×1cm×1cm带外皮的萝卜条，倒入压榨容器，压榨至五成干，称重并平均分成4等份进行实验，分别标记为样品1~4，之后的处理方式见表2-7-1。

表2-7-1 样品处理方式

样品编号	保脆处理	防腐处理
1	—	—
2	√	—
3	—	√
4	√	√

备注："—"为不做处理；"√"为做相应处理。

（4）保脆处理：按料液比1:4配制保脆溶液，其中氯化钙的浓度为0.3%，β-环状糊精的浓度为3%，再将需要处理的样品放入保脆溶液浸泡，浸泡时间为20min，随后在流动水中冲漂2遍，沥干水分。

防腐处理：将需要处理的样品按每1kg萝卜干加苯甲酸钠0.5g，拌和均匀。

将样品放入灭菌锅，在90℃下杀菌12.5min，随后立即放入流动水降温。

（5）将样品放入37℃恒温培养箱，保温7d后进行观察。

3. 结果与评价

（1）通过任务实施，将结果填入表2-7-2。

表2-7-2　任务实施观察结果

样品编号	色泽	气味	组织状态	硬度（脆度）
1				
2				
3				
4				

备注：硬度可用硬度仪检测。

（2）通过任务实施得出什么结论？

（3）评价。学生和教师根据表2-7-3所示评价内容进行学生自评和教师评价，并根据评分标准将对应的得分填写于表中。

表2-7-3　任务实施考核评价表

考评项目		自我评价/分	组内评价/分	教师评价/分	备注
素质考评（30分）	工作纪律（10分）				
	团队合作（10分）				
	卫生安全（10分）				
实操考评（70分）	工具使用（10分）				
	实施过程（20分）				
	完成情况（20分）				
	结果结论（20分）				
合计（100分）					
综合评价（100分）					

任务八 漂白剂、稳定凝固剂在苹果脯生产中的应用

能力目标

能应用漂白剂对果蔬进行护色处理；能应用稳定凝固剂对果蔬进行硬化处理。

技能目标

通过实训，分析不同处理方式对样品感官风味的影响，熟练掌握漂白剂、稳定凝固剂在果蔬加工中的护色、硬化作用及应用。

1. 材料与设备

（1）材料：新鲜苹果、白砂糖、亚硫酸氢钠、氯化钙（均为食品级）等。

（2）设备：去皮机（或削皮刀）、果心刀、水果刀、电子天平、烘箱等。

2. 操作步骤

（1）选择适度成熟、新鲜饱满、肉质疏松、硬度较大、横径在4cm以上、不腐烂、无病虫害且无机械损伤的苹果作原料。

（2）将原料苹果洗净后去皮（去皮厚度不得超过1.2mm），纵切为2~3瓣，用果心刀挖净籽巢与梗蒂，再修去残留果皮，得到苹果果块，称重。

（3）将果块平均分成4等份进行实训，分别标记为样品1~4，之后的处理方式见表2-8-1。

表2-8-1 样品处理方式

样品编号	护色处理	硬化处理
1	—	—
2	√	—
3	—	√
4	√	√

备注："—"为不做处理；"√"为做相应处理。

（4）浸泡液配制：护色处理和硬化处理需配制护色、硬化液，用量按照料液比1:3进行计算。其中，护色液需在溶液中添加0.2%~0.3%的亚硫酸氢钠，硬化液需在溶液中添加0.1%氯化钙，样品4需要进行护色和硬化处理，在浸泡液中需同时加入对应浓度的亚硫酸氢钠和氯化钙。

（5）护色、硬化处理：将对应的样品放入溶液浸泡，浸泡时需用重物压住果块，防止果块上浮，浸泡时间为4~8h，随后在流动水中冲漂两遍，沥干水分。

（6）糖煮与浸渍：先在锅中配制浓度为 50% 的糖液，再将果块倒入，糖液用量约为果块重的 50%；加热煮沸后浇入少量浓度为 50% 的糖液，使锅中糖液暂停止沸腾，如此反复 3 次果肉即可煮软。当糖液再次沸腾时，开始加白砂糖，如锅中糖液太多，可取出部分；加糖量按果块质量的 50% 计，分 6 次加入，第 1 次和第 2 次各加总糖量的 12%，并同时浇入少量的糖液，第 3 次和第 4 次各加总糖量的 16%，第 5 次加总糖量的 20%，第 6 次加总糖量的 24%；每次加糖都是在重新煮沸时进行，直到果肉完全透明，呈金黄色即可停煮；然后将果块与糖液一起倒入缸中浸渍 24h 左右，使糖充分渗入果肉。

（6）烘烤：将果块从糖液中捞出，沥去表面糖液，铺在烘盘上整形，放入 60～67℃ 烘箱进行干燥，以蒸发水分，提高含糖量；在烘烤期间进行两次翻盘，使之干燥均匀；当烘烤至果块含水量为 11%～18%，总糖含量为 70%～80%，不粘手、富有弹性时，即可终止干燥；整个烘烤时间为 18～28h；烘烤结束后取出烤盘，趁热翻动果块，以防果块粘在盘上。

（7）对比观察 4 个样品并填表。

3. 结果与评价

（1）通过任务实施，将结果填入表 2-8-2。

表 2-8-2　任务实施观察结果

样品编号	色泽	组织状态	口感	硬度（脆度）
1				
2				
3				
4				

备注：硬度可用硬度仪检测。

（2）通过任务实施得出什么结论？

（3）评价。学生和教师根据表 2-8-3 所示评价内容进行学生自评和教师评价，并根据评分标准将对应的得分填写于表中。

表 2-8-3　任务实施考核评价表

考评项目		自我评价/分	组内评价/分	教师评价/分	备注
素质考评 （30 分）	工作纪律（10 分）				
	团队合作（10 分）				
	卫生安全（10 分）				
实操考评 （70 分）	工具使用（10 分）				
	实施过程（20 分）				
	完成情况（20 分）				
	结果结论（20 分）				
合计（100 分）					
综合评价（100 分）					

任务九 凝固剂在豆腐脑生产中的应用

能力目标

能应用凝固剂改变食品的凝固性能；能正确使用凝固剂改善豆制品的质地和口感。

技能目标

通过实训，分析添加不同凝固剂对豆腐脑凝固性能的影响，熟练掌握凝固剂在豆制品加工中的凝固性能及应用。

1. 材料与设备

（1）材料：黄豆、硫酸钙、葡萄糖酸 - δ - 内酯、碳酸氢钠（均为食品级）等。

（2）设备：小型磨浆机、恒温水浴锅、电磁炉、电子天平、一次性杯子等。

2. 操作步骤

（1）将黄豆除杂和清洗，然后置于黄豆质量 2.5 倍的水中浸泡，在室温下需浸泡约 8h。泡胀的黄豆质量约为原重的 2 倍。

（2）用磨浆机对浸泡好的黄豆进行磨浆，磨豆时的加水量约为黄豆质量的 3 倍。然后，用两层纱布进行过滤，得生浆，用 10% 碳酸氢钠调整 pH 值为 7.0。将生浆于电磁炉上进行煮浆，煮浆时要不断搅拌，以防烧结，当豆浆温度达到 98℃时，使其离开火源。

（3）称取凝固剂：硫酸钙添加量为 1.2g/L 豆浆；葡萄糖酸 - δ - 内酯添加量为 2.5g/L 豆浆。

（4）硫酸钙先用少量水调成悬浊液，葡萄糖酸 - δ - 内酯也用少量水先溶解。将豆浆平分为两份，冷至 85℃左右，将两种凝固剂分别添加到豆浆中，边添加边用勺均匀搅拌 2 ~ 3min。

（4）点浆完成后，将豆浆分装于一次性杯中，用保鲜膜封好杯口，在恒温水浴箱中保温 80℃静置 15 ~ 40min，使之凝固成型。静置时可进行观察，并按表 2 - 9 - 1 进行评分，凝固完好后即可取出于冷水浴中冷却。

表 2 - 9 - 1 内酯豆腐脑感官评价表

项目	评分标准	分值/分
外观	色泽均匀、呈浅黄色或乳白色、无杂色、表面光滑均匀、没有明显的开裂或断裂	20
气味	豆香味，无异味或异常气味	20
质地	柔软、细腻、有一定的弹性	30
口感	口感均匀丰富、容易咀嚼	30

3. 结果与评价

（1）结果：通过任务实施，观察用两种凝固剂制作的豆腐脑，将结果填入表2-9-2。

表2-9-2　凝固剂对豆腐脑感官质量影响的评价表

感官结果	硫酸钙	葡萄糖酸-δ-内酯
外观		
气味		
质地		
口感		
总分		

（2）结论：通过任务实施得出什么结论？

（3）评价：学生和教师根据表2-9-3所示评价内容进行学生自评和教师评价，并根据评分标准将对应的得分填写于表中。

表2-9-3　任务实施考核评价表

考评项目		自我评价/分	组内评价/分	教师评价/分	备注
素质考评（30分）	工作纪律（10分）				
	团队合作（10分）				
	卫生安全（10分）				
实操考评（70分）	工具使用（10分）				
	实施过程（20分）				
	完成情况（20分）				
	结果结论（20分）				
合计（100分）					
综合评价（100分）					

任务十　酸度调节剂在饮料（蓝莓果汁）生产中的应用

能力目标

能应用酸度调节剂改善食品风味；能正确使用酸度调节剂对食品进行调味。

技能目标

通过实训，分析添加不同酸度调节剂对蓝莓果汁风味的影响，熟练掌握酸度调节剂在饮料加工风味调节过程中的作用及应用。

1. 材料与设备

（1）材料：新鲜蓝莓、白砂糖、羧甲基纤维素钠、柠檬酸、苹果酸、酒石酸（均为食品级）等。

（2）设备：胶体磨、调配罐、高压均质机器、电子天平、玻璃瓶、巴式灭菌锅、糖度计、酸度计、滴定管等。

2. 操作步骤

（1）预处理：选择成色好且无病害的蓝莓果洗净后，投入 90~95℃ 的热水烫漂 1~2min，达到灭酶护色和软化果肉组织的目的。

（2）打浆：利用双道打浆机对处理后的蓝莓进行打浆，得到蓝莓汁浆备用。

（3）调配：按配方比例调配时（表 2-10-1），应先用适量的水将白砂糖和羧甲基纤维素溶解，再按表 2-10-3 加入不同的酸度调节剂后，加热煮沸，保持 5min，迅速冷却至 50℃，加入蓝莓原浆，混匀。

（4）均质：将调配好的料液，采用胶体磨先粗磨 1 次，然后细磨 1 次，经胶体磨处理的料液用高压均质机均质，均质压力为 20~30MPa。

（5）灌装、灭菌：使用玻璃瓶将料液在室温条件下进行灌装，水浴加热至 90~95℃ 后灭菌 5~10min，得到成品。

（6）观察、评价：对成品观察后，并按照表 2-10-2 进行评分。

表 2-10-1　蓝莓果汁的配方

色素名称	含量/%
蓝莓原浆	14
白砂糖	10
羧甲基纤维素钠	0.08
抗坏血酸钠	0.02

色素名称	含量/%
蓝莓香精	0.01
酸度调节剂	按照表2-10-3添加

表2-10-2　蓝莓果汁的感官评价表

项目	评分标准	分值/分
色泽	明亮的蓝紫色、符合蓝莓本身的颜色、颜色均匀、深浅适宜	20
气味	有浓郁的蓝莓汁气味、香味怡人、无杂味	20
质地	均匀、无分层、无沉淀	30
口感	酸甜适口、口感清新细腻、有浓郁的蓝莓味、无杂质	30

3. 结果与评价

（1）结果：通过任务实施，将结果填入表2-10-3。

表2-10-3　酸度调节剂对饮料感官质量影响的评价表

组别	0	0.02%	0.04%	0.06%	0.08%	0.1%
柠檬酸						
苹果酸						
酒石酸						

（2）结论：通过任务实施得出什么结论？

（3）评价：学生和教师根据表2-10-4所示评价内容进行学生自评和教师评价，并根据评分标准将对应的得分填写于表中。

表2-10-4　任务实施考核评价表

考评项目		自我评价/分	组内评价/分	教师评价/分	备注
素质考评（30分）	工作纪律（10分）				
	团队合作（10分）				
	卫生安全（10分）				
实操考评（70分）	工具使用（10分）				
	实施过程（20分）				
	完成情况（20分）				
	结果结论（20分）				
合计（100分）					
综合评价（100分）					

任务十一 甜味剂在饮料（花生露）生产中的应用

能力目标

能应用甜味剂改善食品风味；能正确使用甜味剂对食品进行调味。

技能目标

通过实训，分析全糖和无糖花生露在感官风味方面的差异，熟练掌握甜味剂在饮料加工中对风味改善的作用及应用。

1. 材料与设备

（1）材料：详见表 2 – 11 – 1。

（2）设备：电子天平、电热恒温水浴锅、均质机、灭菌机、磁力搅拌器、打浆机等。

2. 花生露配方

表 2 – 11 – 1　花生露配方（均为食品级）

原料		花生露（全糖）	花生露（无糖）
加料次序	名称	用量/g	用量/g
A	花生仁	40	40
B	碳酸氢钠（NaHCO$_3$）	适量	适量
C	白砂糖	80	—
	木糖醇	—	60
	安赛蜜	—	0.025
	三氯蔗糖	—	0.025
D	单甘油脂肪酸酯	0.2	0.2
	蔗糖脂肪酸酯	1.8	1.8
	稳定剂（黄原胶：海藻酸钠 = 1：1）	—	2
E	乙基麦芽酚	0.007	0.007
	香兰素	0.013	0.013
	花生香精	0.88	0.88
—	水	定容至1L	定容至1L

3. 操作步骤

全糖花生露和无糖花生露产品分别按照下列操作步骤制作完成。

（1）将 A 料放入烘箱，120℃烘烤 20min。在烘烤时，要经常翻动，以避免烧焦。将

B 料配制成 0.3% 的溶液。在 45℃ 下，将 A 料放入 B 料浸泡 12h，两者比例为 A : B = 1 : 3（m/V），浸泡后将 A 料沥水 2min 后称重。

（2）将 A 料放入打浆机，按 A 料 : 水 = 1 : 20（m/v）的比例加入纯净水，打浆，再采用 4 层纱布过滤浆液，弃去残渣。

（3）将得到的浆液一边搅拌一边加入 D 料。

（4）放入均质机中，在 50MPa、65℃ 的条件下进行均质。

（5）按配方比例放入 C 料，溶解均匀后，再加入 E 料，最后加纯净水定容。

（6）灌装密封后，放入灭菌机，在 121℃ 下杀菌 25min，放入流动水冷却至 50℃ 取出，得到成品。

（7）分别对全糖花生露和无糖花生露产品进行甜味评价，评价标准见表 2 - 11 - 2。

表 2 - 11 - 2　花生露感官评价表

项目	评分标准	分值/分
甜感	甜味纯正	30
质感	产品质地均匀且稳定	10
后味	入口后甜味消失慢，后味持久	20
清凉感	入口有清爽感	20
不良后味	有涩苦味、金属味或刺激性味道	20

4. 结果与评价

（1）通过任务实施，将结果填入表 2 - 11 - 3。

表 2 - 11 - 3　任务实施结果

项目	全糖花生露	无糖花生露
甜感		
质感		
后味		
清凉感		
不良后味		

（2）通过任务实施得出什么结论？

（3）评价。学生和教师根据表 2 - 11 - 4 所示评价内容进行学生自评和教师评价，并根据评分标准将对应的得分填写于表中。

表 2 - 11 - 4　任务实施考核评价表

考评项目		自我评价/分	组内评价/分	教师评价/分	备注
素质考评（30 分）	工作纪律（10 分）				
	团队合作（10 分）				
	卫生安全（10 分）				

考评项目		自我评价/分	组内评价/分	教师评价/分	备注
实操考评 （70分）	工具使用（10分）				
	实施过程（20分）				
	完成情况（20分）				
	结果结论（20分）				
合计（100分）					
综合评价（100分）					

任务十二　香精在饮料（苹果汁）生产中的应用

能力目标

能应用香精对食品进行增香、赋香、矫香；能正确使用香精改善食品风味。

技能目标

通过实训，分析香精不同添加量对苹果汁风味的影响，熟练掌握香精在苹果汁加工中的增香、赋香、矫香作用及应用。

1. 材料与设备

（1）材料：新鲜苹果、白砂糖、纯净水、L-苹果酸、NaOH、洗涤剂、抗坏血酸、苹果香精（均为食品级）。

（2）设备：电子天平、榨汁机等。

2. 操作步骤

（1）将1kg新鲜苹果用1%NaOH溶液和0.1%~0.2%洗涤剂的混合液浸泡10min，然后清水充分洗涤，去皮去核后将苹果果肉称重。

（2）将洗净的苹果果肉放入榨汁机，并按果肉质量的0.02%加入抗坏血酸，榨汁得到苹果汁，并称重。

（3）向苹果汁中加入0.03%~0.05%的果胶酶，在20℃下酶解16~24h，或在45℃下酶解3h，过滤沉降物得到苹果澄清汁，并称重。

（4）将苹果澄清汁平均分成3份，分别记为样品1~3号，再分别按配方——苹果澄清汁50%、白砂糖10%、L-苹果酸0.04%、抗坏血酸0.02%、苹果香精适量（苹果香精添加量详见表2-12-1），用纯净水定容至100%进行调配，灌装密封后在95℃下水浴杀菌15min，用流动水冷却至40℃。

表2-12-1　苹果香精添加量

%

样品编号	1	2	3
苹果香精用量	—	0.04	0.08

（5）对3份样品的香气和滋味根据表2-12-2所示的评价标准进行评价，并将各样品香气和滋味的得分相加得到样品总分，填入表中。

表 2 – 12 – 2　苹果汁感官评价标准

评价项目	指标	分值
香气	苹果香气纯正柔和，协调舒适	50
	有淡淡的苹果香气，但不突出	30
	苹果香气寡淡	20
滋味	苹果味道浓郁	50
	苹果味不突出	30
	苹果味寡淡	20

4. 结果与评价

（1）通过任务实施，将评价结果填入表 2 – 12 – 3。

表 2 – 12 – 3　任务实施结果

样品编号	1	2	3
评价总分			

（2）通过任务实施得出什么结论？

（3）评价。学生和教师根据表 2 – 12 – 4 所示评价内容进行学生自评和教师评价，并根据评分标准将对应的得分填写于表中。

表 2 – 12 – 4　任务实施考核评价表

考评项目		自我评价/分	组内评价/分	教师评价/分	备注
素质考评（30 分）	工作纪律（10 分）				
	团队合作（10 分）				
	卫生安全（10 分）				
实操考评（70 分）	工具使用（10 分）				
	实施过程（20 分）				
	完成情况（20 分）				
	结果结论（20 分）				
合计（100 分）					
综合评价（100 分）					

任务十三　着色剂在饮料（橙汁）生产中的应用

能力目标

能应用着色剂提高食品的感官特性；能正确使用着色剂改善食品的色调和色泽。

技能目标

通过实训，分析添加不同着色剂对橙汁色调的影响，熟练掌握着色剂对饮料色泽的保护和改善作用。

1. 材料与设备

（1）材料：新鲜橙子、白砂糖、柠檬酸、抗坏血酸、黄原胶、琼脂、酸性 CMC、橘子香精、甜橙香精、日落黄、柠檬黄（均为食品级）等。

（2）设备：电子天平、榨汁机、胶体磨、调配罐、高压均质机、电子天平、玻璃瓶、巴式灭菌锅、烧杯、酸性精密试纸、温度计等。

2. 操作步骤

（1）预处理：选择成色好且无病害的橙子清洗干净。

（2）榨汁：剥去橙子外果皮、囊衣，利用打浆机将处理好的橙子进行榨汁，然后用孔径 100 目的筛网进行过滤，得到橙汁备用。

（3）调配：每组按调配成品饮料 1L 计算，分别加入表 2 - 13 - 1 所示配料，并搅拌均匀。琼脂、酸性 CMC 和黄原胶须提前 1 ~ 2h 用适量 65 ~ 75℃温水搅拌使其充分溶解。调配顺序：糖的溶解与过滤→加原橙汁→调整糖酸比→加增稠剂→加着色剂→加香精→搅拌。橙汁的配方见表 2 - 13 - 1。

表 2 - 13 - 1　橙汁的配方

%

原料名称	含量
原橙汁	15
酸性 CMC	0.08
橘子香精	0.01
抗坏血酸	0.02
柠檬酸	0.15 ~ 0.25
黄原胶	0.05
白砂糖	8 ~ 10

原料名称	含量
琼脂	0.06
甜橙香精	0.02
着色剂	按照表2-13-2添加

（4）同时准备一份没有加入着色剂处理的橙汁。

（5）均质：将调配好的料液采用胶体磨先粗磨一次，然后细磨一次，经胶体磨处理的料液用高压均质机均质，均质压力为20~30MPa。

（6）灌装、灭菌：使用玻璃瓶将料液在室温条件下进行灌装，水浴加热至90~95℃后灭菌5~10min，得到成品。

（7）观察、评价：对成品观察后，按照表2-13-2进行评分。

表2-13-2　橙汁饮料的感官评价表

项目	评分标准	分值/分
色泽	明亮的橙黄色、复合橙子本身的颜色、颜色均匀、深浅适宜	30
气味	有浓郁的橙汁气味、香味怡人、无杂味	20
质地	均匀、无分层、无沉淀	20
口感	酸甜适口、口感清新细腻、有浓郁的橙子味、无杂质	30

3. 结果与评价

（1）结果：通过任务实施，将结果填入表2-13-3。

表2-13-3　着色剂对饮料感官质量影响的评价表

组别	0.02%	0.04%
日落黄		
柠檬黄		
未添加着色剂		

（2）结论：通过任务实施得出什么结论？

（3）评价：学生和教师根据表2-13-4所示实训评价内容进行学生自评和教师评价，并根据评分标准将对应的得分填写于表中。

表2-13-4　任务实施考核评价表

考评项目		自我评价/分	组内评价/分	教师评价/分	备注
素质考评 （30分）	工作纪律（10分）				
	团队合作（10分）				
	卫生安全（10分）				

考评项目		自我评价/分	组内评价/分	教师评价/分	备注
实操考评 （70分）	工具使用（10分）				
	实施过程（20分）				
	完成情况（20分）				
	结果结论（20分）				
合计（100分）					
综合评价（100分）					

任务十四　膨松剂在焙烤制品（蛋糕）生产中的应用

◎ **能力目标**

能应用膨松剂提高食品的膨松、柔软程度；能正确使用膨松剂改善食品品质。

◎ **技能目标**

通过实训，分析添加不同膨松剂对蛋糕成品品质的影响，熟练掌握膨松剂在蛋糕加工中的膨松作用及应用。

1. 材料与设备

（1）材料：低筋面粉、鸡蛋、白砂糖、植物油、牛奶、碳酸氢钠、葡萄糖酸 - δ - 内酯、酒石酸氢钾、柠檬酸、淀粉（均为食品级）等。

（2）设备：电子天平、面筛、打蛋机、8寸圆模、烤箱等。

2. 操作步骤

（1）按表2 - 14 - 1所示配方分别复配1~3号膨松剂。

表2 - 14 - 1　复配膨松剂的配方

%

膨松剂	质量分数				
	碳酸氢钠	葡萄糖酸 - δ - 内酯	酒石酸氢钾	柠檬酸	淀粉
1号	26	13	19	5	37
2号	27	15	23	10	25
3号	28	17	20	6	29

（2）按表2 - 14 - 2所示配方称取3份原料。

表2 - 14 - 2　蛋糕的配方

g

	原料	用量		原料	用量		原料	用量
A	鸡蛋	250	B	植物油	50	C	低筋面粉	150
	白砂糖	150		牛奶	50		膨松剂*	3

*3份原料中的膨松剂分别使用1~3号膨松剂。

（3）3份原料均按此步骤操作：将A料放入打蛋机，打蛋缸放在50℃热水中，先中速后高速打发蛋液，打至蛋糊形成稳定的泡沫，体积约为原来的3倍，呈乳白色，提起打蛋器时滴落下的蛋糊不会马上消失；逐量加入 B 料继续搅打均匀发；将 C 料干混并均匀过筛，加入蛋糊，用橡皮刮刀切拌均匀；注入模具，振出面糊中的气泡，放入预热好的烤箱，上下以 180℃ 烘烤约 45min；取出后倒扣冷却，脱模得到蛋糕成品。

（4）分别加入 1～3 号膨松剂的 3 份原料，制作后分别得到 3 个蛋糕成品，记为样品 1～3，对蛋糕样品分别进行比容测定和感官评价。

①比容测定。将冷却后的蛋糕切成边长为 5cm 的正方体样品，计算蛋糕的体积（单位为 cm³），用电子天平称取蛋糕的质量（单位为 g，精确至 0.1g），则蛋糕的比容 = 蛋糕体积/蛋糕质量。

②感官评价。由小组内学生组成感官评定小组对蛋糕样品进行感官评价，评价人员应根据评价标准对成品进行相关评定，取其平均值作为样品的最终得分。蛋糕品质评分项目及分数分配见表 2 - 14 - 3。

表 2 - 14 - 3　蛋糕感官评价表

项目	评分标准	分值
外观	表面光滑无斑点、环纹，且上部有较大弧度，不开裂	10
芯部	亮黄、淡黄有光泽，气孔细密均匀，孔壁薄	30
弹性	柔软有弹性，按下去后很快恢复	30
硬度	硬度适中	20
口感	绵软、细腻、稍有潮湿感	10

3. 结果与评价

（1）通过任务实施，将结果填入表 2 - 14 - 4。

表 2 - 14 - 4　任务实施结果

样品编号	比容	感官评价得分
1		
2		
3		

（2）通过任务实施得出什么结论？

（3）评价。学生和教师根据表 2 - 14 - 5 所示评价内容进行学生自评和教师评价，并根据评分标准将对应的得分填写于表中。

表 2 - 14 - 5　任务实施考核评价表

考评项目		自我评价/分	组内评价/分	教师评价/分	备注
素质考评 （30 分）	工作纪律（10 分）				
	团队合作（10 分）				
	卫生安全（10 分）				

考评项目		自我评价/分	组内评价/分	教师评价/分	备注
实操考评 （70分）	工具使用（10分）				
	实施过程（20分）				
	完成情况（20分）				
	结果结论（20分）				
合计（100分）					
综合评价（100分）					

任务十五 酶制剂在焙烤制品 （面包）生产中的应用

◎ 能力目标

能应用酶制剂提高食品的感官品质；能正确使用酶制剂改善食品的组织状态。

◎ 技能目标

通过实训，分析添加不同酶制剂对面包感官品质的影响，熟练掌握淀粉酶等酶制剂的使用性能及应用。

1. 材料与设备

（1）材料：高筋面粉、即发干酵母、奶粉、鸡蛋、白砂糖、盐、黄油、水等；真菌淀粉酶、糖化酶、戊聚糖酶、谷氨酰胺转氨酶（均为食品级）等。

（2）设备：天平、和面机、醒发箱、烤箱等。

2. 操作步骤

（1）自主选择真菌淀粉酶、糖化酶、戊聚糖酶、谷氨酰胺转氨酶组成3种的酶制剂复合配方，分别记为1~3号酶制剂。

（2）按表2-15-1所示的配方称取原料。

表2-15-1 面包的配方

g

	原料	用量		原料	用量
A	高筋面粉	500	B	鸡蛋	60
	奶粉	20		水	250
	白砂糖	50	C	盐	9
	即发干酵母	5		黄油	50

备注：由于面粉吸水量受面粉性质、室温、水质等因素影响，所以用水量可视情况做适当调整。

（3）将A料干混均匀投入和面机，加入混匀的B料，先慢速搅至无干粉，再换中速搅至面团光滑，加入C料，中速配合高速，搅至面团面筋充分扩展。

（4）将面团平均分成4等份，分别标记为样品1~4，其中样品1面团不加酶制剂，作为空白对照，另外3份样品面团分别加入1~3号酶制剂，揉匀。

（5）将面团放入温度为28~30℃、相对湿度为75%~85%的醒发箱发酵，当面团体积增大至2~2.5倍时取出。每份样品面团揉搓排气后平均分成3份，再按照样品1~4的顺序，将整形面团分别记为编号1~12，搓圆整形，放入烤盘（注意间距），在温度为

30～35℃、相对湿度为85%～90%的醒发箱中醒发至2～3倍大，以180℃上下火烘烤约13min左右。

（6）对面包成品分别从外观（体积、表皮色泽、外表形状、整体上色度、表皮质地）和内质（气孔、内部颜色、香气、口感、滋味）进行品评，每项为10分，总分为100分，最后计算各样品的平均分。

3. 结果与评价

（1）通过任务实施，将面包品评结果填入表2－15－2。

表2－15－2　面包品评结果

样品	编号	外观					内质					平均分
		体积	表皮色泽	外表形状	整体上色度	表皮质地	气孔	内部颜色	香气	口感	滋味	
1	1											
	2											
	3											
2	4											
	5											
	6											
3	7											
	8											
	9											
4	10											
	11											
	12											

（2）通过任务实施得出什么结论？

（3）评价。学生和教师根据表2－15－3所示评价内容进行学生自评和教师评价，并根据评分标准将对应的得分填写于表中。

表2－15－3　任务实施考核评价表

考评项目		自我评价/分	组内评价/分	教师评价/分	备注
素质考评（30分）	工作纪律（10分）				
	团队合作（10分）				
	卫生安全（10分）				
实操考评（70分）	工具使用（10分）				
	实施过程（20分）				
	完成情况（20分）				
	结果结论（20分）				
合计（100分）					
综合评价（100分）					

任务十六　被膜剂在柑橘保鲜中的应用

◎ 能力目标

能应用被膜剂抑制果实呼吸，防止水分蒸发和细菌侵入，延长水果保鲜时间；能正确使用被膜剂对水果进行保鲜处理。

◎ 技能目标

通过实训，分析添加被膜剂与否对柑橘保鲜效果的影响，熟练掌握果蜡在柑橘保鲜中延长保鲜期的作用及应用。

1. 材料与设备

（1）材料：柑橘 2 000g、果蜡 1g、无水乙醇 100mL（均为食品级）等。

（2）设备：恒温培养箱、喷壶等。

2. 操作步骤

（1）将果蜡溶于乙醇，配制成溶液。

（2）用喷壶将果蜡溶液均匀地喷洒在 1 000g 柑橘表面，第一遍干燥后，再喷两遍。

（3）同时准备一份 1 000g 没有经果蜡喷涂处理的柑橘。

（4）将柑橘放入温度为 37℃、相对湿度为 70% 的恒温培养箱 7d，每天对比观察两份柑橘的保鲜效果，并按照表 2-16-1 进行评分。

表 2-16-1　被膜剂对柑橘保鲜效果的评价标准

序号	项目	评分标准	分值
1	被膜均匀性	评估被膜剂在柑橘表面的覆盖是否均匀一致，有无出现厚薄不均、漏涂或多涂的现象。被膜均匀，无明显的厚薄差异，得分高；被膜不均匀，存在明显差异，得分低	20 分
2	外观干燥程度	评估柑橘外皮的干燥程度。干燥程度较低，表皮光滑，无明显皱缩，得分较高；干燥程度较高，表皮皱缩明显，得分较低	20 分
3	重量损失率	每天称量柑橘质量，评估其质量损失率。质量损失率在正常范围内，得分较高；质量损失率超过正常范围，得分较低	30 分
4	菌落总数	通过培养和计数柑橘表面的微生物菌落，评估微生物生长状况。菌落总数在正常范围内，得分较高；菌落总数超标，得分较低	30 分

3. 结果与评价

（1）结果：通过任务实施，将结果填入表 2-16-2。

表2-16-2　果蜡保鲜效果评价表

组别	第1天	第2天	第3天	第4天	第5天	第6天	第7天
果蜡保鲜							
未用果蜡保鲜							

（2）结论：通过任务实施得出什么结论？

（3）评价：学生和教师根据表2-16-3所示评价内容进行学生自评和教师评价，并根据评分标准将对应的得分填写于表中。

表2-16-3　任务实施考核评价表

考评项目		自我评价/分	组内评价/分	教师评价/分	备注
素质考评（30分）	工作纪律（10分）				
	团队合作（10分）				
	卫生安全（10分）				
实操考评（70分）	工具使用（10分）				
	实施过程（20分）				
	完成情况（20分）				
	结果结论（20分）				
合计（100分）					
综合评价（100分）					

任务十七 抗结剂在食盐生产中的应用

能力目标

能应用抗结剂来防止颗粒或粉末类食品聚集结块，保持其松散或自由流动性；能正确使用抗结剂对食品进行抗结处理。

技能目标

通过实训，分析添加抗结剂与否对食盐抗结效果的影响，熟练掌握亚铁氰化钾在食盐中的抗结作用及应用。

1. 材料与设备

（1）材料：水50g、氯化钠1 000g、亚铁氰化钾0.01g（均为食品级）等。

（2）设备：恒温培养箱、喷壶等。

2. 操作步骤

（1）将亚铁氰化钾溶于水，配制成0.02%的水溶液，边搅拌边喷洒入1 000g氯化钠。

（2）同时准备1 000g没有喷洒亚铁氰化钾溶液的氯化钠。

（3）将氯化钠放入温度为37℃、相对湿度为70%的恒温培养箱7d，每天观察1次，评价亚铁氰化钾的抗结效果，评分标准见表2-17-1。

表2-17-1 亚铁氰化钾对氯化钠抗结效果评分标准

序号	项目	评分标准	分值
1	氯化钠结晶形态	观察氯化钠结晶的形态是否规整，颗粒是否均匀。结晶形态规整、颗粒均匀，表明抗结剂发挥了良好作用，得分较高；结晶形态不规则、颗粒大小不一，表明抗结效果不足，得分较低	30分
2	氯化钠流动性	评估氯化钠在储存过程中的流动性。流动性好，不易结块，表明抗结剂效果良好，得分较高；流动性差，易结块，表明抗结剂效果不足，得分较低	30分
3	氯化钠结块程度	通过观察和实验，评估氯化钠的结块程度。氯化钠在储存过程中结块程度低，易于分散，得分较高；结块程度高，不易分散，得分较低	40分

3. 结果与评价

（1）结果：通过任务实施，将结果填入表2-17-2。

表 2 - 17 - 2　抗结效果评价表

组别	第 1 天	第 2 天	第 3 天	第 4 天	第 5 天	第 6 天	第 7 天
添加抗结剂							
未添加抗结剂							

（2）结论：通过任务实施得出什么结论？

（3）评价：学生和教师根据表 2 - 17 - 3 所示实训评价内容进行学生自评和教师评价，并根据评分标准将对应的得分填写于表中。

表 2 - 17 - 3　任务实施考核评价表

考评项目		自我评价/分	组内评价/分	教师评价/分	备注
素质考评 （30 分）	工作纪律（10 分）				
	团队合作（10 分）				
	卫生安全（10 分）				
实操考评 （70 分）	工具使用（10 分）				
	实施过程（20 分）				
	完成情况（20 分）				
	结果结论（20 分）				
合计（100 分）					
综合评价（100 分）					

任务十八 消泡剂在豆浆生产中的应用

◎ 能力目标

能应用消泡剂来抑制或消除在食品生产过程中产生的泡沫；能正确使用消泡剂对食品进行消泡处理。

◎ 技能目标

通过实训，分析添加消泡剂与否对豆浆消泡效果的影响，熟练掌握山梨醇酐单油酸酯（吐温80）在豆浆中的消泡作用及应用。

1. 材料与设备

（1）材料：黄豆100g、水1 000g、吐温80 0.005g（为食品级）等。

（2）设备：磨浆机、电磁炉、锅、喷壶等。

2. 操作步骤

（1）将100g黄豆浸泡6h，加入水1 000g置于磨浆机研磨，过滤除去豆渣。

（2）吐温80 0.005g溶于50g水中，置于喷壶中备用。

（3）将豆浆置于锅中煮沸，观察其泡沫情况，喷入吐温80溶液后，再观察泡沫情况。豆浆的感官评价表见表2-18-1。

表2-18-1 豆浆的感官评价表

项目	评分标准	分值/分
色泽	具有均匀一致的乳白色或淡黄色	10
滋味	具有豆浆固有滋味、香味浓郁、无涩味	20
气味	具有豆浆固有香气、无任何其他气味	20
质地	质地浓厚、有光泽、无分层、无沉淀、表面几乎无泡沫	30
口感	入口细腻、无颗粒感、口感浓厚	20

3. 结果与评价

（1）结果：通过任务实施，将结果填入表2-18-2。

表2-18-2 消泡效果评价表

组别	泡沫情况	感观评分
添加消泡剂		
未添加消泡剂		

（2）结论：通过任务实施得出什么结论？

（3）评价：学生和教师根据表 2－18－3 所示评价内容进行学生自评和教师评价，并根据评分标准将对应的得分填写于表中。

表 2－18－3　任务实施考核评价表

考评项目		自我评价/分	组内评价/分	教师评价/分	备注
素质考评 （30分）	工作纪律（10分）				
	团队合作（10分）				
	卫生安全（10分）				
实操考评 （70分）	工具使用（10分）				
	实施过程（20分）				
	完成情况（20分）				
	结果结论（20分）				
合计（100分）					
综合评价（100分）					

任务十九　脱皮剂在橘子罐头
生产中的应用

能力目标

能应用脱皮剂除去橘子的囊衣，减小囊衣对罐头品质的影响；能正确使用脱皮剂对橘子进行去囊衣处理。

技能目标

通过实训，分析进行脱皮处理与否对产品感官品质的影响，熟练掌握盐酸在橘子罐头制作中的脱皮作用及应用。

1. 材料与设备

（1）材料：橘子 1 000g、白砂糖 37.6g、水、0.25% 的盐酸溶液、0.75% 的氢氧化钠溶液（均为食品级）等。

（2）设备：电磁炉、锅、电子秤、净含量为 500mL 的玻璃罐头瓶等。

2. 操作步骤

（1）将橘子去外皮，把分开的橘瓣浸入室温下、浓度为 0.25% 的盐酸溶液，保持 30～50min。

（2）取出后经清水漂洗 5 次，然后浸入室温下、浓度为 0.75% 的氢氧化钠溶液，保持 5min。

（3）浸碱后取出，用清水漂洗 5 次，去除囊衣。

（4）罐头瓶煮沸消毒，配制 16.5% 的白砂糖溶液，煮沸备用。

（5）取橘子果肉 275g，加入 225g 浓度为 16.5% 的白砂糖溶液，装罐时要保留有 6～8mm 的顶隙。

（6）将装有橘子的罐头瓶放入蒸锅，蒸煮时间约为 12min。蒸煮完成后，趁热拧紧瓶盖，再放入 80℃、60℃、40℃ 水浴分段冷却。

（7）同时做一份没有进行脱皮处理的橘子罐头。

（8）比较进行脱皮处理与否对橘子罐头的感官品质的影响，评分标准见表 2-19-1。

表 2-19-1　进行脱皮处理与否对橘子罐头感官品质影响的评分标准

序号	项目	评分标准	分值/分
1	外观完整性	评估橘子罐头在脱皮处理后外观的完整性。罐头内橘子应完整，无破损或分裂现象。橘子形态保持完好，无显著变形或挤压痕迹，得分较高；外观破损严重，形态不整，得分较低	20

序号	项目	评分标准	分值/分
2	色泽鲜艳度	观察橘子罐头的色泽鲜艳程度。橘子皮色泽应呈现自然的橙黄色或橙色，果肉颜色鲜艳，无明显褪色或变色现象。色泽鲜艳、饱满，得分较高；色泽暗淡、不均匀，得分较低	20
3	质地细腻度	评估橘子罐头中果肉的质地细腻度。果肉应细腻柔滑，无明显颗粒感或粗糙感。质地细腻、柔滑，得分较高；质地粗糙、有颗粒感，得分较低	30
4	口感柔嫩度	评估橘子罐头的口感柔嫩度。橘子果肉应柔嫩多汁，口感细腻，易于咀嚼和吞咽。口感柔嫩、多汁，得分较高；口感粗糙、干涩，得分较低	30

3. 结果与评价

（1）结果：通过任务实施，将结果填入表 2 - 19 - 2。

表 2 - 19 - 2　脱皮效果评价表

组别	感官评分	备注
脱皮处理		
未脱皮处理		

（2）结论：通过任务实施得出什么结论？

（3）评价：学生和教师根据表 2 - 19 - 3 所示评价内容进行学生自评和教师评价，并根据评分标准将对应的得分填写于表中。

表 2 - 19 - 3　任务实施考核评价表

考评项目		自我评价/分	组内评价/分	教师评价/分	备注
素质考评（30分）	工作纪律（10分）				
	团队合作（10分）				
	卫生安全（10分）				
实操考评（70分）	工具使用（10分）				
	实施过程（20分）				
	完成情况（20分）				
	结果结论（20分）				
合计（100分）					
综合评价（100分）					

任务二十 营养强化剂在运动饮料生产中的应用

能应用营养强化剂弥补天然食物的缺陷和营养素的损失。

通过在饮料中加入营养强化剂，弥补饮料的营养缺陷，满足运动人群对营养素的全方位需求。熟练掌握营养强化剂的种类及应用。

1. 材料与设备

（1）材料：白砂糖 25g，纯水 800mL，复合氨基酸 10g，卵磷脂 8g，维生素 B 及维生素 C 各 0.5g，氯化钾、氯化钠、葡萄糖酸钙、硫酸镁等矿物质各 0.5g，钠酪蛋白 35g，1% 的柠檬酸溶液（均为食品级）。

（2）设备：酸度计、不锈钢槽、溶糖锅、灭菌机、过滤器、灌装机、喷淋冷却机等。

2. 操作步骤

将所有原料混合，用 800mL 纯水充分溶解，加入 1% 的柠檬酸溶液，调整 pH 值为 6.4 ~ 7.0，定容至 1L 置于 121℃ 蒸馏缸中杀菌 4min，装瓶即可。

2. 结果与评价

（1）将以上两种运动饮料中包含的营养强化剂填入表 2 - 20 - 1。

表 2 - 20 - 1 运动饮料中的营养强化剂

营养强化剂类别	营养强化剂名称

（2）通过任务实施得出什么结论？

（3）评价。学生和教师根据表 2 - 20 - 1 所示评价内容进行学生自评和教师评价，并根据评分标准将对应的得分填写于表 2 - 20 - 2 中。

表 2 - 20 - 2　任务实施考核评价表

考评项目		自我评价/分	组内评价/分	教师评价/分	备注
素质考评 （30分）	工作纪律（10分）				
	团队合作（10分）				
	卫生安全（10分）				
实操考评 （70分）	工具使用（10分）				
	实施过程（20分）				
	完成情况（20分）				
	结果结论（20分）				
合计（100分）					
综合评价（100分）					

参 考 文 献

［1］李宁，马良，等．食品毒理学［M］．北京：中国农业大学出版社，2021.

［2］黄来发．食品增稠剂［M］．2版．北京：中国轻工业出版社，2009.

［3］林真．食品添加剂［M］．北京：中国医药科技出版社，2019.

［4］汪建军．食品添加剂应用技术［M］．北京：科学出版社，2010.

［5］刘志皋，高彦祥．食品添加剂基础［M］．北京：中国轻工业出版社，2008.

［6］刘钟栋，刘学军，等．食品添加剂［M］．郑州：郑州大学出版社，2015.

［7］彭珊珊，钟瑞敏，等．食品添加剂［M］．北京：中国轻工业出版社，2021.

［8］侯振建．食品添加剂及其应用技术［M］．北京：化学工业出版社，2008.

［9］李江华．食品添加剂使用卫生标准速查手册［M］．北京：中国标准出版社，2011.

［10］彭志英．食品生物技术导论［M］．北京：中国轻工出版社，2008.

［11］胡国华．食品添加剂应用基础［M］．北京：化学工业出版社，2005.

［12］刘程．食品添加剂实用大全［M］．北京：北京工业大学出版社，2004.

［13］贾士儒．生物防腐剂［M］．北京：中国轻工业出版社，2009.

［14］姚焕章．食品添加剂［M］．北京．中国物资出版社，2001.

［15］凌关庭．食品添加剂手册［M］．北京：化学工业出版社，2008.

［16］万素英，赵亚军，李琳，等．食品抗氧化剂［M］．北京：中国轻工业出版社，2000.

［17］郝利平．食品添加剂［M］．北京：中国农业出版社，2010.

［19］高彦祥．食品添加剂［M］．北京：中国轻工业出版社，2019.

［20］刘钟栋．食品添加剂原理及应用技术［M］．北京：中国轻工业出版社，2001.

［21］孙宝国．食品添加剂［M］．北京：化学工业出版社，2008.

［22］郑秋阁．食品添加剂及其应用［M］．长春：吉林人民出版社，2018.

［23］胡国华．复合食品添加剂［M］．2版．北京：化学工业出版社，2022.

附　录

| 附录一 | 附录二 | 附录三 | 附录四 |

| 附录五 | 附录六 | 附录七 |